OSTWALDS KLASSIKER
DER EXAKTEN WISSENSCHAFTEN
Band 44

Verzeichnis der Autoren

L. J. Gay - Lussac
1778 - 1850

J. Dalton
1766 - 1844

P. L. Dulong
1785 - 1838

A. T. Petit
1792 - 1820

F. Rudberg
1800 - 1839

H. G. Magnus
1802 - 1870

H. V. Regnault
1810 - 1878

OSTWALDS KLASSIKER
DER EXAKTEN WISSENSCHAFTEN
Band 44

Das Ausdehnungsgesetz der Gase

Abhandlungen
(1802-1842)

Louis Gay-Lussac
John Dalton
Pierre Dulong
u.a.

Herausgegeben
von
Wilhelm Ostwald

Die Deutsche Bibliothek - CIP-Einheitsaufnahme

Das Ausdehnungsgesetz der Gase : Abhandlungen ; (1802 - 1842) /
Louis Gay-Lussac ; John Dalton ; Pierre Dulong u. a. Hrsg. von
Wilhelm Ostwald. - 2. Aufl. - Thun ; Frankfurt am Main : Deutsch,
1997
(Ostwalds Klassiker der exakten Wissenschaften ; Bd. 44)
ISBN 3-8171-3044-9

ISBN 3-8171-3044-9

1. Auflage Engelmann Verlag, Leipzig
2. Auflage 1997
Druck: Rosch - Buch Druckerei GmbH, Scheßlitz
Printed in Germany

Inhalt.

[137] Untersuchungen

über die

Ausdehnung der Gasarten und der Dämpfe

durch die Wärme

von

Gay-Lussac,

Ingenieur-Schüler der École nationale des Ponts et Chaussées.

Erste Abhandlung.

(Annales de Chimie, t. 43, an X.)

Erstes Capitel.

Gegenstand dieser Abhandlung.

Mehrere Physiker haben über die Ausdehnung der Gasarten durch Wärme Versuche angestellt; die Resultate ihrer Untersuchungen weichen aber so weit von einander ab, dass eine nochmalige genaue Untersuchung zu wünschen ist, wie dieses aus dem historischen Abrisse erhellt, den ich meinen eigenen Versuchen voranschicke.

Die Ausdehnung der Dämpfe durch die Wärme hat die Physiker weniger als die der Gasarten beschäftigt, und *Ziegler* und *Bettancourt* [138] sind meines Wissens die Einzigen, welche versucht haben, die Ausdehnung der Wasserdämpfe durch Wärme zu messen. Ihre Versuche sind indess ebenfalls dazu nicht geeignet; denn da sich in ihren Apparaten Wasser befand, so wurde bei Erhöhung des Wärmegrades nicht bloss der schon vorhandene Dampf stärker ausgedehnt, sondern auch die Masse des Dampfes durch neue sich bildende Wasserdämpfe vermehrt, daher in ihren Apparaten das Manometer zu grosse Quecksilberhöhen zeigen musste*).

Das Thermometer giebt, wie es jetzt ist, [**139**] nicht die Verhältnisse der Wärme selbst an; denn noch weiss man nicht, wie die Thermometergrade mit den wahren Wärmegraden zusammenhängen. Zwar nimmt man gewöhnlich an, dass gleiche Theile der Thermometerscale gleiche Zunahme in der Tension des Wärmestoffs anzeigen; allein diese Meinung gründet sich auf keine recht bewährte Thatsache.

Es fehlt daher noch viel daran, dass wir die Ausdehnbarkeit der Gasarten und der Dämpfe und den Gang des Thermometers mit Zuverlässigkeit kennten. Und doch kommt es uns fast täglich vor, Gasvolumina von einer gegebenen Temperatur auf eine andere Temperatur zu reduciren; Wärme, welche bei Veränderung des Aggregatzustandes oder der Temperatur eines Körpers entbunden oder verschluckt wird, zu messen; den Effect der Dampfmaschinen und die Ausdehnung verschiedener Materien durch Wärme zu berechnen; die Menge des in der Luft aufgelösten Wassers, die sich nach der Temperatur und Dichtigkeit der Luft auf eine noch unbekannte Art richtet, zu schätzen, und zum Behufe der astronomischen Strahlenbrechung [**140**] oder der Höhenmessungen durch das Barometer die Temperatur der Luft und die Gesetze ihrer Dilatation auf das genaueste zu wissen.

Von so ausgebreitetem Nutzen Untersuchungen über diese Materie daher auch sind, so würde mich doch die grosse Schwierigkeit solcher Versuche abgehalten haben, mich an sie zu wagen, wäre ich nicht vom Bürger *Berthollet*, dessen Schüler zu sein ich mich rühmen darf, dazu auf das

---

*) Der Apparat von *Bettancourt* besteht aus einem kupfernen Kessel, geschlossen mit einem Deckel aus gleichem Metall, durch welchen drei Röhren gehen. Die erste dient zur Einführung des Wassers in den Kessel; durch die zweite geht der Stiel eines Thermometers, welches die Temperatur des Wassers angeben soll, und an der dritten ist eine umgebogene manometrische Röhre befestigt, welche die Elasticität des Dampfes zu messen bestimmt ist. Man stellt im Kessel ein Vacuum mittelst einer Luftpumpe her, die mit ihm durch eine Röhre mit Hahn in Verbindung gesetzt wird. Der Apparat von *Ziegler* ist von dem *Bettancourt*'s wenig verschieden, doch hat *Ziegler* nicht wie *Bettancourt* seinen Kessel luftleer gepumpt, woraus ein sehr grosser Unterschied ihrer Versuche und Resultate folgt (Architecture hydraulique de *Prony*, T. II).

stärkste ermuntert worden. Ihm verdanke ich die Mittel, diese Arbeit auszuführen, und er sowohl als der Bürger *Laplace* haben mich im Laufe derselben häufig mit ihrem Rathe unterstützt. Diese grossen Autoritäten werden das Zutrauen vermehren, das meine Arbeit selbst einflössen möchte.

Die Untersuchungen, welche ich über die Ausdehnung der Gasarten und der Dämpfe durch die Wärme und über den Gang des Thermometers unternommen habe, sind noch nicht vollendet. Ich werde daher in diesem Aufsatze lediglich von der Ausdehnung der Gasarten und der Dämpfe bei einerlei gegebener Temperaturerhöhung handeln, und zu beweisen suchen, dass diese Ausdehnung für alle diese Flüssigkeiten ganz gleich ist.

Bevor ich jedoch von meinen Versuchen Rechenschaft gebe, glaube ich einen historischen Abriss dessen, was man bisher über diesen Gegenstand gearbeitet hat, mittheilen zu müssen; und da ich hierzu gleichzeitig einige Bemerkungen [**141**] über die angewendeten Mittel hinzufüge, schicke ich die Erörterung einer der wesentlichen Ursachen der Unsicherheit voraus, welche bei solchen Versuchen auftreten kann. Obwohl sie sehr wichtig ist und der Mehrzahl der Physiker, welche sich mit der Ausdehnung der Gase befasst haben, unbekannt geblieben zu sein scheint, genügt es doch, sie zu nennen, um ihren ganzen Einfluss deutlich zu machen. Was ich von der atmosphärischen Luft sagen werde, findet seine Anwendung auch auf die anderen Gase. Diese Ursache liegt in der Gegenwart von Wasser in den Apparaten. Befinden sich auch nur einige Wassertropfen in einem Ballon voll Luft, dessen Temperatur bis zum Siedepunkte des Wassers erhöht wird, so nehmen sie in dieser Temperatur, als Dampf, einen ungefähr 1800 mal grösseren Raum als zuvor ein, und treiben dadurch einen grossen Theil der Luft aus dem Ballon. Ziehen sie sich dann beim Condensiren wieder in einen 1800 mal kleinern Raum zurück, so scheint es, wenn man hierauf Rücksicht zu nehmen vergisst, als habe der Luftrückstand in der Temperatur des Siedepunktes den ganzen Ballon eingenommen, und bei Verminderung dieser Temperatur sich viel stärker zusammengezogen, als das wirklich der Fall ist. [**142**] Dasselbe findet verhältnissmässig statt, wenn man die Luft nur bis zu mindern Temperaturen erhitzt und dann wieder erkalten lässt. Die Luft löst eine desto grössere Menge Wasser auf, je mehr ihre Temperatur erhöht wird, und dehnt sich dadurch in ihrem Umfange aus, so dass sie bei Verminderung ihrer Temperatur nicht bloss wegen Verlustes an Wärmestoff, sondern auch wegen Verlustes an Wasser, das sie aufgelöst enthielt, sich zusammenzieht. Auch in diesem Falle erhält man daher eine zu grosse Dilatation. Ueberhaupt erhält man jedesmal eine irrige Ausdehnung für eine Gasart durch Wärme, wenn sich im Apparate, worin sie gesperrt ist, Flüssigkeiten, oder selbst feste Körper befinden, die, gleich Salmiak, in ihr sich auflösen oder verdampfen können.

[**143**] Zweites Capitel.

Historischer Abriss der älteren Arbeiten über die Ausdehnung der Gase.

Dass die atmosphärische Luft beim Erwärmen ausgedehnt wird, war zwar lange vor *Amontons* bekannt; er scheint aber der Erste gewesen zu sein, der die Grösse dieser Ausdehnung für eine gegebene Temperaturerhöhung zu messen suchte. Zu dem Ende schloss er die Luft in einer Kugel, die an das eine Ende eines umgekehrten Hebers gelöthet war, mit Quecksilber ab und tauchte diesen Apparat in ein heisses Wasserbad*). Die durch die Hitze ausgedehnte Luft drückte auf das Quecksilber und erhob es im zweiten Schenkel des Hebers, so dass er aus der Höhe des Quecksilbers über seinen Stand in der Kugel die Spannung der Luft entnehmen konnte. Aus mehreren solchen Versuchen mit Lufträumen von verschiedener Grösse (Mém. de l'Acad. 1699. 1702) schliesst er, [**144**]
1. dass die Wärme des kochenden Wassers nie eine gewisse Grenze überschreite; 2. dass ungleiche Lufträume, bei gleichem Grade von Erwärmung, um gleich viel an Elasticität zunehmen, und umgekehrt; und 3. dass die Wärme des kochenden Wassers die Elasticität der Luft nur um so viel erhöhe, dass die Luft nur eine Quecksilbersäule von ungefähr 10 Zoll Höhe mehr als zuvor zu tragen vermag. Er zeigt darauf, dass die Hitze des kochenden Wassers die Elasticität

*) Da die in der Kugel enthaltene Luft beim Eingiessen des Quecksilbers nicht entweichen kann, so ist sie darin etwas stärker zusammengedrückt, als im natürlichen Zustande; wünscht man aber keinen anderen Druck, als den der Atmosphäre, so kann man diesem kleinen Missstand leicht entgehen.

der Luft, diese sei noch so comprimirt, immer um etwa ein Drittel erhöhe, so dass z. B. Luft, die einschliesslich des Druckes der Atmosphäre durch 60 Zoll Quecksilber comprimirt ist, bei der Temperatur des kochenden Wassers eine Quecksilbersäule von ungefähr 80 Zoll Höhe zu tragen vermag. Und daraus schliesst er, »dass einerlei Wärmegrad, so klein er auch sei, die Kraft der Elasticität der Luft immer mehr zu vergrössern vermöge, je nachdem sie immer durch grössere Gewichte comprimirt ist«.

Wäre *Amontons* bei seinen Versuchen von einem genauer bestimmten Wärmegrade, als dem, welchen er den temperirten nennt, ausgegangen (welches jedoch damals nicht wohl thunlich war), so liesse sich aus seinen Versuchen [**145**] die Ausdehnbarkeit der atmosphärischen Luft ziemlich nahe bestimmen. Da er sie indess mit Lufträumen von sehr verschiedener Dichtigkeit vergleichungsweise angestellt hat, so lässt sich aus ihnen wenigstens das schliessen, dass ein Luftvolumen durch gleiche Wärmegrade stets eine Zunahme an Elasticität erlange, welche bei allen Graden von Dichtigkeit derselben in gleichem Verhältnisse zu ihrer anfänglichen Elasticität steht.

Nuguet erhielt zwar ganz andere Resultate, als er *Amontons* Versuche wiederholte; in einem Versuche eine Ausdehnung bis zum 2fachen, in einem andern bis zum 16fachen Volumen der Luft, als er sie bis zur Hitze des kochenden Wassers erwärmte. Allein sein Apparat, der aus einer Flasche bestand, die er verkehrt in ein Wasserbad stürzte, dessen Temperatur dann allmählich bis zur Siedehitze erhöht wurde, war ausnehmend mangelhaft. Die Luft stand nicht nur über Wasser, sondern *Nuguet* hatte auch in der Flasche Wasser gelassen, daher es kein Wunder war, dass er so übertriebene Resultate erhielt, da, wie schon *Lahire* bemerkte, die sich bildenden Wasserdämpfe die Luft grösstentheils aus der Flasche treiben mussten. (Mém. de l'Acad., 1708. *Lahire*.)

Diese grosse Verschiedenheit in den Resultaten *Amontons*' und *Nuguet*'s [**146**] und der Umstand, dass beide die atmosphärische Luft nicht ganz in dem Zustande behandelt hatten, worin sie sich gewöhnlich befindet, bestimmten *Lahire*, diese Untersuchung wieder aufzunehmen. Er bediente sich dabei derselben Geräthschaft als *Amontons*, nur dass er die Kugel des Luftthermometers noch mit einer kleinen Röhre versah, die sich öffnen und wieder luftdicht verschliessen liess. Er öffnete sie beim Eingiessen des Quecksilbers in die Heberröhre und bewirkte dadurch, dass das Quecksilber in der Röhre und Kugel in einerlei Niveau kam und dass nach Verschliessen der Röhre die eingeschlossene Luft nicht stärker als die äussere comprimirt war. Mit diesem Apparate fand *Lahire* in einem Versuche, dass die Elasticität der Luft bei Erwärmung vom Temperirten bis zur Hitze des kochenden Wassers nicht ganz um ein Drittel zunehme. In einem zweiten Versuche, den er bei niedrigerem Thermometer- und höherem Barometerstande anstellte, nahm die Höhe der Quecksilbersäule, als die Kugel sich im kochenden Wasser befand, nicht um ganz so viel zu, als im ersten Versuche. Diese beiden Versuche widersprechen sich; *Lahire*, der dabei keinen Irrthum ahnte, schloss hieraus, man müsse gestehen, dass man die Natur der Luft noch nicht kenne. — Um den grossen Unterschied [**147**] zwischen seinen Ergebnissen und denen von *Nuguet* zu erklären (welcher viel zu gross war, um nicht einer fremden Ursache zugeschrieben zu werden), bemerkte *Lahire*, dass *Nuguet* etwas Wasser in seinem Apparate gelassen hatte; und hieraus schloss er, dass es dies Wasser sein könnte, welches sich in Dampf verwandelt und einen grossen Theil der Luft aus der Flasche getrieben habe, wodurch die grosse Ausdehnung entstanden ist. Seine Meinung wurde völlig bestätigt durch das Ergebniss eines nach *Nuguet*'s Art angestellten Versuches, wobei etwas Wasser in der Flasche gelassen wurde; denn er fand, dass das Volum der von mittlerer Temperatur bis zum Grade des siedenden Wassers ausgedehnten Luft sich zum ursprünglichen Volum verhielt wie $35^1/_2$ zu 1. (Mém. de l'acad. 1708.)

Auch zeigte um dieselbe Zeit *Stancari* in Bologna, dass das Wasser das Volumen der Luft in etwas höheren Temperaturen beträchtlich vermehrt. Wir verdanken daher diesen beiden Physikern die wichtige Kenntniss des Einflusses, den das Wasser auf die Ausdehnung der atmosphärischen Luft hat; obgleich sie aber den Einfluss des Wassers auf die Dilatation der Luft durch ihre Versuche auf das evidenteste dargethan hatten, so wurde dieser Einfluss doch seitdem fast allgemein übersehen, und diesem Umstande [**148**] ist die grosse Verschiedenheit in den Resultaten der Versuche der folgenden Physiker über die Ausdehnbarkeit der Luft durch Wärme zuzuschreiben.

Es ist bekannt, dass die Höhen, zu denen man sich in der Luft erhebt, durch die Logarithmen der entsprechenden Barometerstände gegeben sind. Bliebe die Dichtigkeit der Luft stets die gleiche, so wäre es leicht, die Höhe eines Punktes über einem anderen durch Beobachtungen des Barometers zu bestimmen. Es war somit wichtig, die Ursachen genau zu erkennen, welche auf die Dichte der Luft Einfluss haben können, um die nöthigen Correctionen an den durch das Barometer gegebenen Höhen anbringen zu können.

Deluc, welcher so viel Klarheit in diesen Theil der Physik gebracht hat, erkannte die Wärme als eine dieser Ursachen. Um ihre Wirkungen gut zu unterscheiden, begann er damit, dass er die Temperatur suchte, bei welcher die Logarithmen die Höhen ohne Correction geben. Durch den Vergleich verschiedener Beobachtungen in genau gemessenen Höhen fand er, dass dies für die Temperatur $16^3/_4$ des 80theiligen Thermometers stattfindet, welche er die fixe Temperatur nannte. Um infolge dessen die Wirkungen der Wärme über und **[149]** unter diesem fixen Punkte in Rechnung zu bringen, verglich er die aus den Logarithmen abgeleiteten Höhen mit den gemessenen, und indem er die Unterschiede gegen die letzteren der Wärme zuschrieb, schloss er, »dass in der Nähe der fixen Temperatur die Correction an der Höhe des Ortes für einen Thermometergrad $^1/_{215}$ beträgt.« (Rech. sur les modif. de l'atm. IV part. ch. III.)

Der Oberst *Roy* fand dagegen eine viel stärkere Ausdehnung der Luft. Nach ihm dilatirt sich die Luft bei einer Wärme von ungefähr 15° des 80-theiligen Thermometers für jeden Grad um etwa $^1/_{172}$ ihres Volums. Auch fand er, dass feuchte Luft sich viel stärker als trockene ausdehnt, indessen bemerkt *Saussure*, dass der Oberst *Roy* bei seinen Versuchen Wasser oder Wasserdämpfe in sein Manometer gebracht und dadurch zwei Wirkungen vermischt hat, welche getrennt werden mussten, nämlich die Umwandlung von Wasser in Dampf und die Ausdehnung der mit diesem Dampf vereinigten Luft. (Philos. Transact. 1777, p. 704.)

Saussure bestimmt die Ausdehnung der Luft von 6° R. Temperatur auf $^1/_{235}$ ihres Volums für jeden Grad der Réaumur'schen Scale. Er stellte seine Versuche in einem grossen Ballon an, in welchem sich ein Thermometer und ein Barometer befanden, um **[150]** die correspondirenden Veränderungen der Temperatur und der Elasticität der Luft zu messen. Um den Einfluss des Wassers auf die Ausdehnung der Luft zu ergründen, brachte er Luft von verschiedenen Graden der Feuchtigkeit in den Ballon und suchte die Erzeugung neuer Dämpfe möglichst zu vermeiden. So fand er nicht nur, dass die feuchte Luft keineswegs stärker ausdehnbar als die trockene ist, sondern er glaubte selbst aus diesen Versuchen schliessen zu müssen, sehr trockene Luft sei ein klein wenig ausdehnbarer als sehr feuchte Luft, die ihr Wasser immerfort vollkommen aufgelöst hält. (Essai sur l'Hygrométrie, p. 108.)

Bis hierher hatten sich die Physiker bloss mit der Ausdehnung der atmosphärischen Luft beschäftigt. *Priestley* war der Erste, der auch die Ausdehnbarkeit der anderen Gasarten zu bestimmen suchte.

Zu dem Ende sperrte er die zu untersuchende Gasart in eine Flasche über Quecksilber, befestigte im Halse der Flasche eine heberförmig gekrümmte Röhre, deren einer Schenkel nur einen kleinen Winkel mit dem Horizonte machte, und liess so viel Quecksilber im Halse der Flasche, dass das sich expandirende Gas es in diesen Schenkel der Röhre hinauftreiben musste. An diesem Apparate brachte er ein Thermometer an, setzte ihn dann in eine hölzerne Kapsel und brachte ihn durch Heizung des Zimmers zu verschiedenen Temperaturen. Je nachdem sich die Luft stärker ausdehnte, trieb sie das Quecksilber [**151**] in der Röhre weiter an, und durch diesen nach Zollen gemessenen Raum schätzte *Priestley* die Dilatation der verschiedenen Gasarten. Da er alle Versuche in derselben Flasche und mit derselben Röhre anstellte, der wahrscheinlich in allen einerlei Neigung gegeben wurde, so geben seine Versuche zwar das Verhältniss der Dilatation der verschiedenen Gasarten, nicht aber die absoluten Ausdehnungen derselben. Um diese zu finden, müssten das Verhältniss der Capacität der Röhre zu der der Flasche und die Neigung der Röhre genau bekannt sein; beide giebt aber *Priestley* nicht an. Er selbst setzte in diese Versuche kein grosses Zutrauen und wünschte sie auf eine bessere und sichere Art wiederholt zu sehen. Gleiche Gasvolumina vorausgesetzt, gab ihm eine Temperaturerhöhung von $4{,}44^0$ R. folgende Dilatationen, nach Zollen der Röhre gemessen:

die atmosphärische Luft	1,32″	[152]	das Sauerstoffgas	2,21
das Wasserstoffgas	2,05		» Stickgas	1,65
» Salpetergas	2,02		» schwefligsaure Gas	2,37
» kohlensaure Gas	2,20		» flusssaure Gas	2,83
» salzsaure Gas	1,33		» Ammoniakgas	4,75

(Experim. and Observations, Book 7, Sect. 6.)

In den Untersuchungen, welche die Bürger *Monge*, *Berthollet* und *Vandermonde* gemeinschaftlich mit einander anstellten, kamen sie auf einen Versuch, aus dem sie schlossen, dass sich die atmosphärische Luft für jeden Grad der Réaumurschen Scale um $\frac{1}{184,83}$ und das Wasserstoffgas um $\frac{1}{181,02}$ ausdehnt. (Mém. de l'Acad. 1786.)

Die geringe Uebereinstimmung in den Versuchen über die Dilatation der atmosphärischen Luft und der Mangel directer Versuche über die Ausdehnung der anderen Gasarten in etwas höheren Temperaturen bei kleinen Temperaturunterschieden bestimmten den Bürger *Guyton*, in Gemeinschaft mit dem Bürger *Duvernois*, eine zusammenhängende Reihe von Versuchen hierüber zu unternehmen. Ihre Arbeit ist die neueste und verdient, dass ich mich etwas bei ihr verweile, um die Ursachen aufzusuchen, die ihre Resultate irrig gemacht haben.

Ihr Apparat bestand aus einem Ballon, der mit einer gebogenen Röhre versehen war; diese [153] leitete die Luft, welche aus dem Ballon beim Erwärmen entwich, in Recipienten, die mit Quecksilber gefüllt waren und über der pneumatischen Quecksilberwanne standen. Der Ballon wurde in ein Wasserbad von 0° Temperatur gesetzt und darin durch eine Vorrichtung von Eisen erhalten. Man erwärmte das Wasserbad allmählich, erst bis 20°, dann bis 40°, darauf bis 60° und zuletzt bis 80° R. und fing jedesmal die Luft, die bei diesen verschiedenen Stufen der Erwärmung aus dem Ballon entwich, in abgesonderten, mit Quecksilber gefüllten Recipienten auf. In diesen wurden sie zur Temperatur des schmelzenden Schnees herabgebracht und gemessen, und daraus schloss man denn auf das Volumen des noch im Ballon enthaltenen Gas bei derselben Temperatur [1]).

Nicht zu gedenken, dass diese Einrichtung des Apparats die Bestimmung von vielerlei Constanten nöthig machte, welches der Genauigkeit der Resultate Eintrag thun musste, so

1) Annales de Chimie, Vol. I.

war es auch nicht zu vermeiden, dass, wenn man die gekrümmte Röhre des Ballons unter das Quecksilber der Wanne brachte, etwas Quecksilber in der Röhre herabsank. Dieses wurde nicht durch neue hinzugelassene Luft herausgetrieben, daher das Gas im Ballon erst bis auf einige Grade erwärmt werden musste, ehe [**154**] Gasblasen in die Recipienten übersteigen konnten. Hätten sie daher minder grosse Temperaturunterschiede genommen und so z. B. ihre Versuche für eine Erwärmung von 5 zu 5 Graden angestellt, so würden sie geschlossen haben, dass die ersten Grade von Wärme von 0° an in den verschiedenen Gasarten keine Ausdehnung bewirken. Auch haben sie für die ersten 20° bei den meisten Gasarten eine viel zu geringe Ausdehnung erhalten.

Dieser bedenkliche Umstand würde indess die Resultate der Versuche der Bürger *Guyton* und *Duvernois* nicht so gar weit von der Wahrheit abgeführt haben, wie das wirklich der Fall ist, wenn nicht noch ein anderer, weit bedenklicherer vorhanden gewesen wäre. Ich vermuthe daher, dass sie ihren Ballon nicht gehörig getrocknet haben, und dass zugleich mit dem Gas etwas Feuchtigkeit hineingekommen sei. Ein Zehntel-Gramm Wasser, das sich im Ballon befunden hätte, würde schon einen beträchtlichen Einfluss auf die Resultate gehabt haben, besonders in den höheren Temperaturen, in denen die Feuchtigkeit sich in Dampf verwandeln und dadurch viel Gas aus dem Ballon treiben musste.

Daraus lässt es sich erklären, wie sie bei gleicher Zunahme der Wärme eine immer steigende Ausdehnung aller Gasarten erhalten konnten, statt dass sie eine fallende Fortschreitung hätten finden müssen, da sie das beim Ausdehnen entweichende Gas auf 0° Wärme reducirten. Ich bemerke hierzu, dass [**155**] der Bürger *Guyton* bei Gelegenheit der Dilatation des Wasserstoffgas sich folgendermaassen äussert (Annales de Chimie, t. 1, p. 284): »Die vier Producte der Dilatation wurden dieses mal in Recipienten aufgefangen, die man mit Gefässen voll Eis umgeben hatte. Dennoch stieg ein in das Quecksilber der Wanne getauchtes Thermometer auf 2, 3, 4, 6 Grad über Null, während in demselben Zeitpunkte das Wasser des Wasserbades 20, 40, 60, 80 Grad Wärme zeigte, welches die Messung dieser Producte minder genau, doch höchstens nur um eine Kleinigkeit fehlerhaft gemacht haben kann, da die Ausdehnung während der ersten Grade nur höchst gering ist.«

Man könnte hiernach glauben, dass beide Physiker auch die anderen Gasarten nicht mit aller Sorgfalt auf eine Temperatur von 0° gebracht hätten, und das würde eine dritte Quelle von Unzuverlässigkeit in ihren Versuchen sein.

Als sie das Volumen des Gasrückstandes im Ballon und das Gas in den Recipienten mit dem anfänglichen Gasvolumen verglichen, fand sich beim Sauerstoffgas, beim Wasserstoffgas, beim kohlensauren Gas und bei der atmosphärischen Luft eine Verminderung. Sie erklären sich dieses durch chemische Verbindungen, in welche diese Gasarten während [**156**] der Versuche mit dem Quecksilber getreten sein sollen. Wenn ich mich indess eines ganz reinen und oxydfreien Quecksilbers bediente, habe ich in Temperaturen vom Frost- bis zum Siedepunkte nie die mindeste Wirkung dieser Gasarten auf das Quecksilber, oder umgekehrt, wahrnehmen können.

Folgendes sind die Resultate der Versuche der Bürger *Guyton* und *Duvernois*. In die, welche eingeklammert sind, setzen sie selbst nur wenig Zutrauen.

Ausdehnung	bei einer Erwärmung				
	von 0° bis 20°	v. 20° bis 40°	von 40° bis 60°	von 60° bis 80°	von 0° bis 80°
der atmosph. Luft	$\frac{1}{12{,}67}$	$\frac{1}{5{,}61}$	$\frac{1}{2{,}49}$	$\left(\frac{1}{3{,}57}\right)$	$\frac{1}{1{,}067}$
des Sauerstoffgas	$\frac{1}{22{,}12}$	$\frac{1}{4{,}92}$	$\frac{1}{1{,}53}$	$\left(3+\frac{1}{1{,}73}\right)$	$4+\frac{1}{2{,}09}$
des Stickgas	$\frac{1}{29{,}41}$	$\frac{1}{5{,}41}$	$\frac{1}{1{,}28}$	$5+\frac{1}{57{,}2}$	$5+\frac{1}{1{,}06}$
des Wasserstoffgas	$\frac{1}{11{,}91}$	$\frac{1}{6{,}92}$	$\left(\frac{1}{6{,}85}\right)$	$\left(\frac{1}{58{,}82}\right)$	$\frac{1}{2{,}55}$
des Salpetergas	$\frac{1}{15{,}33}$	$\frac{1}{9}$	$\frac{1}{3{,}74}$	$\left(\frac{1}{6{,}88}\right)$	$\frac{1}{1{,}65}$
des kohlens. Gas	$\frac{1}{9{,}05}$	$\frac{1}{5{,}1}$	$\frac{1}{2{,}31}$	$\left(\frac{1}{3{,}69}\right)$	$1+\frac{1}{106{,}3}$
des Ammoniakgas	$\frac{1}{3{,}58}$	$\frac{1}{1{,}75}$	$1+\frac{1}{1{,}35}$	$\left(3+\frac{1}{4{,}69}\right)$	$5+\frac{1}{1{,}25}$

Ehe ich weiter gehe, muss ich bemerken, [**157**] dass das, was ich durch sehr viele Versuche gefunden habe, dass nämlich das Sauerstoffgas, Stickgas, Wasserstoffgas, kohlensaure Gas und die atmosphärische Luft sich von 0° bis 80° verhältnissmässig um gleich viel ausdehnen, schon der Bürger *Charles* vor 15 Jahren wahrgenommen hatte. Da er aber die

Resultate seiner Versuche nicht bekannt gemacht hat, so war es ein blosser Zufall, dass ich sie kennen lernte. Auch hat er die Ausdehnung der im Wasser auflöslichen Gasarten untersucht, und für jede eine besondere Ausdehnung gefunden; hierin weichen meine Versuche sehr weit von den seinigen ab.

Der Apparat, dessen sich der Bürger *Charles* bedient hatte, bestand aus einem Barometer mit einem sehr langen luftleeren Raume. Das zu untersuchende Gas wurde bei 0° Wärme und einem Drucke von 28″ Quecksilberhöhe in das Gefäss des Barometers verschlossen und dieses in kochendes Wasser gebracht. Dabei stieg das Quecksilber in der Röhre und der Ueberschuss der Quecksilberhöhe über 28″ mass die Zunahme der Elasticität der eingeschlossenen Luft. Als ich diesen Apparat bei *Charles* selbst besah, fand ich indess, dass die Röhre im Verhältnisse des Gefässes sehr weit ist, [**158**] daher sich das Lutfvolumen beim Ansteigen des Quecksilbers in der Röhre beträchtlich verändern musste. Dann aber misst die Quecksilberhöhe über 28″ nicht mehr die ganze Zunahme an Elasticität des Gases. Daher scheint es mir, als lasse sich die wahre Ausdehnung der Gasarten aus diesen Versuchen nicht mit Sicherheit ableiten.

Drittes Capitel.

Beschreibung der Apparate.

Der gläserne Ballon *B* (Fig. 1) ist mit einem eisernen Hahne versehen, mit welchem sich eine gebogene Röhre *ID* (Fig. 2) verbinden lässt. Am Schlüssel des Hahnes befindet sich ein Hebel *LL*, der an beiden Enden mit Löchern versehen ist, in denen man die beiden Schnüre befestigt, mittelst deren der Hahn, wenn der Ballon unter Wasser steht, geöffnet oder geschlossen werden kann. Um die Gasart, mit der der Versuch angestellt werden soll, in den Ballon zu bringen, bediene ich mich einer Glasglocke *M* (Fig. 1), die oben mit einem Hahne *C* und mit einer gebogenen Röhre *T* versehen ist und die in einem Gefässe *QS* steht. Giesst man in dieses Gefäss Wasser und öffnet den Hahn *C*, so entweicht das Gas, das dadurch in der Glocke comprimirt wird, und steigt durch die gebogene Röhre in den Ballon *B*, der zu dem Ende über der pneumatischen Quecksilberwanne *OP* steht. Ist der Ballon voll Gas, so schliesse ich den Hahn *R*, befestige die Röhre [**159**] *ID* (Fig. 2) und stelle den Ballon

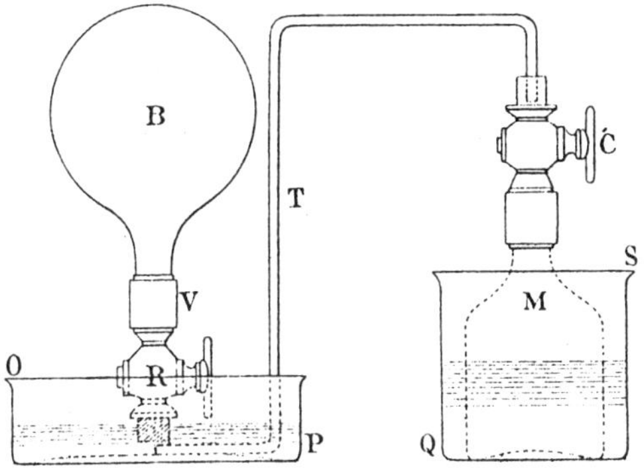

Fig. 1.

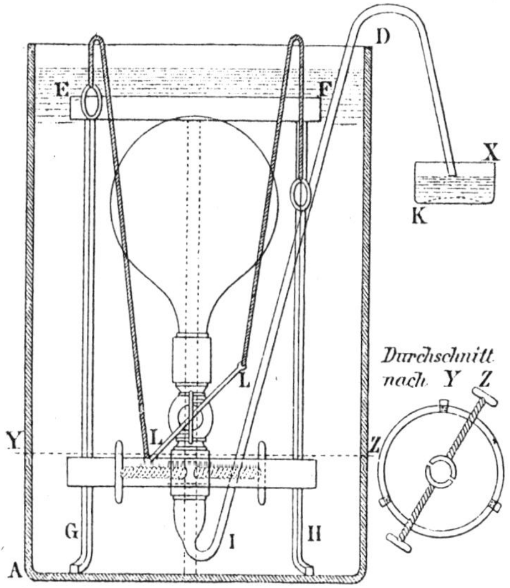

Fig. 2.

in ein Gestell aus Eisen *EFGH*, welches ich dann in ein kupfernes Gefäss *AD*, das voll Wasser ist, setze.

Um alle Gemeinschaft zwischen dem Gas im Ballon und der äusseren Luft beim Oeffnen des Hahnes zu vermeiden, bringe ich das Ende der Röhre *ID* in ein kleines Gefäss *KX* mit Quecksilber, so dass die Oeffnung derselben sich 1 oder 2 Millimeter unter der Quecksilberfläche befindet. Darauf erwärme ich das Wasserbad um den Ballon und öffne beim Steigen des Thermometers etwa von 10 zu 10 Graden den Hahn und drehe ihn sogleich wieder zu. Das im Ballon durch die Wärme ausgedehnte Gas entweicht dabei schnell in die Röhre und treibt in kurzem die atmosphärische Luft ganz aus ihr heraus, so dass man schon von 40° an den Hahn ohne Besorgniss während des ganzen Versuchs offen lassen könnte. Ich ziehe es jedoch vor, den Hahn abwechselnd zu öffnen und zu schliessen, weil ich finde, dass so das Gas im Ballon besser die Temperatur des Wasserbades annimmt. Hat das Wasser 15 bis 20 Minuten lang gekocht (welches völlig hinreicht, die ganze Gasmasse zur Temperatur des kochenden Wassers zu bringen), so ziehe ich das Ende der Röhre *ID* aus dem Quecksilber, damit sich die Luft im Innern mit der äussern Luft völlig ins Gleichgewicht setzen könne, und schliesse darauf sogleich den Hahn. Nachdem das Wasserbad durch Eis oder Wasser abgekühlt worden, ziehe ich den Apparat heraus, nehme den Ballon aus dem Gestelle, schraube die Röhre *ID* und auch **[160]** den Hebel *LL* ab und tauche den Ballon ganz in ein Bad von gegebener Temperatur, wo ich ihn lange genug lasse, dass er dieselbe Temperatur annehmen kann.

Wird dann der Hahn geöffnet, so steigt Wasser in den Ballon, und zwar ist, wenn die Oberfläche desselben in das Niveau der äusseren Wasserfläche gebracht wird, das Volumen dieser Wassermasse dem Volumen der durch die Wärme aus dem Ballon herausgetriebenen Luft vollkommen gleich. Ich schliesse nun den Hahn, nehme den Ballon heraus, trockne ihn rings umher mit Sorgfalt ab und wäge ihn. Darauf wird er voll Wasser und auch ganz wasserleer gewogen. Zieht man das letztere Gewicht von den beiden ersteren ab, so hat man das Verhältniss des Luftvolums, welches aus dem Ballon durch Erwärmung entwichen ist, zu dem anfänglichen Luftvolumen, das den ganzen Ballon erfüllte, da diese Gewichte in demselben Verhältnisse wie die Capacitäten stehen.

Diese Methode hat den Vorzug, eine grosse Genauigkeit

zu geben, denn da man die Volumina aus den Gewichten bestimmt, muss der Fehler, den man dabei begehen kann, sehr gering sein, selbst wenn man sich einer nicht sehr empfindlichen Wage bedient.

[**161**] Der hier beschriebene Apparat ist an sich ziemlich einfach, doch wegen des Kittes und des Hahns, der des Quecksilbers halber aus Eisen sein muss, schwer auszuführen. Es wird daher nicht zweckwidrig sein, wenn ich hier noch einen zweiten Apparat beschreibe, dessen ich mich gleichfalls bedient habe und der, so einfach er auch ist und so leicht er sich ausführen lässt, doch auch alle Vorzüge des erstern Apparats in sich vereinigt.

Er besteht aus einem blossen Ballon *D* (Fig. 3), dessen Hals wenigstens ein Decimeter (3 Zoll) lang und mit einer Scala versehen sein muss, deren Theile sehr klein sind. Ich fülle ihn mit dem Gas über der pneumatischen Quecksilberwanne auf die beschriebene Art, tauche dann den Hals wenigstens 2 Centimeter weit in ein gewöhnliches Glas *OM* voll Quecksilber und befestige ihn in dieser Lage in dem eisernen Gestelle. Wollte ich ihn in diesem Zustande in das Wasserbad setzen, so würde die beim Erwärmen sich ausdehnende Luft nicht bloss den Druck des sie sperrenden Quecksilbers, sondern auch des Wassers im Wasserbade zu überwinden haben, ehe sie entweichen könnte. Um dieses zu vermeiden, bringe ich in den Hals des Ballons den aufwärts gehenden Schenkel einer sehr feinen, doppelt gebogenen Glasröhre *B*, deren oberes Ende *G* sorgfältig verstopft ist, damit hierbei kein Quecksilber hinein kommen könne. Die untere Oeffnung muss über das Quecksilber-Niveau *ac* im Halse des Ballons hervorragen. Ein um die Mitte [**162**] der Röhre geschlungener, über eine Unterlage fortgehender Faden, an den ein Gewicht so gehängt wird, dass es die Röhre aufwärts zu ziehen strebt, hält die Röhre in ihrer Lage. Ist

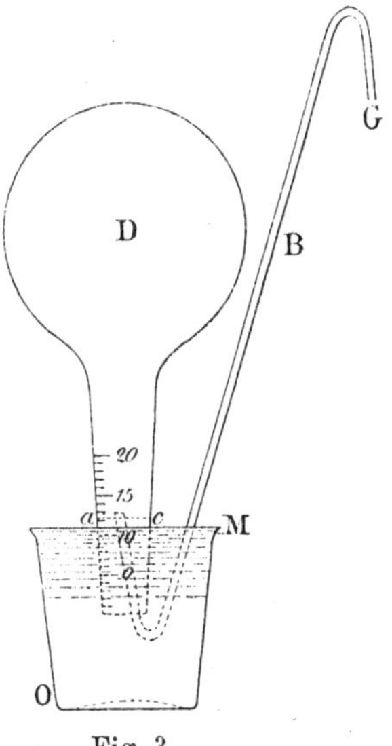

Fig. 3.

der Apparat so weit eingerichtet, so tauche ich ihn in ein Glasgefäss, worin sich das Wasser dann gerade in der Höhe befindet, die es im Wasserbade haben soll, und öffne einen Augenblick das Ende *G* der Röhre, um die Gleichheit des Druckes zwischen der Luft im Innern und der äusseren Luft wieder herzustellen. Darauf bemerke ich genau das Quecksilber-Niveau *ac* im Halse der Retorte nach der Scale, indem das Luftvolumen im Ballon nur bis dahin zu rechnen ist, setze nun den Ballon in ein Bad von heissem Wasser und öffne das Ende *G* der Röhre unter Quecksilber, so dass es, wie im ersten Apparate, mit Quecksilber gesperrt bleibt. Hat der Ballon die Temperatur des kochenden Wassers durchgängig angenommen, so ziehe ich erst das Ende *G* der Röhre aus der Quecksilberschale und dann die ganze Glasröhre *B* aus dem Halse des Ballons und erkälte das Wasserbad. Dabei steigt das Quecksilber in den Hals des Ballons hinauf; [**163**] doch ist es leicht, wenn alles bis zu einer bestimmten Temperatur herab gekommen ist, statt dessen Wasser in den Hals der Retorte zu bringen. Die Capacität des Ballons und die Grösse des Luftvolums, welches durch Erwärmung aus dem Ballon entwichen ist, werden auf dieselbe Art wie zuvor gemessen; nur dass jetzt das Gewicht des leeren Ballons um das Gewicht der Wassersäule zu vermehren ist, die den Raum vom Rande des Halses bis an das Niveau *ac* einnimmt.

Ich gehe hier in kein grösseres Detail ein, um nicht allzu weitläufig zu werden. Das übrige wird ein geübter Experimentator sich leicht ergänzen. Nur will ich, da es nach dem, was ich über die Wirkung des Wassers gesagt habe, von Wichtigkeit ist, alle Feuchtigkeit aus den Apparaten völlig zu verbannen, noch angeben, wie mir dies gelungen ist.

War der Ballon sichtlich feucht, so wischte ich ihn mit Löschpapier aus, erwärmte ihn darauf, um alle übrige Feuchtigkeit zu verdampfen, und suchte den sich bildenden Dampf mit einem Blasebalge, an dem ich eine Glasröhre angebracht hatte, herauszujagen. Diese Operation wiederholte ich mehrmals mit dem Ballon und mit der Röhre und beide wurden [**164**] dadurch vollkommen trocken. Das Quecksilber, dessen ich mich bediente, war durchgehends sehr rein und sehr trocken.

In allen Versuchen, die ich hier mittheilen will, habe ich die Temperatur der Gasarten, deren Dilatation sich mit diesen Apparaten bestimmen liess, zum Frostpunkte herabgebracht, indem ich den ganzen Apparat, nachdem er aus dem Wasserbade, worin er während des Versuchs stand, herausgehoben worden, in Wasser setzte, worin sich Eis befand, und ihn darin, unter öfterem Umrühren des Eises, etwa $^1/_2$ Stunde lang stehen liess. Die zweite feste Temperatur, bei der ich in den Versuchen mit diesen Gasarten stehen blieb, war die des kochenden Wassers.

Zwar habe ich auch einige Versuche für andere Temperaturen angestellt, sie müssen aber noch wiederholt werden. Ich verspare sie zu einer schon angefangenen Arbeit über das Gesetz der Dilatation der Gasarten und der Dämpfe. Man wird daher hier nur die Ausdehnung der Gasarten für eine Temperaturerhöhung vom Frostpunkte bis zum Siedepunkte finden. Die Dilatation der Dämpfe werde ich mit der der Gasarten vergleichen.

[165] ## Viertes Capitel.

Versuche und Resultate.

Sechs Versuche mit atmosphärischer Luft, bei denen ich mich der beiden eben beschriebenen Apparate und zwar am meisten des zweiten bediente, und alles, was Unzuverlässigkeiten erzeugen konnte, möglichst vermied, gaben mir folgende Resultate: Atmosphärische Luft, die bei der Temperatur des schmelzenden Schnees ein Volumen von 100 Theilen einnahm*), bis zur Wärme des kochenden Wassers erhitzt, hatte sich ausgedehnt bis zu einem Volumen von

137,4, 137,6, 137,54, 137,55, 137,48, 137,57

solcher Theile, welches im Mittel eine Ausdehnung bis auf etwa 137,5 Theile giebt**).

*) Mein Ballon fasste ungefähr 350 Gramm Wasser.

**) So äusserst gering die Unterschiede dieser Resultate auch sind, so glaube ich, würde ich sie doch noch haben verringern können, hätte ich den Barometerstand im Augenblicke des Kochens mit in Rechnung gebracht. Zwar habe ich nie vergessen, während des Kochens nach dem Stande des Thermometers im kochenden Wasser zu sehen, doch nie merkliche Verschiedenheiten darin wahrgenommen. Auch hätte es in der That einer Veränderung im Barometerstande von einem ganzen Zolle bedurft, um im Siedepunkte des Wassers eine Veränderung von 1° hervorzubringen. Auf jeden Fall muss das Mittel von 137,5 Theilen der Wahrheit äusserst nahe kommen.

[**166**] Dividirt man diese ganze Dilatation gleichmässig durch die Anzahl der Grade, die sie hervorgebracht haben, oder 80, so findet man, indem man das Volum bei der Temperatur 0° als Einheit nimmt, dass die Volumvermehrung $\frac{1}{213,33}$ für jeden Grad, oder $\frac{1}{266,66}$ für jeden Centigrad beträgt.

Auf den ersten Anblick scheint dieses mit *de Luc*'s Angabe einer Dilatation von $^1/_{215}$ für jeden Réaumur'schen Grad sehr nahe zusammenzustimmen; doch ist das nicht ganz so der Fall, da *de Luc*'s Angabe sich auf eine Temperatur von $16^3/_4{}^\circ$ als Normaltemperatur, die obige Bestimmung aber auf das Luftvolumen bei 0° Wärme bezieht. Ich werde diese Verschiedenheit an einem andern Orte weiter entwickeln und zugleich zeigen, dass die Coefficienten der Dilatation mit der Temperatur, von der man ausgeht, variiren.

Mit Wasserstoffgas, das aus Eisen und stark verdünnter Schwefelsäure entwickelt worden war, wurden zwei Versuche angestellt. Ein Volumen von 100 Theilen Gas von 0° Wärme bis auf 80° Wärme erhitzt, dehnte sich in ihnen aus bis auf 137,49 und 137,56 Theile, welches im Mittel eine Ausdehnung bis auf 137,52 Theile giebt; eine ganz unbedeutende Abweichung von der Dilatation der atmosphärischen Luft.

[**167**] Sauerstoffgas aus überoxygenirt-salzsaurem Kali gab in 3 verschiedenen Versuchen Dilatationen von 100 Theilen bis auf 137,47, 137,54, 137,45 Theile, folglich im Mittel eine Dilatation bis auf 137,48 Theile.

Stickgas, durch Zerlegung des Ammoniaks mittelst oxygenirter Salzsäure bereitet, gab in 5 verschiedenen Versuchen, bei Erwärmung von 100 Theilen Gas von 0° Temperatur bis auf 80°, eine Dilatation bis auf

137,42, 137,56, 137,50, 137,46, 137,55,

folglich im Mittel bis auf 137,49 Theile.

Wird folglich eine Gasmenge, die bei der Temperatur des schmelzenden Schnees ein Volumen von 100 Theilen einnimmt, bis zur Siedehitze des Wassers erwärmt, so dehnen sich dabei

die 100 Theile	aus um		Unterschiede
atmosphärische Luft	37,5	Theile	
Wasserstoffgas	37,52	»	+ 0,02
Sauerstoffgas	37,49	»	— 0,02
Stickgas	37,49	»	— 0,01

[168] Da die in den vorstehenden Resultaten vorhandenen Unterschiede nur bis auf 2 Zehntausendstel des anfänglichen Gasvolums steigen, so sind sie unstreitig bloss zufälligen Umständen zuzuschreiben, und es lässt sich daher aus diesen Versuchen mit Zuverlässigkeit der Satz aufstellen, dass gleiche Volumina dieser vier Gasarten sich bei einer Temperaturerhöhung vom Frost- bis zum Siedepunkte genau um gleich viel ausdehnen.

Um die Ausdehnung der im Wasser auflöslichen Gasarten zu messen, bediente ich mich eines andern Apparats, der aus zwei Röhren *TT* (Fig. 4) besteht, die beide zugleich über derselben Quecksilberwanne *AC* mittelst eines sehr kleinen Maasses graduirt sind. So oft ich mich dieses Apparats bediente, wandte ich alle Vorsicht an, dass die Quecksilbermenge genau wieder dieselbe war, bei der die Röhren graduirt wurden. Ginge die Schale verloren, so müsste man die Röhre aufs neue über einem andern Quecksilberbade graduiren. Es würde selbst gut sein, sie aus demselben Glascylinder zu schneiden und ihnen genau gleiche Höhen zu geben, um sie unter möglichst gleiche Umstände zu bringen.

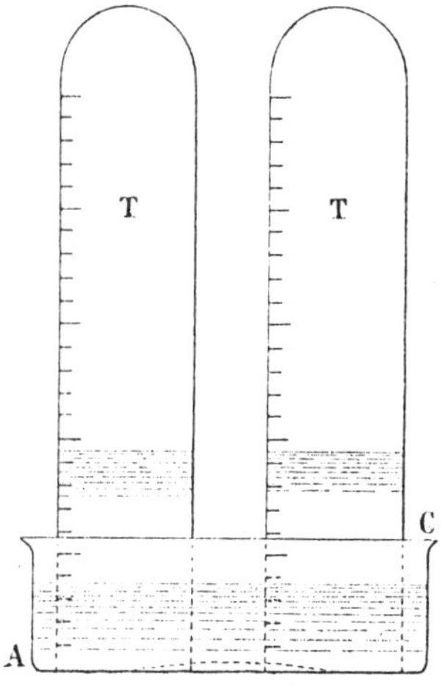

Fig. 4.

Eine dieser Röhren füllte ich [169] bis zum 100sten Theilpunkte der Scale mit atmosphärischer Luft, die andere genau eben so weit mit der zu untersuchenden Gasart, so dass ich je 100 gleiche Raumtheile beider Gase den Versuchen unterzog. Ich brachte nun den Apparat in ein Luftbad, dessen Temperatur ich nach Belieben erhöhte. Bei der sorgfältigsten Beobachtung konnte ich in der Ausdehnung beider Luftarten nicht die mindeste Verschiedenheit wahrnehmen. Immer dehnte sich in beiden Röhren die Luft durch gleiche Theile der Scalen genau in gleichen Zeiten aus.

Die Gasarten, welche ich auf diese Art untersuchte, sind nie unmittelbar in die Röhren geleitet worden, sondern ich sperrte sie zuvor in einem Zwischengefässe über einem austrocknenden Körper, z. B. über salzsaurer Kalkerde, und trieb sie dann erst mittelst Quecksilbers, das ich durch die Sicherheitsröhre in die Mittelflasche goss, in die Röhre. Versäumt man diese Vorsicht, so erhält man fast immer eine viel zu starke Ausdehnung, wegen des nicht aufgelösten Wassers oder anderer verdampfbarer Stoffe, die mit hineingehen.

[**170**] So dehnten sich 100 Maass kohlensaures Gas, aus Marmor durch Schwefelsäure entwickelt, und 100 Maass atmosphärischer Luft von 5° bis 90° R. in beiden Röhren völlig auf einerlei Art aus.

Salzsaures Gas, durch concentrirte Schwefelsäure aus stark getrocknetem Kochsalze entbunden, wurde in seiner Expansion von 3° bis 86° R. mit gleich viel atmosphärischer Luft verglichen und beide hielten völlig gleichen Schritt. Dieser Versuch sowohl als der mit kohlensaurem Gas wurden öfters wiederholt und gaben immer dasselbe Resultat.

Auch schwefligsaures Gas und Salpetergas dehnten sich in der Wärme völlig so aus, als atmosphärische Luft.

Ammoniakgas soll sich nach Doctor *Priestley*'s und Bürger *Duvernois*' Versuchen in der Wärme am allerstärksten von allen Gasarten ausdehnen. Um der Ursache dieses irrigen Resultats nachzuspüren, leitete ich Ammoniakgas, das gewöhnlicher gebrannter Kalk aus Salmiak entband, unmittelbar in eine der beiden Röhren, und [**171**] brachte in die andere ein gleiches Volumen atmosphärischer Luft. Als nun die Temperatur beider allmählich erhöht wurde, dehnte sich das Ammoniakgas progressiv stärker als die atmosphärische Luft aus, so dass es bald das doppelte Volumen dieser erlangt hatte. Nachdem die Temperatur wieder erniedrigt worden war, zeigten sich indess auf dem Quecksilber und an den Wänden der ersteren Röhre Spuren einer Flüssigkeit und einige krystallisirte Pünktchen, die nichts anderes als Salmiak oder kohlensaures Ammoniak sein konnten. Beides verschwand, als die Temperatur der Röhre wieder hinreichend erhöht wurde. Darauf wiederholte ich den Versuch mit Ammoniakgas, das einige Zeit lang in einer Mittelflasche über ätzendem Kali gesperrt gewesen war; und nun stimmte, bei einer Erwärmung von 0° bis 95° R., die Expansion desselben ganz genau mit der Ausdehnung der atmosphärischen Luft zusammen, und als die Temperatur der Röhre bis auf 0° zurückgebracht war, zeigte sich weder auf dem Quecksilber noch an den Wänden die geringste Spur von Feuchtigkeit oder von einer Krystallisation. Dieser Versuch wurde mehrmals wiederholt, immer mit demselben Erfolge.

Man sieht hieraus, dass nicht bloss Flüssigkeiten, sondern auch feste Körper, die fähig sind, den Dampfzustand anzunehmen, diese Versuche irrig machen können, und [**172**] dass man daher ihre Gegenwart auf das sorgfältigste vermeiden muss.

Die hier beschriebenen Versuche, die alle mit grosser Sorgfalt angestellt wurden, beweisen unwidersprechlich, dass atmosphärische Luft, Sauerstoffgas, Wasserstoffgas, Stickgas, Salpetergas, Ammoniakgas, salzsaures Gas, schwefligsaures Gas und kohlensaures Gas durch gleiche Grade von Wärme insgesammt verhältnissmässig gleich ausgedehnt werden, und dass folglich der Unterschied der Dichtigkeit dieser Gasarten bei einerlei Druck und Temperatur, die Verschiedenheit ihrer Auflöslichkeit im Wasser und überhaupt ihre besondere Natur auf ihre Ausdehnbarkeit durch Wärme gar keinen Einfluss haben.

Hieraus folgere ich weiter, dass überhaupt alle Gasarten sich durch gleiche Grade von Wärme, unter übrigens gleichen Umständen, verhältnissmässig ganz gleich expandiren.

Diese Untersuchungen über die Dilatation der Gasarten führten mich natürlich zu Versuchen über die Ausdehnung der Dämpfe durch Wärme. Sie machten es schon im Voraus wahrscheinlich, dass auch die Dämpfe sich gerade so wie die Gasarten expandiren würden, daher es nur darauf ankam, eine einzige Dampfart zu untersuchen. Ich wählte dazu den Dampf des durch Schwefelsäure bereiteten Aethers, weil dieser am leichtesten zu behandeln ist.

Um also die Ausdehnung des [**173**] Aetherdampfes zu bestimmen, bediente ich mich des bereits erwähnten Apparates mit zwei Röhren. Nachdem ich diesen letztern Apparat einige Zeit lang im Luftbade bei einer Temperatur von etwa 60° R. erhalten hatte, liess ich in eine der beiden Röhren etwas Aetherdampf und in die andere genau eben so viel atmosphärische Luft steigen, so dass beide dem gleichen Theilstrich entsprachen, und erhöhte darauf die Temperatur des Luftbades von 60° bis auf 100°. Ich hatte die Freude, wahrzunehmen, dass sowohl beim Expandiren, als auch nachher beim Zusammenziehen im Erkalten der Aetherdampf immer gleichen Schritt mit der atmosphärischen Luft hielt und mit ihr zu gleicher Zeit immer bis zu einerlei Theilpunkt der Scalen reichte. Dieser Versuch, bei dem *Berthollet* gegenwärtig war, ist mehrere mal wiederholt worden und nie konnte ich die mindeste Verschiedenheit in der Dilatation des Dampfes und der atmosphärischen Luft gewahr werden; nur dass sich der Aetherdampf, wenn seine Temperatur bis auf wenige Grade über den Siedepunkt des Aethers herabgekommen ist, sich etwas schneller als die atmosphärische Luft condensirt. Dieses hängt indess mit einem Phänomen zusammen, das wir auch an vielen flüssigen Körpern wahrnehmen, wenn sie in den Zustand der Festigkeit übergehen, und welches schon wenige Grade über der Temperatur, in welcher dieser Uebergang geschieht, weiter von keinem Einflusse ist.

[**174**] Da dieser Versuch zeigt, dass der Aetherdampf und die Gasarten sich durch Wärme ganz gleichmässig ausdehnen, so dient er uns zugleich zum Beweis, dass diese ihre Dilatabilität nicht auf der besondern Natur der Gasarten und der Dämpfe, sondern lediglich darauf beruht, dass sie sich im Zustande elastischer Flüssigkeit befinden. Wir dürfen daher daraus folgern, dass alle Gasarten und Dämpfe durch gleiche Grade von Wärme verhältnissmässig gleich ausgedehnt werden.

Da alle Gasarten gleichmässig ausdehnbar durch Wärme und auch gleichmässig compressibel sind, und da diese beiden Eigenschaften (wie ich anderswo beweisen will) eine mit der andern in nothwendigem Zusammenhange stehen, so müssen wir schliessen, dass die Dämpfe, weil sie einerlei Ausdehnbarkeit mit den Gasarten haben, auch gleich compressibel sein müssen. Doch gilt dieser Schluss nur in so weit, als die comprimirten Dämpfe ganz und gar elastischflüssig bleiben; und dazu ist erforderlich, dass ihre Temperatur hoch genug sei, um ihnen hinlänglichen Widerstand gegen den Druck zu verleihen, der sie in den Zustand liquider Flüssigkeit zu versetzen strebt.

Ich habe schon oben nach *Saussure* angeführt (und meine Versuche bestätigen dieses völlig), dass sehr trockene Luft und Luft, die mehr oder weniger Wasser aufgelöst enthält, gleichmässig ausdehnbar sind. Wir sind daher berechtigt, aus allem Angeführten folgende Schlussfolgen zu ziehen:

1. Alle Gasarten, gleich viel, welches ihre Dichtigkeit [**175**] sei und wie viel Feuchtigkeit sie aufgelöst enthalten, und so auch alle Dämpfe, werden durch gleiche Grade von Wärme um gleich viel ausgedehnt.

2. Die permanenten Gasarten vermehren, wenn sie von der Temperatur des Frostpunktes bis zu der des Siedepunktes erhitzt werden, ihr Volumen um $\frac{80}{213,33}$ ihres anfänglichen Volums für das achtzigtheilige, oder um $\frac{100}{255,66}$ für das hunderttheilige Thermometer.

Noch bleibt mir übrig, um diese Arbeit zu vollenden, das Gesetz der Dilatation der Gasarten und der Dämpfe aufzusuchen, und daraus den Coefficienten der Dilatation für jeden bestimmten Wärmegrad abzuleiten; und, wo möglich, den wahren Gang des Thermometers zu bestimmen. Ich behalte es mir vor, dem National-Institute diese Fortsetzung meiner Untersuchungen vorzulegen, sobald ich sie vollendet haben werde.

---

[595] Ueber die

Ausdehnung der elastischen Flüssigkeiten

durch Wärme

von

John Dalton.

Die Hauptveranlassung zu dieser Abhandlung ist eine andere über den gleichen Gegenstand von den Herren *de Morveau* und *du Vernois* im ersten Bande der Annales de Chimie. Da es diesen schien, dass die Ergebnisse der Versuche von *de Luc*, *Col. Roy*, *de Saussure*, *Priestley*, *Vandermonde*, *Berthollet* [596] und *Monge* nicht genügend mit einander übereinstimmten, und dass es von Wichtigkeit sein würde, nicht nur die ganze Ausdehnung jedes Gases zwischen zwei entfernten Punkten, wie dem Gefrier- und dem Siedepunkt, zu bestimmen, sondern gleichzeitig festzustellen, ob die Ausdehnung in allen Theilen der Scala gleichförmig ist, richteten sie eine ganze Reihe von Versuchen besonders auf diesen Zweck. Das Ergebniss derselben war, dass zwischen den Temperaturen von 32° und 212° (Fahrenheit) die gesammten Ausdehnungen der Gase sehr von einander abwichen, indem sie in einem Falle $^4/_{10}$, in anderen mehr als das 12-fache des ursprünglichen Volums betrugen, und dass die Ausdehnung für dieselbe Zahl von Graden viel beträchtlicher bei höheren Temperaturen ist, als bei niederen. Diese Schlüsse waren so abweichend von denen Anderer, ja im Gegensatz zu ihnen, dass ich nicht umhin konnte, irgend welche Fehler in ihnen zu argwöhnen, wie ich solche auch thatsächlich gefunden habe: ich zweifle nicht, dass sie von dem Mangel der erforderlichen Sorgfalt herrührten, den Apparat und die Stoffe frei von Feuchtigkeit zu halten.

Die Art, wie ich meine Versuche anstellte, ist einfach und daher Irrthümern wenig ausgesetzt. Ich bediene mich dabei einer geraden Barometerröhre, die nach ihrer Capacität genau abgetheilt ist. Diese trockne ich mittelst eines mit Garn bewundenen Drahtes und stecke sie mit dem offenen Ende durch einen Kork in eine Flasche, worin sich Schwefelsäure befindet, damit [597] diese alle Wasserdünste aus der Röhre herausziehe. Dies ist unumgänglich nöthig, wenn wir in niedrigeren Temperaturen, als die der atmosphärischen Luft, operiren, ohnedies nicht. Weil Colonel *Roi* hierauf nicht sah, wurde er in seinem schätzbaren Aufsatze in den Philos. Transact., Vol. 67, zu einigen irrigen Schlüssen verführt. Darauf bringe ich eine kleine Säule trockenen Quecksilbers bis zu einem bestimmten Punkte in die Manometerröhre hinab, und nun ist das Instrument zu Versuchen mit atmosphärischer Luft im Stande.

Um das Manometer mit irgend einer andern Gasart zu füllen, wird einige Geschicklichkeit erfordert. Am besten gelingt es mir auf folgende Art. Ich fülle die Röhre mit trockenem Quecksilber und schiebe dann einen Draht hinein, der so mit Garn bewickelt ist, dass gerade, wenn der Draht bis an das Ende der Röhre kommt, eine dicke Garnbewickelung das offene Ende der Röhre, gleich einem Stöpsel, verschliesst, so dass sich die Röhre umdrehen lässt, ohne dass Quecksilber herausläuft. Ueber dem pneumatischen Wasserapparate, welcher das Gas enthält, befindet sich ein Glastrichter, der mit einem durchlöcherten Korke versehen ist. Ich schiebe die Manometerröhre durch das Loch in den Kork, fahre dann mit der Hand durch das Wasser unter dem Trichter und ziehe den Draht und damit zugleich das Quecksilber aus dem Manometer, worauf das Gas hineinsteigt.

Um kohlensaures Gas in die Manometerröhre zu bringen, zog ich das zugeschmolzene Ende derselben zu einem Haarröhrchen aus, trieb dann einen Strom kohlensaures Gas in die Röhre, verschloss das untere Ende derselben mit dem Finger, schmelzte [598] die Oeffnung des Haarröhrchens vor dem Löthrohre wieder zu und brachte dann eine kleine Säule Quecksilber bis zum bestimmten Punkte hinab.

Um das Manometer bis zur Siedehitze zu erwärmen, bediene ich mich einer Florentiner Flasche mit einer langen Glasröhre, die darin so eingekorkt ist, dass das Manometer sich so weit, als es die bestimmte Temperatur annehmen soll, in dieser Röhre hinabbringen lässt. Dann bringe ich das Wasser am Boden der Flasche heftig zum Kochen, so dass ein Strom von Wasserdämpfen anhaltend aus der Oeffnung der Röhre steigt und ein Thermometer auf 212° F. treibt. Um die Theilpunkte des Manometers durch diese Röhre durch sehen zu können, sind sie mit weissen Punkten bemerkt und Zahlen dabei gemacht. Für niedrige Temperaturen dient mir ein tiefes Gefäss aus Zinn mit warmem Wasser, in welches das Manometer gesenkt wird, nachdem das Wasser vor jeder Beobachtung wohl unter einander bewegt worden ist.

Eine grosse Menge von Versuchen, die ich auf diese Art mit atmosphärischer Luft, mit Wasserstoffgas, mit Sauerstoffgas, mit Salpetergas und mit kohlensaurem Gas angestellt habe, setzen es ausser Streit, dass die Resultate *de Luc*'s, *Roy*'s, *Saussure*'s, *Berthollet*'s u. s. w. durchgehends der Wahrheit sehr nahe kommen, indess die Versuche *Guyton*'s und *du Vernois*' in den höheren Temperaturen ausnehmend unrichtig sind.

Ich habe wiederholt gefunden, dass 1000 Theile atmosphärischer Luft, bei dem gewöhnlichen [599] Luftdrucke, im Manometer von 55° F. Wärme bis auf 212° F. erhitzt, sich zu einem Volumen von 1321 Theilen ausdehnen, welches, wenn man für die Ausdehnung des Glases noch 4 Theile hinzurechnet, eine Dilatation von 325 Theilen bei einer Erwärmung von 157° der Fahrenheit'schen Scale giebt.

Was die Ausdehnung in den Zwischengraden betrifft, welche nach den Versuchen des Colonels *Roi* über 57° hinaus langsam abnehmen, dagegen nach *Guyton*'s Versuchen in den höheren Theilen der Scale schnell steigen soll, so muss ich dem Colonel *Roy* Recht geben, obgleich dieses einigermaassen einer Hypothese widerspricht, die ich aufstellen möchte. Indess hat er die Abnahme von 72° herabwärts zuverlässig zu gross gemacht, weil er nicht bemerkte, dass er einen Theil der elastischen Flüssigkeit, mit der er operirte (Wasserdampf), in diesen abnehmenden Temperaturen wirklich zerstörte. Hätte er seine Luft zuvor durch Schwefelsäure oder auf andere Art getrocknet, so würde er keine so grosse Abnahme unterhalb 72° gefunden haben. Meine Versuche geben für die ersten $77^1/_2{}^\circ$ über 55° F. eine Ausdehnung von 167 und für die nächsten $77^1/_2{}^\circ$ nur von 158 Theilen; dabei scheint die Ausdehnung durch die ganze

Scale verhältnissmässig abzunehmen, zu je höheren Temperaturen man kommt.

Mehrere Versuche, die ich mit Wasserstoffgas, Sauerstoffgas, kohlensaurem Gas und Salpetergas angestellt habe, welches alle Arten sind, die ich [600] untersucht habe, geben für diese Gasarten Dilatationen, die nicht nur in der Grösse der ganzen Ausdehnung, sondern selbst in der allmählichen Abnahme der Ausdehnung in höheren Temperaturen vollkommen mit den Resultaten bei der atmosphärischen Luft übereinstimmen. Die geringen Unterschiede, die dabei mitunter vorkamen, betrugen nicht über 6 oder 8 Theile, deren die ganze Ausdehnung 325 beträgt, und solche Unterschiede kommen selbst in den Versuchen mit atmosphärischer Luft vor, wenn sie nicht von Feuchtigkeit befreit ist, welches bei allen künstlichen Gasarten, die ich anwendete, nicht der Fall war.

Nach allen diesem sehe ich nicht ab, warum es nicht erlaubt sein sollte, zu schliessen, dass alle elastischen Flüssigkeiten unter einerlei Druck sich durch Wärme gleichmässig ausdehnen und dass für jede Ausdehnung des Quecksilbers im Thermometer ihr die entsprechende Ausdehnung der Luft proportional ist, nur etwas abnehmend, desto mehr, je höher die Temperaturen steigen.

Dieser merkwürdige Umstand, dass alle expansibeln Flüssigkeiten unter einerlei Umständen durch die Wärme um gleich viel ausgedehnt werden, beweist offenbar, dass die Ausdehnung derselben lediglich von der Wärme abhängt, indess bei der Ausdehnung fester und tropfbar-flüssiger Körper zwei entgegenstrebende Kräfte, die der Wärme und der chemischen Verwandtschaft, ins Spiel kommen, deren eine bei einerlei Temperatur eine constante, die andere eine variable nach der Natur des Stoffs sich richtende Kraft ist. Daher die Ungleichheit in der Dilatation dieser letzteren Körper. Die allgemeinen Gesetze über die absolute Menge und die Natur der Wärme werden wir hiernach immer besser aus dem Verhalten elastisch-flüssiger Stoffe, als anderer Körper ableiten können.

[601] Um die Art einzusehen, wie elastische Flüssigkeiten durch Wärme expandirt werden, wollen wir die Hypothese annehmen, die Repulsivkraft jedes Theilchens sei genau der ganzen mit diesem Theilchen verbundenen Wärmemenge (oder,

mit anderen Worten, der Temperatur, diese vom absoluten Nullpunkte an gerechnet) proportional. Da sich nun die Durchmesser der repulsiven Sphären jedes Theilchens wie die Kubikwurzeln des Raums verhalten müssen, den die ganze Masse einnimmt, so verhalten sich die absoluten Wärmemengen, die sich in der Luft bei 55° F. und bei 212° F. befinden, zu einander wie $\sqrt[3]{1000} : \sqrt[3]{1325}$, oder nahe wie 10 : 11. Hiernach müsste **der absolute Nullpunkt der Wärme**, bei welchem gänzliche Abwesenheit aller Wärme wäre, bei 1547° F. unter dem Gefrierpunkte des Wassers liegen. Dr. *Crawford*, der diesen absoluten Nullpunkt aus ganz anderen Betrachtungen ableitet (On Animal Heat, p. 267), bestimmt ihn bei 1532° F. unter dem Frostpunkte des Wassers. Ein so nahes Zusammenstimmen ist gewiss mehr als blosser Zufall.

Die einzige Schwierigkeit, die mir dieser Hypothese entgegen zu stehen scheint, ist die, dass nach ihr die Ausdehnung expansibler Flüssigkeiten durch gleiche Wärmemengen in höheren Temperaturen nothwendig grösser als in niedrigeren sein müsste (weil die Differenzen der dritten Potenzen von Zahlen, die in arithmetischer Ordnung fortschreiten, immer zunehmen), in der Erfahrung aber, wie wir gesehen haben, gerade das Gegentheil stattfindet. Dieses führt auf die Frage, ob das Quecksilberthermometer die Zunahme der Wärme genau [**602**] misst. Ist das der Fall, so ist meine Hypothese unhaltbar. Wenn dagegen gleiche Zunahmen von Wärme im Quecksilber in höheren Temperaturen eine grössere (und zwar nicht viel grössere) Ausdehnung als in niederen bewirken, so dient jene Thatsache vielmehr, meine Hypothese zu bestätigen. Nach *Crawford* soll die Ausdehnung des Quecksilbers den Incrementen der Wärme sehr nahe proportional sein; dagegen ist sie nach *de Luc* in niederen Temperaturen geringer, als in den höheren, und das zwar in einem Verhältnisse, welches sehr gut zu meiner Hypothese passt. Da alle anderen bekannten tropfbaren Flüssigkeiten sich in höheren Temperaturen stärker als in niederen ausdehnen, so spricht in der That die Analogie für *de Luc*'s Behauptung.

[240]

Untersuchungen

über die Ausdehnung der festen, flüssigen und gasförmigen Stoffe, und über die genaue Messung der Temperaturen

von

Dulong und **Petit.**

(Gelesen im Institut, am 29. Mai 1815.)

Wenn man in die meisten Fragen bezüglich der Theorie der Wärme tiefer eindringen will, so wird man bald durch eine Schwierigkeit aufgehalten, welche sich unter verschiedenen Formen bei jedem Schritt wiederholt. Was ist unter dem Wort Temperatur zu verstehen, und welches Verhältniss besteht zwischen den Angaben der Thermometer und den Wärmemengen, welche man zu- oder abführt, um bestimmte Aenderungen der Temperatur zu veranlassen? Dies sind [241] zwei Fragen, welche man müsste beantworten können, um beispielsweise die wahren Gesetze der Abkühlung zu finden; thatsächlich haben wir gerade für diesen Zweck eine Reihe von Untersuchungen unternommen, von denen wir einen Theil heute dem Urtheil der Classe unterbreiten.

Die Construction sämmtlicher Instrumente zur Messung von Temperaturen beruht auf der Eigenschaft der Körper, ihr Volum durch die Wirkung der Wärme zu ändern; um aber streng genau zu sein, müssen derartige Instrumente zwei unumgänglichen Bedingungen genügen. Erstens müssen sie unter einander vergleichbar sein, d. h. stets in ihren Angaben übereinstimmen; zweitens müssen sie in sich vergleichbar sein, d. h. einen Gang haben, welcher in bekannter Beziehung zu den Aenderungen der Temperatur steht.

Die erste Bedingung kann heute mit grosser Genauigkeit erfüllt werden. Die Ursachen, welche die Richtigkeit der Angaben dieser Instrumente beeinflussen können, sind wohlbekannt, und man kann bei angemessener Sorgfalt zu einer Genauigkeit gelangen, welche für alle Zwecke genügt.

Viel schwieriger ist es, der zweiten Bedingung zu genügen, und eine Eintheilung zu bewerkstelligen, bei welcher gleiche Theile der Scala gleichen Aenderungen der Temperatur entsprechen. Thatsächlich reicht es nicht aus, wenn die Bedingung völlig erfüllt werden soll, das Verhältniss der Ausdehnungen, welche der benutzte thermometrische Stoff erfährt, zu den Wärmemengen zu bestimmen, welche man ihm zuführt; man muss sich auch vergewissern, ob die Wärmecapacität des Körpers sich nicht ändert, oder wenigstens die Aenderung berücksichtigen, wenn eine solche stattfindet. Die ungemeine [**242**] Schwierigkeit, die Aenderungen der specifischen Wärme eines Körpers insbesondere bei hohen Temperaturen zu bestimmen, kann als eines der grössten Hindernisse bei der unmittelbaren Lösung dieser Frage angesehen werden.

Doch haben die Physiker einige Versuche gemacht, um dahin zu gelangen; *Deluc*, welcher der erste und fast der einzige ist, welcher sich mit diesem Gegenstande beschäftigt hat, nahm an, dass zwischen 0° und 100° die Capacität des Wassers sich nicht ändert, so dass er beim Mischen von zwei gleichen Massen dieser Flüssigkeit von verschiedenen Temperaturen das Mittel der Temperaturen der getrennten Massen für die des Gemisches nahm.

Dalton meint, dass man nicht gleiche Massen, sondern gleiche Volume nehmen müsse, veil er voraussetzt, dass die Capacität derselben Masse mit der Temperatur proportional dem angenommenen Volum zunimmt; oder mit anderen Worten, er nimmt an, dass die auf das Volum bezogene Capacität der Körper constant bleibt. Man kann sich leicht vergewissern, dass die specifische Wärme der Gase und selbst die der Flüssigkeiten Aenderungen im Sinne der von *Dalton* angegebenen aufweist; jedoch findet man in dem Werk dieses geschickten Physikers keinen einzigen Versuch zur Begründung des Gesetzes, welches er aufzustellen sucht.

Man sieht, dass die bisher versuchten Ermittelungen über

den wahren Gang eines Thermometers sich auf sehr wenige beschränken, und wir können hinzufügen, dass Niemand unmittelbare Versuche angestellt hat, ihn oberhalb 100° kennen zu lernen.

Nachdem wir die verschiedenen experimentellen Methoden verglichen haben, durch welche man zur Lösung dieser wichtigen Frage gelangen könnte, glaubten wir, [**243**] dass die Bestimmung von Wärmemengen, insbesondere bei hohen Temperaturen, sich nicht mit hinlänglicher Genauigkeit bewerkstelligen lässt. Wir haben den Vergleich des Quecksilberthermometers mit dem Gange der Ausdehnung solcher Körper vorgezogen, welche möglichst homogen sind, und nach deren Natur Ursachen, welche sichtlich die Gleichförmigkeit der Ausdehnung stören könnten, keinen Einfluss haben konnten. Solche Körper sind offenbar aus den Gasen und aus den festen Körpern von hohem Schmelzpunkt zu wählen. Da die Versuche von Hrn. *Gay-Lussac* gelehrt hatten, dass alle Gase sich genau in gleicher Weise ausdehnen, wenn man sie unter gleiche Umstände bringt, so ist es naturgemäss zu schliessen, dass die Ausdehnbarkeit eines gegebenen Gases constant ist und dass daher gleichen Zunahmen des Volums oder der elastischen Kraft gleiche Zunahmen der Temperatur entsprechen müssen.

Von diesem Grundsatz ausgehend, hat Hr. *Gay-Lussac* sich vergewissert, dass der Gang des Quecksilberthermometers zwischen der Temperatur des schmelzenden Eises und des siedenden Wassers regelmässig ist.

Auch darüber sind die Physiker allgemein einig, dass sie die Ausdehnung der sehr schwer schmelzbaren Stoffe als gleichförmig ansehen. Die Versuche von Hrn. *Laplace* und *Lavoisier* über die Ausdehnung der meisten Metalle zwischen 0° und 100° dienen zur Unterstützung dieser Meinung.

Wenn eben so verschiedene Körper wie Metalle und Gase den gleichen Gang bei ihren Ausdehnungen befolgen, so wird es äusserst wahrscheinlich, dass diese Ausdehnungen die wahren Temperaturen angeben; man könnte dies übrigens durch den Vergleich der entsprechenden Wärmemengen prüfen. Auf diesem Wege hätte [**244**] man den Vortheil, auf die Bestimmung der wahren Thermometerscala die ganze Genauigkeit zu übertragen, welche man gegenwärtig in der Messung der Ausdehnungen erreichen kann; auch bieten die Messungen selbst, abgesehen von den wichtigen Schlüssen, die man aus ihnen bezüglich der Theorie der Wärme ableiten kann, den Physikern Angaben, welche unter manchen Umständen nützlich sein können. Dies sind die Betrachtungen und Motive, welche uns veranlasst haben, unsere Arbeiten mit der Vergleichung der Ausdehnungen der gasförmigen und der festen Körper mit dem Quecksilberthermometer bei höheren Temperaturen zu beginnen.

Vergleichung der Gasausdehnung mit dem Gang des Quecksilberthermometers.

Der Apparat, dessen wir uns bedient haben, besteht aus einer rechtwinkligen Wanne von Kupfer, sieben Decimeter lang, einen Decimeter breit und ebenso tief. Diese Wanne trägt an einer ihrer seitlichen Wände zwei Hülsen, von denen eine dazu dient, ein horizontales Quecksilberthermometer einzuführen, während durch die andere das offene Ende einer horizontal in gleicher Höhe mit dem Thermometer angebrachten Röhre geht. Diese Röhre ist völlig trocken und enthält trockene Luft.

An der Stelle der Hülse endigt die Röhre, welche die Luft enthält, in ein kurzes Röhrchen von sehr geringem Lumen, welches theilweise aus der Wanne hervorragt. Die Luftmenge, welche in [**245**] dem äusseren Theil der Röhre enthalten ist und welche an der Erwärmung der übrigen Menge keinen Theil nimmt, ist völlig zu vernachlässigen. Wir haben uns überzeugt, dass sie niemals $^{1}/_{2000}$ der ganzen Menge überschritt, und ausserdem beobachteten wir die Vorsicht, sie bei jedem Versuch zu erhitzen, um den Fehler, welcher daher rühren könnte, zu vermindern.

Die Wanne ist durch einen Deckel mit mehreren Oeffnungen geschlossen; einige sind von Thermometern durchsetzt, welche anzeigen sollen, ob die verschiedenen Theile der flüssigen Masse bei gleicher Temperatur sind; andere tragen Stäbe mit senkrecht stehenden Platten aus Kupfer am Ende, welche man drehen kann; auf diese Weise kann man in der Flüssigkeit eine ziemlich lebhafte Bewegung hervorbringen, deren Zweck ist, die Temperatur gleichförmig zu machen.

Folgender Gang wurde bei jedem Versuch eingehalten: man erwärmte zunächst die Wanne bis auf eine Temperatur etwas unterhalb der gewünschten, dann verschloss man die

Oeffnungen des Ofens. Alsbald begann sich das Gleichgewicht der Wärme in der ganzen erhitzten Masse herzustellen, die Temperatur des Oels stieg noch um einige Grade und gelangte bald an ihr Maximum, wo sie einige Zeit stehen blieb und daher mit Genauigkeit gemessen werden konnte. Sie war dann durch das horizontale Thermometer angegeben, welches man tief genug in das Oel hineinragen liess, dass die ganze Quecksilbersäule eingetaucht war. In demselben Augenblicke wurde die ausgezogene äussere Spitze der Luftröhre mittelst des Löthrohrs geschlossen und der Barometerstand bemerkt. War dies geschehen, so nahm man die Röhre heraus, brachte sie in ein besonderes Zimmer, dessen Temperatur [**246**] fast unveränderlich war; man stellte sie senkrecht auf, so dass die ausgezogene Spitze in ein Bad von vollkommen trockenem Quecksilber tauchte. Diese Spitze wurde unter dem Quecksilber abgebrochen, und letzteres stieg, bis es mit dem äusseren Luftdruck im Gleichgewicht war. Man liess die Röhre in dieser Stellung eine genügend lange Zeit, um die Temperatur des Zimmers anzunehmen, welche mittelst eines sehr empfindlichen, neben der Röhre aufgehängten Thermometers sehr genau bekannt war. Hatte sich das Temperaturgleichgewicht vollständig hergestellt, so wurde mittelst eines senkrechten, mit Nonius versehenen Maassstabes die Höhe der in der Röhre erhobenen Flüssigkeitssäule bestimmt. Gleichzeitig nahm man den Barometerstand und der Unterschied beider Höhen ergab den Druck der kalten Luft. Alsdann wurde unter Beobachtung aller Vorsicht, dass alles Quecksilber darin blieb, die Röhre herausgenommen. Man wog die Röhre mit dem enthaltenen Quecksilber, wog dieselbe dann leer und völlig mit Quecksilber gefüllt, und erhielt durch Abziehen der letzten Wägung von den beiden ersten das Gewicht der beiden Quecksilbervolume, von denen das eine gleich dem Volum der heissen, das andere gleich dem der kalten Luft war. Aus diesen Gewichten erschloss man die Volume selbst, welche man alsdann auf gleichen Druck zurückführte, da man sowohl die Elasticität der kalten Luft, welche auf die angegebene Weise gemessen wurde, wie die der heissen Luft kannte, welche gleich dem Druck der äusseren Luft in dem Augenblicke war, wo die Röhre geschlossen wurde.

Um leichter über den Grad des Vertrauens urtheilen zu lassen, welchen die Resultate verdienen, zu denen wir gelangt [**247**] sind, wird es nicht überflüssig sein, einige

Einzelheiten über die bei jedem Versuch von uns beobachteten Vorsichtsmaassregeln zu geben. Eines der grössten Hindernisse bei derartigen Versuchen ist die Schwierigkeit, eine vollständige Gleichförmigkeit der Temperatur in einer flüssigen Masse herzustellen, welche 200° bis 300° heisser ist, als die umgebende Luft. Man gelangt genau dazu, wenn die Temperatur, bei welcher man arbeitet, beispielsweise der Siedepunkt der benutzten Flüssigkeit ist, wo die Temperatur nothwendig fest ist; in jedem anderen Falle aber widersetzt sich der mehr oder weniger schnelle Gang der Erwärmung oder Abkühlung dem Eintreten der nothwendigen Gleichförmigkeit. Jedoch glauben wir, dass die Anordnung unseres Apparates zum grossen Theil dieser Unbequemlichkeit abhilft, und dies rührt einerseits daher, dass die kupferne Wanne nebst dem Ofen, in welchem sie untergebracht ist, eine ziemlich beträchtliche Masse bildet, welche sich langsam abkühlt, namentlich in der Nähe des Temperaturmaximums, andererseits daher, dass bei dem beständigen Umrühren der Flüssigkeit die Wärme sich gleichförmiger vertheilen musste. Um schliesslich alle Zweifel zu heben, welche uns in dieser Hinsicht bleiben konnten, haben wir in die Wanne zwei Thermometer gesenkt, welche horizontal in gleicher Höhe angebracht waren. Wir haben wie bei unseren gewöhnlichen Versuchen die Temperatur gesteigert und haben uns überzeugt, dass beim Umrühren der Flüssigkeit die Thermometer von einander höchstens um Zehntelgrade abweichen.

Nimmt man selbst an, dass die verschiedenen Theile der flüssigen Schicht, welche die Luftröhre umgeben, [**248**] nicht genau bei gleicher Temperatur seien, so wäre der Fehler nicht so gross, wie man zunächst glauben sollte; denn da wegen der Anordnung der Apparate die Kugel des Thermometers sehr nahe an der Mitte der Länge der Röhre liegt, so muss dieses Instrument in jedem Falle eine Temperatur angeben, welche vom Mittelwerth der verschiedenen Theile nur wenig abweicht. Gerade auf Grund dieser Ueberlegung haben wir eine cylindrische Röhre einem Gefäss von irgend einer anderen Form vorgezogen. Wir erinnern ausserdem bei Gelegenheit des Gesagten an die Nothwendigkeit, das Thermometer so weit in die Flüssigkeit zu bringen, dass die ganze Quecksilbersäule sich darin befindet, um genaue Angaben desselben zu erhalten. Diese Vorsicht, welche bei niederen Temperaturen zu peinlich erscheint, darf bei hohen Temperaturen nicht versäumt werden, da alsdann die in der Röhre enthaltene Flüssigkeitssäule eine sehr merkliche Verlängerung erfahren kann. So haben wir bemerkt, dass bei 300° beispielsweise sich oft ein Unterschied bis 15° bei demselben Thermometer ergiebt, je nachdem das ganze Instrument oder nur die Kugel sich in der Flüssigkeit befindet. Man könnte ja nach der Kenntniss der Ausdehnung des Quecksilbers den Fehler berechnen, welchen man begeht, wenn man das Thermometer nur theilweise einsenkt; doch würde die in solchen Fällen anzubringende Correction, die sich zu beträchtlichen Werthen erheben, bedenkliche Fehler verursachen, da man niemals mit Genauigkeit die Temperatur des in der Röhre enthaltenen Quecksilbers kennt. Es hat uns in allen Fällen besser geschienen, das [**249**] Thermometer horizontal anzubringen. Um eine genauere Vorstellung von den verschiedenen Operationen zu geben, aus denen sich jeder unserer Versuche zusammensetzt, theilen wir eine vollständige Reihe derselben, nebst allen erforderlichen Angaben zu ihrer Berechnung mit.

Diese Reihe enthält keine Beobachtung für Temperaturen in der Nähe von 100°, obwohl wir mehrere Male den Versuch über die Ausdehnung der Luft in siedendem Wasser angestellt haben. Wir beabsichtigten keineswegs, damit eine Messung zu prüfen, welche man auf keine Weise in Zweifel ziehen kann; die Uebereinstimmung unseres Ergebnisses mit dem von Hrn. *Gay-Lussac* war uns aber der beste Beweis für die strenge Genauigkeit des Verfahrens, dessen wir uns bedient hatten.

Temp. d. kalten Luft	Temp. d. warmen Luft	Druck d. kalten Luft	Druck d. warmen Luft	Volum in ccm der kalten Luft	Volum in ccm der warmen Luft	Temp. nach d. Ausdehnung berechnet
17°,06	156°,85	0,6186 m	0,7653	63,526	26,438	155°,7
16 ,74	198 ,53	0,5771	0,7561	34,8573	43,287	194 ,64
18 ,25	249 ,43	0,55695	0,7594	52,225	69,862	243 ,25
18 ,24	318 ,11	0,52525	0,7603	61,1728	92,2875	209 ,7

Wir haben mehrere ähnliche Versuchsreihen bei fast denselben Temperaturen ausgeführt. Durch eine sehr einfache Interpolation und indem wir die Mittel nahmen, haben wir die folgende Tabelle erhalten, welche die Beziehung zwischen den Graden des Quecksilberthermometers und denen.

welche man aus der Ausdehnung der Luft ableitet, zur Anschauung bringt.

[**250**]

Temperaturen des Quecksilberthermometers	Temperaturen aus der Ausdehnung der Luft	Unterschiede
100°	100°	0°
150	148 ,70	1 ,30
200	187 ,05	2 ,95
250	244 ,17	5 ,83
300	291 ,77	8 ,23

Obwohl die Versuche, über welche wir eben berichtet haben, unter einander eine bemerkenswerthe Uebereinstimmung zeigen, so haben wir noch auf einem anderen Wege zu denselben Ergebnissen gelangen zu müssen geglaubt.

Bei diesen neuen Versuchen wurde eine sehr viel weitere Röhre benutzt, als bei den ersten; sie wurde auf gleiche Weise angebracht, doch war die angelöthete sehr enge Röhre beim Austritt aus der Wanne gebogen und vertical nach unten um etwa fünf Decimeter verlängert; man erhitzte unter allen Vorsichtsmaassregeln, welche erwähnt worden sind, und als die stationäre Temperatur erreicht und der Barometerstand aufgeschrieben war, wurde unter das untere Ende der Röhre ein Gefäss mit sehr trockenem Quecksilber gebracht. Man liess erkalten, bis das Oel fast die Temperatur der Luft angenommen hatte: während der ganzen Dauer dieses [**251**] Erkaltens steigt das Quecksilber in der verticalen Röhre und es bleibt nicht eher stehen, als bis die in der Röhre enthaltene Luft völlig abgekühlt ist. Die elastische Kraft dieser Luft ist nun gleich dem Druck der äusseren Luft, vermindert um die erhobene Quecksilbersäule; die der heissen Luft ist gleich dem Barometerstande in dem Augenblicke, wo die Temperatur stationär war; man konnte daher nach dem *Mariotte*'schen Gesetz schliessen, welche Ausdehnung die Luft gezeigt hätte, wenn sie sich hätte ausdehnen können. Um dieses Verfahren genau zu machen, haben wir die Capillardepression in Rechnung bringen müssen, welche das Quecksilber in der engen Röhre erfährt, in welcher es sich erhebt. Diese Depression wurde vorher gemessen, und es wurde Sorge getragen, dass eine sehr gut calibrirte Röhre zur Anwendung kam, in welcher sie sich nicht merklich änderte.

In zweiter Linie blieb das Volum der Luft nicht genau constant; der in der verticalen Röhre enthaltene Antheil trat zum Theil, in dem Maasse, wie das Quecksilber stieg, in die weite Röhre zurück, und dieser Theil der Luft änderte seine Temperatur nicht merklich. Wir haben den Einfluss beider Ursachen berechnen und unsere Beobachtung der entsprechenden Correction unterziehen müssen. Diese Correction hing von dem Verhältniss des Inhaltes der weiten und der engen Röhre ab; die Rechnung, um sie zu finden, ist übrigens zu einfach, als dass es nöthig wäre, sie anzugeben. Wir werden auch nur die Resultate einer der nach diesem neuen Verfahren gemachten Versuchsreihen mittheilen: sie stimmen alle mit dem mittelst des ersten erhaltenen überein und sind für die Bestimmung der oben mitgetheilten Mittelwerthe benutzt worden.

[252] Länge der weiten Röhre 0,62m } Capillar-Correction
» » engen » 0,57 } 4,5mm.

Volumverhältniss der weiten Röhre zur engen.

Druck der heissen Luft, corr. für die cap. Depr.	Entsprechende Temperatur am Quecksilberthermometer	Temperatur nach der Aenderung des Druckes der Luft berechnet
1,43,60	91°,417	91°,417
0,57,945	163 ,21	160 ,27
0,706,85	263 ,8	254 ,14
0,765,75	309 ,88	297 ,54

Die mitgetheilten Ergebnisse lehren uns, dass die Ausdehnung des Quecksilbers im Thermometer einen schnelleren Gang geht, als die der Luft, so dass man, wenn man letztere als genaues Maass der Temperaturen ansieht, schliessen muss, dass die Angaben des Quecksilberthermometers bei Temperaturen oberhalb des siedenden Wassers zu hoch ausfallen, und die von uns mitgetheilten Zahlen können dazu dienen, an diesen Angaben die angemessenen Verbesserungen anzubringen. Diese Zahlen wachsen übrigens regelmässig genug, um ohne merklichen Fehler die Correction bezüglich der zwischenliegenden Temperaturen aus den in der Tafel enthaltenen zu berechnen.

[253] Dieser Schluss erledigt einen Zweifel, welcher bezüglich des Ausdehnungsgesetzes der Gase erhoben worden

war. Dieses Gesetz war von Hrn. *Gay-Lussac* und *Dalton*, deren Versuche über den vorliegenden Gegenstand um dieselbe Zeit erschienen waren, nicht in gleicher Weise ausgesprochen worden. Die Versuche von Hrn. *Gay-Lussac* zeigten, dass die auf das Quecksilberthermometer bezogene Ausdehnung der Gase für jeden Grad ein constanter Bruchtheil des Volums bei einer bestimmten Temperatur ist. Hr. *Dalton* nahm im Gegentheil an, dass die Volumzunahme für jede gleiche Zunahme der Temperatur ein constanter Bruchtheil des Volums bei der vorhergegangenen Temperatur sei. Allerdings scheint Hr. *Dalton* keine unmittelbaren Versuche in dieser Hinsicht gemacht zu haben; die einzigen Gründe, welche er für seine Annahme anführt, beschränken sich auf die ausserordentliche Einfachheit, unter welcher sich alsdann die scheinbar sehr verwickelten Gesetze darstellen würden, wie das Abkühlungsgesetz der Körper und das für die Aenderung der elastischen Kraft der Dämpfe.

Wir haben uns indessen vergewissert, dass das erste dieser Gesetze keineswegs in besonderem Maasse eine so einfache Gestalt annimmt, wie er behauptet, selbst wenn man seine Annahme zulässt.

Uebrigens kann man durch Betrachtungen solcher Art nicht Gesetze aufstellen, welche allein die Beobachtung ergeben muss. Die Versuche, welche wir bei hohen Temperaturen gemacht haben, vernichten die Hypothese des englischen Physikers vollständig; denn obwohl diese Versuche nichts völlig bestimmtes über die Messung der Temperaturen ergaben, so ist es doch wenigstens sehr wahrscheinlich, dass der Gang des Quecksilberthermometers schneller sein muss, als der der Temperaturen, da bei allen [**254**] anderen Flüssigkeiten die Ausdehnung in dem Maasse zunimmt, als sie wärmer werden, während man bei der von uns bekämpften Annahme im Gegentheil finden würde, dass die Ausdehnung des Quecksilbers schnell abnimmt, wenn die Temperatur steigt: ein Ergebniss, welches den Principien selbst, auf welche Hr. *Dalton* seine Theorie von der Messung der Temperaturen gegründet hat, entgegen ist.

[271] # Ueber die Ausdehnung der trocknen Luft
zwischen 0° und 100° C.

von

F. Rudberg.

Unter den Constanten in der Physik ist gewiss keine für sicherer bestimmt angesehen worden, als die Ausdehnung der trocknen Luft, oder allgemein der trocknen Gase, bei unverändertem Druck, zwischen den Fundamentalpunkten der Thermometerscale. Die hierüber zu Anfang dieses Jahrhunderts fast gleichzeitig von *Dalton* und *Gay-Lussac* angestellten zahlreichen Versuche schienen ausser allen Zweifel zu setzen, dass der Werth dieser Ausdehnung von 0° bis 100° C. unter constantem Druck, das Volum bei 0° dabei als Einheit genommen, gleich 0,375 sei. Die ausgezeichnete experimentelle Geschicklichkeit dieser beiden Physiker, sowie die Grösse und Menge ihrer Verdienste um die Fortschritte der Physik erlaubten nicht, Misstrauen in die Richtigkeit dieses Resultats zu setzen, und daher hat man denn auch seit mehr als 30 Jahren bei allen Berechnungen, worin die Ausdehnung der Gase vorkommt, den Werth 0,375 zu Grunde gelegt[1]).

---

1) Zwar machten *Gilbert* und *Soldner* schon beim Erscheinen der ersten Arbeit von *Gay-Lussac* (Annal. de chim. An. X, T. XXXXIII, p. 165) die Bemerkung, dass *Gay-Lussac* wahrscheinlich die Berichtigung wegen der Ausdehnung des Glases vergessen hätte und dass man also statt 0,375 einen grösseren Werth, nämlich 0,378 haben würde; allein diese Bemerkung schien beseitigt zu sein, da *La Place* (Mécanique céleste, T. IV, p. 270) erwähnt, *Gay-Lussac* habe später, freilich nach einer anderen Methode, noch 25 Versuche angestellt und dabei, wie ausdrücklich angeführt wird, nach Anbringung aller Berichtigungen denselben Werth 0,375 gefunden.

Die in Frage stehende Constante ist unstreitig für die Physik von der grössten Wichtigkeit, denn sie macht [272] die Basis der ganzen Thermometrie aus, sie wird bei Erklärung der meisten Wärmeerscheinungen gebraucht und ist endlich zur Berechnung vieler theils der Physik, theils anderen Wissenschaften angehöriger Beobachtungen erforderlich, wie z. B. der über die Fortpflanzung des Schalles, der barometrischen Höhenmessungen, der der astronomischen Strahlenbrechung. Um so auffallender wird es gewiss Jedem sein, zu vernehmen, dass der bis jetzt angenommene Werth dieser Constante nicht unbedeutend fehlerhaft ist, indem er, wie es dieser Aufsatz zeigen wird, statt 0,375 nur 0,364 bis 0,365 zu sein scheint.

Man könnte glauben, ein so grosser Unterschied hätte sich bei mehreren Erscheinungen aus dem Vergleiche der Berechnung mit der Beobachtung schon ergeben müssen; allein die meisten der Beobachtungen dieser Art werden bei wenig von einander verschiedenen Temperaturen angestellt und dadurch wird der Einfluss des erwähnten Unterschiedes bei Reduction der Beobachtungen auf eine gemeinschaftliche Temperatur so klein, dass er mit den unvermeidlichen Beobachtungsfehlern zusammenfällt. Erst bei grösseren Temperaturunterschieden, z. B. bei Unterschieden von 50, 100 und mehreren Graden, zeigt sich ein bedeutender Unterschied, und gerade solche Beobachtungen waren es, die mir Veranlassung gaben, den Werth dieser Constanten einer neuen Prüfung zu unterwerfen.

Bei einer Untersuchung über den Schmelzpunkt leichtflüssiger Metalle (Zinn, Kadmium, Blei), welche mich im vorigen Jahre beschäftigte und wobei ich diese, eben so gut als der Schmelzpunkt des Eises, festen Temperaturen nicht nur in Graden des Quecksilberthermometers (durch die wahre Ausdehnung der Luft) zu bestimmen suchte, war ich genöthigt, die Ausdehnung des angewandten Glases bei diesen hohen Temperaturen auszumitteln, und dazu bediente ich mich einer eigenen, einfachen und sicheren, [273] gerade auf die Unveränderlichkeit der Schmelztemperatur gegründeten Methode. Als ich hierbei die Constante 0,375 anwandte, erwies sich die Ausdehnung des Glases zwar im Ganzen als zunehmend mit der Temperatur, aber auf eine Art, die ich, um Weitläufigkeit zu vermeiden, hier nicht anführe, die aber doch gegen die Wahrscheinlichkeit stritt. Deshalb unternahm ich gegen die Mitte des vorigen Decembers einige Versuche über die Ausdehnung der trocknen Luft und fand dabei sogleich, dass sie merkbar geringer sei, als sie von *Dalton* und *Gay-Lussac* angegeben worden. Die Fortsetzung dieser Versuche im Januar und Februar gab mir so übereinstimmende Resultate, dass ich wagte, sie Hrn. Baron *Berzelius* mitzutheilen, welcher die Gefälligkeit hatte, sie der Akademie zu Stockholm in einer ihrer Sitzungen zu Anfang März vorzulegen; später sind sie auch an deren Stiftungstage am 31. März erwähnt worden. Einige seitdem am Ende Mai angestellte Versuche, bei denen grössere Luftvolume angewandt wurden, haben das Resultat vollkommen bestätigt.

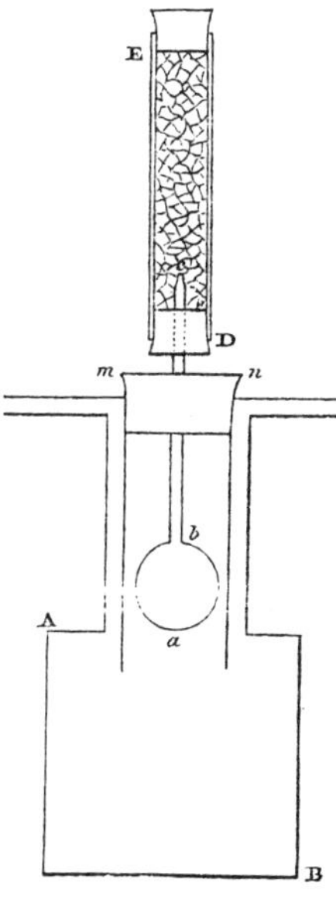

Fig. 1.

Man kann die Volumsänderung der Luft durch die Wärme auf zwei wesentlich verschiedene Weisen untersuchen, nämlich durch Erhitzung kalter Luft und directe Messung der Volumsvergrösserung, und durch Abkühlung erwärmter Luft und Bestimmung der Volumsverminderung. Ich habe die letztere Art als bei weitem die sicherere gewählt und die Versuche folgendermaassen angestellt.

Zum Behälter für die Luft habe ich bei der Mehrzahl der Versuche Glaskugeln angewandt, wie *ab* (Fig. 1), die mit einer Thermometerröhre *bc* versehen waren und etwa 150 bis 120 Gramm Quecksilber fassten. Nachdem die Spitze der Röhre, durch Kork, in den mit Chlorcalcium gefüllten Cylinder *ED* gesteckt worden, wurde die Luft getrocknet, theils so, dass ich die Kugel mittelst einer Weingeistlampe stark erhitzte [274] und dann erkalten liess, und dieses wenigstens 50 bis 60 Mal wiederholte, theils so, dass ich das Ende *E* des Cylinders mittelst einer bleiernen Röhre mit der Luftpumpe verband und die Luft ebenso 50 bis 60 Mal abwechselnd auspumpte und hineinliess. Ich habe bei diesen Trocknungsweisen keinen Unterschied bemerkt, sondern die eine eben so zuverlässig wie die andere gefunden. Das Chlorcalcium war aus einem von Schönebeck bei Magdeburg bezogenen, wasserhaltigen, krystallisirten Chlorcalcium bereitet, indem das Wasser verdampft, die Masse in glühenden Fluss versetzt, dann auf eine kalte Metallplatte ausgegossen und nun, nach dem fast augenblicklich eintretenden Erstarren, zerschlagen und noch glühend heiss in Flaschen mit eingeschliffenen Stöpseln gebracht wurde.

Nachdem die Kugel dergestalt ausgetrocknet war, wurde sie, noch immer in Verbindung mit dem Cylinder *ED*, der im Kork bei *E* ein kleines Loch zum Austreten der Luft hatte, mittelst des aus zwei Stücken zusammengesetzten Korks *mn* in den Siedapparat *AB*, dessen oberer Theil, wie ich es in der Abhandlung über die Construction des Thermometers (Annal. Bd. XXXX, Heft 1 und 4) beschrieben habe, aus zwei concentrischen Cylindern besteht, eingeführt, so dass die Kugel und der grösste Theil der Röhre in dem Dampfe zu stehen kam. Erst nachdem das Wasser etwa drei Viertelstunden oder eine ganze Stunde gesiedet hatte, wurde der Cylinder *ED* fortgenommen und das Sieden noch ungefähr 10 Minuten fortgesetzt. Dann wurde der Barometerstand aufgezeichnet und die Spitze während des vollen Siedens zugeblasen.

Hierauf wurde die Kugel gewogen, wobei ich mich, so wie bei allen Lasten, die nicht viel über 200 g betragen, einer vom Lieutenant *Littmann* in Stockholm verfertigten Wage bediente, welche mit [**275**] ziemlicher Sicherheit ein Zehntel eines Milligramms verbürgt.

Nun wurde die Kugel in den Arm *CD* des festen Gestells *AB* (Fig. 2, S. 45) festgeschraubt, nachdem zuvor die Röhre durch das Loch *b* der metallenen Schale *abc* gesteckt worden. Dann wurde der Arm *CD* so weit herabgelassen, dass die Röhrenspitze tief in dem Quecksilber der Wanne *EFGH* zu stehen kam. Endlich wurde die Spitze abgebrochen und, damit alles erforderliche Quecksilber einträte, die Kugel in dieser Stellung mehrere Stunden, fast immer über Nacht, stehen gelassen, wiewohl ich mich überzeugt hatte, dass hiezu, selbst bei den feinsten der von mir angewandten Röhrencaliber, nicht mehr als höchstens eine Viertelstunde erforderlich war.

Jetzt wurde Schnee auf die metallene Schale *abc* gelegt und die Kugel auf allen Seiten damit umgeben. Das beim Schmelzen gebildete Wasser konnte durch das Röhrchen *ef* abfliessen. So wie der Schnee zu schmelzen begann, wurde sorgsam neuer hinzugefügt, so dass etwa zwei Stunden lang, und einige Male noch länger, die Temperatur der Kugel unverändert auf 0° gehalten wurde. Nachdem ich dadurch sicher war, dass alles Quecksilber, welches bei 0° durch den Luftdruck hineingepresst werden konnte, wirklich hineingekommen war, so verschloss ich die feine Spitze der Röhre mittelst eines sehr weichen Gemisches von Wachs und Terpentin, das in einem eisernen Löffelchen zubereitet war. In demselben

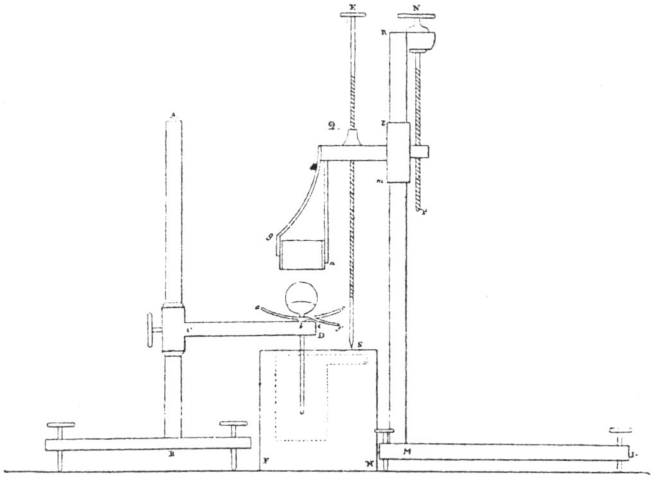

Fig. 2.

Augenblick wurde der Barometerstand aufgezeichnet, um den stattfindenden Luftdruck zu erfahren, dann der Schnee behutsam weggenommen und zur Messung des Höhenunterschiedes zwischen dem Quecksilberniveau in der Kugel und in der Röhre geschritten.

Hiezu gebrauchte ich einen vom hiesigen Universitäts-Mechaniker *Backman* verfertigten Messapparat *KML*, [**276**] der im Ganzen auf demselben Princip beruht, wie der zur Messung der Quecksilberhöhe in *Fortin*'s Barometern. Durch die Schraube *NP* wird nämlich die den senkrechten Pfeiler dicht umschliessende Hülse *lm* auf- und niedergeschoben und dadurch auch die damit in Verbindung stehenden Theile, der cylindrische Ring *gn* und die Schraubenstange *KS*. Der zuvor genau horizontal gestellte Ring gn wurde um die Kugel herabgelassen, bis sein unterer Rand mit der Berührungsebene der Quecksilberfläche in der Kugel zusammenfiel, und die Schraubenstange KS wurde so lange gedreht, bis ihre Spitze S die Quecksilberfläche in der Wanne genau berührte. Klar ist, dass der Höhenunterschied zwischen dem unteren Rand n des Ringes und der Spitze S gleich war dem Höhenunterschiede der beiden Quecksilberflächen. Nachdem die Einstellung so scharf wie möglich gemacht worden, wurde der Messapparat fortgenommen und die Kugel, deren Röhrenspitze, wie vorhin erwähnt, mit dem Wachsgemisch verschlossen war, aus der Wanne gehoben. Der Höhenunterschied zwischen n und S wurde hierauf durch zwei senkrecht gegen einander gestellte graduirte Lineale genau gemessen und die Kugel mit dem eingepressten Quecksilber gewogen, nachdem das Stückchen Wachs abgetrennt war.

Als dies geschehen war, wurde die Röhre am Ende so gebogen, dass sie in ein Töpfchen mit Quecksilber getaucht werden konnte, die Kugel damit gefüllt und durch das sorgfältigste Auskochen von aller Luft befreit. Nach dem Erkalten wurde sie in Schnee gestellt und dann bei 0° gänzlich mit Quecksilber gefüllt; wenn nichts mehr davon hineinging, was man leicht sah, da die Quecksilbersäule in der äussersten Spitze sitzen blieb, wurde ein reines leeres Töpfchen zur Aufnahme des ausfliessenden Quecksilbers darunter gesetzt, die Kugel herausgenommen und in den Siedapparat gebracht. Die zwischen 0° und der nach dem Barometerstand bestimmten Siedhitze [**277**] ausgeflossene Quecksilbermenge wurde gewogen und diese, hinzugefügt zu dem Gewicht des in der Kugel zurückgebliebenen Quecksilbers, gab demnach das Gewicht des die Kugel bei 0° füllenden Quecksilbers. Aus diesen beiden Gewichten und der wahren Ausdehnung des Quecksilbers lässt sich die wahre Ausdehnung des Glases berechnen.

Nach dieser kurzen Beschreibung des experimentellen Verfahrens gehe ich zur Auseinandersetzung der Rechnung über, wobei ich zuvörderst die Sache allgemein nehme und voraussetze, dass die in der Kugel eingeschlossene Luft nicht bis auf 0° abgekühlt worden sei (obwohl dies bei meinen genaueren Versuchen immer der Fall war), sondern nur zu einer beliebigen Temperatur über 0°, weil ich drei Versuche, die ich auch anführen werde, auf diese Weise und zwar anfangs angestellt habe.

Es sei nun das Volum der Kugel bei 0° und somit auch des dieselbe bei 0° ausfüllenden Quecksilbers $= V$; die nach dem Barometerstand bestimmte Temperatur des Wasserdampfs beim Zublasen der Spitze $= T$; der dabei beobachtete Barometerstand $= H'$; die wahre Ausdehnung der trocknen Luft für jeden Grad des hundertheiligen Thermometers $= \alpha$; die des Glases $= \delta$; und das Gewicht der Volumeinheit der trocknen Luft bei 0° und 76 Centimeter Druck $= \alpha$. Dann ist das Gewicht der in der Kugel beim Zublasen der Spitze enthaltenen Luft:

$$q = a \cdot V \cdot \frac{H'}{76{,}0} \cdot \frac{1 + \delta T}{1 + \alpha T}.$$

Ist ferner die Temperatur der Luft nach der Abkühlung, da die Spitze abgebrochen ward, $= t$, der Barometerstand beim Verkleben der Spitze mit dem Wachsgemisch $= H''$, der Höhenunterschied des Quecksilbers in der Kugel und in der Wanne $= h$, und das Volum der abgekühlten Luft $= \nu$, so leuchtet ein, dass das [**278**] Gewicht dieser Luft, da ihre Masse noch dieselbe ist, auch sein wird:

$$q = \alpha \nu \cdot \frac{H'' - h}{76{,}0} \cdot \frac{1 + \delta t}{1 + \alpha t}.$$

Durch Gleichsetzung dieser beiden Werthe von q bekommt man:

$$\frac{1 + \alpha T}{1 + \alpha t} = \frac{V}{\nu} \cdot \frac{H''}{H'' - h} \cdot \frac{1 + \delta T}{1 + \delta t} \quad . \quad . \quad . \quad . \quad (1)$$

und folglich, wenn Kürze halber

$$n = \frac{V}{\nu} \cdot \frac{H'}{H'' - h} \cdot \frac{1 + \delta T}{1 + \delta t} \quad . \quad . \quad . \quad . \quad . \quad . \quad (2)$$

gesetzt wird, die Ausdehnung der trocknen Luft für jeden Grad des hundertheiligen Thermometers:

$$\alpha = \frac{n - 1}{T - n t} \quad . \quad . \quad . \quad . \quad . \quad . \quad . \quad . \quad . \quad . \quad . \quad (3)$$

Im Fall die Kugel mit Schnee umgeben worden, also $t = 0$ war, wird ganz einfach:

$$n = \frac{V}{\nu} \cdot \frac{H'}{H'' - h} (1 + \delta T) \quad . \quad . \quad . \quad . \quad . \quad . \quad (4)$$

und:

$$\alpha = \frac{n-1}{T} \qquad (5)$$

Hiebei muss noch erwähnt werden, wie die Grössen $\frac{V}{\nu}$ und δ bestimmt wurden, weil die anderen Grössen geradezu durch die Beobachtung gegeben sind. Wie das Verhältniss $\frac{V}{\nu}$ berechnet wurde, wenn t nicht $= 0$ war, werde ich weiterhin zeigen. War dagegen $t = 0$, wie wirklich bei allen Versuchen, mit Ausnahme von drei, war ferner das Gewicht des die Kugel bei 0° füllenden Quecksilbers $= P$ und das Gewicht desjenigen, welches, als die Röhrenspitze in der Wanne stand und die in der Kugel enthaltene Luft bis 0° erkaltet war, eingepresst wurde, $= p$, so ist offenbar:

[279]

$$\frac{V}{\nu} = \frac{P}{P-p}.$$

Hierdurch wird also:

$$n = \frac{P}{P-p} \cdot \frac{H'}{H''-h} \cdot (1+\delta T). \qquad (6)$$

Noch ist übrig δ zu finden. Ist das Gewicht des zwischen 0° und der Siedhitze T' ausgeflossenen Quecksilbers $= \omega'$, so wird das Gewicht des zwischen 0° und 100° ausgeflossenen:

$$\omega = \frac{100}{T'} \cdot \omega'.$$

Ist ferner $\Delta =$ der wahren Ausdehnung des Quecksilbers zwischen 0° und 100°, und $\delta' = 100\,\delta$, so wird das Volum des Quecksilbers bei $100^\circ = V(1+\Delta)$ und das Volum der Kugel $= V(1+\delta')$, folglich das Volum des ausgeflossenen Quecksilbers $= V(\Delta - \delta')$. Wiegt man die Volumeinheit vom Quecksilber bei $0^\circ = b$ und bei $100^\circ = b'$, ist also $P = b\ V = b'\ V(1+\Delta)$, so erhält man:

$$b' = \frac{b}{1+\Delta}$$

$$\omega = b'\ V(\Delta - \delta')$$

$$= P \cdot \frac{\Delta - \delta'}{1+\Delta},$$

wodurch endlich die wahre Ausdehnung des Gases zwischen 0° und 100°, oder:

$$\delta' = \varDelta - \frac{\omega}{P}(1 + \varDelta) \quad . \; . \; . \; . \; . \; (7) \; . \; . \; ^{1})$$

---

1) Diese Formel weicht wesentlich ab von der, welche *Dulong* und *Petit* zur Berechnung der Ausdehnung des Glases benutzt haben und welche man in mehreren neueren Lehrbüchern der Physik wiederholt findet. Diese Physiker haben nämlich nach der Formel

$$\delta' = \varDelta - \frac{\omega}{P - \omega}$$

gerechnet oder $\varDelta - \delta' = \frac{\omega}{P - \omega}$ angenommen, da doch wirklich, wie es die Gleichung (7) zeigt: $\varDelta - \delta' = \frac{\omega}{P - \omega}(1 + \delta')$. Der Unterschied zwischen diesen beiden Werthen ist zwar bei 100° nicht bedeutend, wird aber bei 200° und 300° doch merkbar. Die Ausdehnung des von ihnen gebrauchten Glases zwischen 0° und 100° soll eigentlich $\frac{1}{392{,}6}$ sein, statt $\frac{1}{387}$. Dieser Fehler ist offenbar entsprungen aus einer Verwechslung der scheinbaren Ausdehnung (*dilatation apparente*) mit dem Ausdehnungsunterschiede.

Man ersieht dieses sogleich, wenn man in der Abhandlung (Journ. de l'Ecole Polytechnique, Cah. XVIII) die, p. 201, in der ganz richtigen Formel: $t = 6480 \cdot \frac{p}{P - p}$ vorkommende Zahl 6480 auch in der, p. 215, angeführten Tafel No. 3, unter der Ueberschrift: »*Dilatation apparente du mercure dans le verre*«, wiederfindet, dabei aber die wahre Ausdehnung des Glases für jeden Grad des hunderttheiligen Thermometers $= \frac{1}{5550} - \frac{1}{6480}$ angegeben sieht, was doch fehlerhaft ist.

Der Ausdehnungsunterschied ist allerdings $\varDelta - \delta'$; allein die scheinbare Ausdehnung ist unstreitig $= \frac{\varDelta - \delta'}{1 + \delta'}$, so wie auch richtig ist, dass $\frac{\varDelta - \delta'}{1 + \delta'} = \frac{\omega}{P - \omega}$. Nimmt man z. B. ein Quecksilberthermometer, bei welchem das Volum der Kugel und der Röhre bis zum Nullpunkt bei 0° $= U$, und es seien der innere Halbmesser der Röhre $= r$, die Länge der bei einer (für Kugel und Röhre gemeinschaftlichen) Temperatur t über 0° hinausragenden Quecksilbersäule $= n\lambda$, wenn man sich dieselbe mittelst einer auf der Röhre gemachten Theilung, an der jeder Theil bei 0° $= \lambda$ sei, abgelesen denkt; ferner die wahre Ausdehnung des Quecksilbers $= \varDelta(t)$ und die des Glases $= \delta(t)$, so wie endlich π das Verhältniss zwischen Umfang und Durchmesser beim Kreise, so ist:

$$U(1 + \varDelta(t)) = (U + \pi r^2 n \lambda)(1 + \delta(t)),$$

[280] Die wahre Ausdehnung des Quecksilbers oder Δ muss hiebei als bekannt vorausgesetzt werden, und dies kann auch mit aller Zuverlässigkeit geschehen, da sie [281] durch *Dulong*'s und *Petit*'s meisterhafte Untersuchung ganz unabhängig von der Ausdehnung des Glases bestimmt [282] worden

---

woraus die Anzahl der Thermometergrade:

$$n = \frac{U}{\pi r^2 \lambda} \cdot \frac{\Delta^{(t)} - \delta^{(t)}}{1 + \delta^{(t)}}.$$

Bezeichnen, wie vorhin, Δ und δ' die Ausdehnungen bei 100°, so ist eben so:

$$100^{\circ} = \frac{U}{\pi r^2 \lambda} \cdot \frac{\Delta - \delta'}{1 + \delta'},$$

d. h.:

$$n : 100 = \frac{\Delta^{(t)} - \delta^{(t)}}{1 + \delta^{(t)}} \cdot \frac{\Delta - \delta'}{1 + \delta'}.$$

Hieraus folgt also klar, dass die scheinbare Ausdehnung durch $\frac{\Delta^{(t)} - \delta^{(t)}}{1 + \delta^{(t)}}$ ausgedrückt wird.

Man kann sich dieses noch auf folgende Art verdeutlichen. Es sei U das Volum des Quecksilbers bei 0°, ausgemessen durch ein kleines Gefäss, dessen Volum bei 0° $= u$, und es sei:

$$\frac{U}{u} = m.$$

Bei der höheren Temperatur t ist das Volum des Quecksilbers $= U(1 + \Delta^{(t)})$ und das des Gefässes $= u\,(1 + \delta^{(t)})$. Sei nun:

$$\frac{U(1 + \Delta^{(t)})}{u\,(1 + \delta^{(t)})} = m',$$

so ist offenbar $m' - m$ die scheinbare Ausdehnung, und man hat:

$$m' - m = \frac{U}{u} \cdot \frac{\Delta^{(t)} - \delta^{(t)}}{1 + \delta^{(t)}}.$$

Man findet leicht, wie auch die Verfasser a. a. O. p. 214 sagen, dass die zweite Spalte der Tafel No. 3 aus der Tafel No. 1 p. 200, welche den Vergleich der Thermometer enthält, berechnet ist. Die dadurch erhaltene Spalte giebt aber die scheinbare Ausdehnung und nicht den Ausdehnungsunterschied, wie es doch sein sollte, da die Zahlen in der dritten Spalte der Tafel No. 3 Unterschiede sind zwischen den Zahlen der zweiten Spalte Tafel No. 2 und denen der zweiten Spalte Tafel Nr. 3.

Crichton hat vor längerer Zeit (Philosoph. Magaz. 1824, T. VII, p. 243) eine Bemerkung gegen die Rechnungsweise von *Dulong* und *Petit* gemacht; allein dieselbe beruht offenbar auf einer ganz unrichtigen Schlussfolge, weshalb er auch zwischen 0° und 100° die Ausdehnung des Glases aus den Versuchen dieser Physiker $= \frac{1}{433{,}3}$ statt $\frac{1}{387}$ findet.

ist. Nach dieser Untersuchung ist $\varDelta = 0{,}0180180$, wodurch also:

$$\varDelta - \delta' = 1{,}018018 \cdot \frac{\omega}{P}$$

oder:

$$\delta' = 0{,}18018 - 1{,}018018 \frac{\omega}{P}.$$

Um Weitläufigkeit zu vermeiden, will ich hier erst die durch die vorletzte Formel berechneten Ausdehnungsunterschiede für das Quecksilber und das von mir angewandte Glas, welches Kaliglas von der Fabrik in Reymyra war, zusammenstellen und dabei nicht nur die Resultate anführen, welche die bei den Versuchen über die Ausdehnung der Luft angewandten Kugeln gaben, sondern auch die, welche ich bei meinen Versuchen über die Schmelzpunkte leichtflüssiger Metalle erhalten habe, damit daraus deutlich hervorgehe, dass dieselbe Glassorte, obgleich zu verschiedenen Zeiten und also in verschiedenen Schmelzungen fabricirt, doch genau dieselbe Ausdehnung besitzt. Die Resultate, welche bei den letztgenannten Versuchen gewonnen wurden, sind mit Buchstaben, die dagegen, welche zu den hier in Frage stehenden Versuchen gehören, mit denselben Nummern wie diese bezeichnet.

No.	$\varDelta - \delta'$	No.	$\varDelta - \delta'$	No.	$\varDelta - \delta'$	No.	$\varDelta - \delta'$
a	0,015732	*g*	0,015720	*n*	0,015732	7	1,015713
b	0,015744	*h*	0,015761	*o*	0,015706	9	0,015697
c	0,015754	*i*	0,015730	*p*	0,015731	10	0,015751
d	0,015744	*k*	0,015711	1	0,015741	11	0,015744
e	0,015723	*l*	0,015737	2	0,015753	15	0,015726
f	0,015735	*m*	0,015720	3	0,015762	16	0,015736

Mittel aus allen 24 Beobachtungen = 0,015733.

Der Unterschied zwischen der wahren Ausdehnung des Quecksilbers und des Kaliglases ist folglich:

$$\varDelta - \delta' = 0{,}015733,$$

[**283**] woraus man die wahre Ausdehnung des Kaliglases von Reymyra zwischen 0° und 100°:

$$\delta' = 0{,}002285$$

erhält. *Dulong* und *Petit* fanden für das von ihnen gebrauchte Glas $\delta' = 0{,}002546$. Sie sagen, dass sie Glasarten von verschiedenen Fabriken untersucht und bei allen dieselbe Ausdehnung gefunden haben; wahrscheinlich sind aber alle diese Sorten lauter Natronglas gewesen. Bemerkenswerth ist der Unterschied zwischen der Ausdehnung des Natron- und des Kaliglases, weil die des ersteren etwa um $^1/_8$ grösser als die des letzteren. Etwas Aehnliches war auch gewissermaassen zu vermuthen, weil dieses viel schwieriger schmelzbar ist als jenes. Das Kaliglas erleidet übrigens eine weit regelmässigere Ausdehnung bei Temperaturen über 100°, als das Natronglas, wie es aus meiner bald erscheinenden Arbeit über die Schmelztemperaturen der Metalle und ihrer Legirungen hervorgehen wird, und deshalb ist es zu gewissen wissenschaftlichen Untersuchungen geeigneter als das letztere.

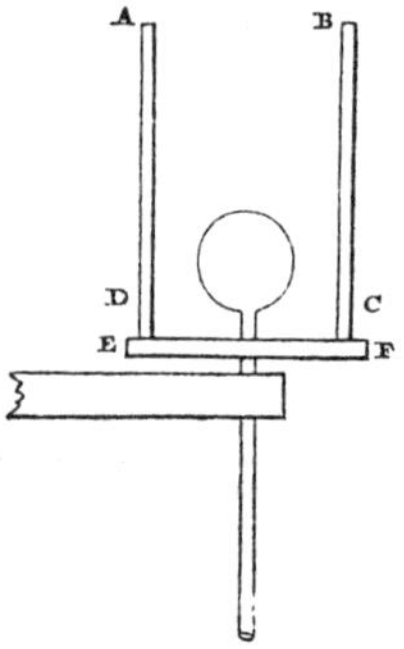

Fig. 3.

Ich werde jetzt die Versuche selbst über die Ausdehnung der trocknen Luft anführen. Anfangs machte ich drei Versuche, ohne die Luft bis 0° abzukühlen, wobei ich mich der in Fig. 3 abgebildeten Vorrichtung bediente, um die Temperatur der Luftmasse im Augenblicke des Verschliessens der Spitze mittelst Wachs so genau wie möglich beobachten zu können. Wenn die Kugel ganz offen in der Luft gestanden hätte, so würde die Temperatur der eingeschlossenen Luftmasse sich augenblicklich durch die Gegenwart des Beobachters geändert haben; deshalb liess ich die Röhre der Kugel durch eine äusserst genau eben geschliffene Kupferscheibe EF gehen, und setzte auf diese rund um die Kugel einen an dem unteren Rand DC auch eben geschliffenen, an beiden Enden offenen Glascylinder $ABDC$, welcher mittelst der dünnsten Lage von Kautschuk wasserdicht [**284**] schloss. Ich goss hierauf Wasser in den Cylinder, welches seine Temperatur der eingeschlossenen Luft mittheilen musste. Nachdem die Temperatur etwa constant war, wurde sie beobachtet, die Spitze verklebt, das Wasser mit einem Heber abgelassen, der Cylinder $ABCD$ gelinde fortgenommen und der Höhenunterschied zwischen dem Quecksilber in der Kugel und in der Wanne gemessen.

Die Beobachtungen bei diesen Versuchen sind in folgender Tafel enthalten, worin $P^{(t)}$ das Gewicht des Quecksilbers, welches die Kugel bei t^0 füllte, bedeutet und übrigens wie in allen folgenden Tafeln, die Gewichte in Grammen und die Höhen in Centimetern ausgedrückt sind:

No. der Kugeln	Gewicht des bei t^0 die Kugel füllenden Quecksilbers, oder: $P^{(t)}$	Gewicht des Quecksilbers, welches d. Volum der bis t^0 abgekühlten Luft füllen würde, oder: $P^{(t)} - p$	Barometerstand beim Zublasen der Spitze, reducirt auf 0°, oder: H'	Barometerstand beim Verkleben der Spitze mit Wachs, oder: H''	Höhenunterschied in der Kugel u. in der Wanne, oder: h	Temperatur d. abgekühlten Luft, oder: t	Temperatur d. erhitzten Luft, oder: T	Ausdehnung d. trocknen Luft von 0° bis 100°, oder: 100α
	g	g	cm	cm	cm			
1	198,0946	159,6872	76,354	76,742	4,42	+10°,8	100°,13	0,3633
2	181,2203	146,6143	77,950	78,316	4,27	+12°,8	100°,72	0,3617
3	163,2202	134,8853	77,892	77,197	4,60	+13°,6	100,°70	0,3623
						Mittel	=	0,3624

Um das Verhältniss $\frac{V}{v}$ bei diesen Versuchen zu berechnen, muss bemerkt werden, dass dieses Verhältniss nicht dasselbe wie das der Gewichte zweier Quecksilbermassen sein kann, wenn nicht diese Massen eine und dieselbe, gleichviel welche Temperatur besitzen. Das eingeschlossene Quecksilber war aber von der Temperatur t, also muss das die ganze Kugel füllende Quecksilbergewicht auch auf t reducirt werden. Diese Werthe [285] von $P^{(t)}$ sind leicht aus P und ω' zu bestimmen, wie sich aus folgender Tafel ergiebt:

No. der Kugeln	Gewicht d. Quecksilbers, welches die Kugel bei 0° füllt, oder: P	Temperatur des Dampfs, oder: T''	Hierbei ausfliessende Quecksilbermenge, oder: ω'
1	198g,4259	100°,14	3g,0725
2	181g,5800	100°,61	2g,8270
3	163g,5646	100°,43	2g,5434

Da z. B. bei Nr. 1 zwischen 0° und 100°,14 ein Gewicht von 3g,0725 ausgeflossen war, so würde zwischen 0° und + 10°,8 ein Gewicht = 0g,3313 ausgeflossen sein, wodurch also $P^{(t)}$ = 198g,4259 — 0g,3313 = 198g,0946. Auf diese Art sind auch die beiden anderen Werthe von $P(^t)$ bestimmt.

Nach diesen drei Versuchen würde die Ausdehnung der trocknen Luft zwischen 0° und 100°,0 statt 0,375 nur 0,3623 sein. Allein ich konnte nicht mit diesen Versuchen zufrieden sein, weil:

1) die Temperatur des die Kugel im Glascylinder umgebenden Wassers nie ganz constant blieb, sondern sich stetig ein wenig änderte, wodurch nicht nur ein Unterschied in der Temperatur der Luftmasse entstehen, sondern auch die Quecksilbermasse nie genau in der erforderlichen Quantität hinein- oder herauskommen musste, und

2) weil der Temperaturunterschied nur etwa 90° statt 100° betrug.

Dieser Umstand war wohl weniger bedeutend; allein ersterer veranlasste mich, die Versuche so abzuändern, dass die Kugel mit Schnee umgeben und somit eine beliebige Zeit hindurch unverändert auf der Temperatur 0° gehalten werden konnte. Ich würde vorstehende drei Versuche nicht angeführt haben, wenn sie nicht in sofern, als sie darthun, dass die Ausdehnung [**286**] nicht 0,375 sein kann, doch eine Beilage sind zu den folgenden, die bei weitem mehr Vertrauen verdienen, wie es auch ihre gegenseitige Uebereinstimmung zeigt.

Bei den folgenden neun Versuchen wurde die Luft immer bis 0° auf die oben beschriebene Art abgekühlt, wodurch nicht nur eine viel grössere Genauigkeit, sondern auch, da $t = 0$ ist, die Berechnung viel einfacher wird. Die Tafel enthält die beobachteten Werthe:

No. d. Kugel	P	$P - p$	H'	H''	h	T	$100\,\alpha$
	g	g	cm	cm	cm		
4	166,6891	133,1409	76,528	74,277	3,93	100°,20	0,3643
5	173,4432	131,7215	76,362	77,584	3,81	100°,13	0,3654
6	183,4963	143,2124	75,702	75,965	4,69	99°,89	0,3644
7	154,2360	120,6356	77,230	75,910	3,50	100°,45	0,3650
1) 8	174,6862	134,9876	77,985	77,748	3,81	100°,73	0,3653
9	187,4650	144,9009	76,444	76,474	3,81	100°,16	0,3636 2)
10	198,8099	172,7273	76,442	76,271	11,70	100°,16	0,3651
11	184,4872	146,6123	75,811	75,342	5,25	99°,93	0,3643
12	191,1037	178,9558	75,779	76,105	16,65	99°,92	0,3645

Note 1) und 2) s. S. 55.

Das Mittel aus diesen Versuchen wird also = 0,3646, woraus wenigstens mehr als wahrscheinlich ist, dass die Ausdehnung der trocknen Luft zwischen 0° und 100° nur 0,364 bis 0,365 beträgt.

Diese Versuche, obgleich nicht zahlreich, bieten doch eine bedeutende Variation in den das Resultat bestimmenden Elementen dar, weil:

1) der Luftdruck sich während der Versuche von [**287**] 74,277 bis 77,985 Centimeter, also um nicht weniger als 3,7 Centimeter verändert hatte;
2) die Temperatur, bis zu welcher die Luft erhitzt worden ist, von 99°,89 bis 100°,73, also nur 0°,84 variirte, und
3) der Höhenunterschied zwischen dem Quecksilber in der Kugel und der Wanne von 3,50 bis 16,65 Centimeter, also im Verhältniss von etwa 1 zu 5 verändert worden ist.

Diese Variationen sind fast die grössten, die man bei dieser Art von Versuchen erreichen kann, und da die einzelnen Resultate nicht viel von einander abweichen, muss der Werth 0,3646 als dem wahren sehr nahe liegend angesehen werden.

Man könnte indess glauben, es sei ein constanter Fehler in diesen Versuchen vorhanden, der das Resultat derselben von dem *Dalton-Gay-Lussac*'schen so sehr verschieden mache. Die zwei Umstände, auf welche man hiebei am natürlichsten Verdacht werfen könnte, scheinen die Capillardepression und die Fiction in der Röhre zu sein.

Was die erste oder die Capillardepression betrifft, so ist sie in den von mir gebrauchten Kugeln, wo die, die Quecksilberoberfläche berührende Chorde nahe $^2/_3$ eines Zolles betrug, so äusserst gering, dass sie nicht messbar ist. Und die Capillarwirkung an der in die Quecksilberwanne eintauchenden feinen Rohrspitze ist überdies nicht nur nach Theorie, sondern auch nach Erfahrung absolut = 0, so dass hieraus ein constanter Fehler nicht entstehen kann.

Eine Reibung in der Röhre, wodurch nicht so viel

---

1) Diesen Versuch machte Prof. *Sefström*, der sich am Ende Februar ein paar Tage in Upsala aufhielt und sich sehr für den Gegenstand interessirte.

2) Bei diesem Versuche kam ein kleines Quecksilberkügelchen beim Wegbrennen des Wachses fort, wodurch das Resultat ein wenig zu gering ausfiel.

Quecksilber hätte heraufkommen können, als heraufkommen sollte, wäre am meisten zu befürchten gewesen; allein da die Röhrenlängen mit Fleiss in dem Verhältniss von 3,50 zu 16,65 abgeändert worden sind, ohne dass die Resultate auf irgend eine hiemit in Verbindung stehende [**288**] Art sich verändert haben, so scheint die Reibung von keinem merkbaren Einfluss zu sein. Ich habe mich auch mehrmals überzeugt, dass beim Heben und Senken der Röhrenspitzen in der Quecksilberwanne das Quecksilber mit Leichtigkeit heraus- und hineinfloss, obwohl die Röhren, die den Kugeln angelöthet waren, sehr enge Caliber hatten. Ich selbst wenigstens kann also von dieser Seite kein Misstrauen in das Resultat setzen.

Endlich würde man vielleicht glauben, dass die Temperatur, bis zu welcher die Kugel im Siedapparate erhitzt worden ist, in der Wirklichkeit nicht so hoch gewesen sei, als sie nach dem Barometerstand sich ergab. Allein durch eine grosse Anzahl früher von mir publicirter Versuche über die Temperatur des Dampfs (Pogg. Annal. Bd. XXXIV, S. 265 u. 266, Bd. XXXX, S. 54 u. 55) ist streng bewiesen, dass in dem von mir gebrauchten Siedapparate mit doppelten Cylindern die Temperatur des Dampfs genau dem Barometerstand entspricht. Ausserdem habe ich noch die Versuche 7, 10 und 12 so angestellt, dass die Kugel in dem siedenden Wasser selbst, welches in einem anderen, besonders für diesen Zweck construirten Siedapparat von Eisenblech enthalten war, zu stehen kam, und nur die Röhre zum Theil im Dampfe war. Die Resultate sind, wie es die Tabelle zeigt, doch gleich mit den übrigen ausgefallen.

Die allgemeine Zuverlässigkeit des Resultates kann, wenn man zugiebt, dass kein constanter Fehler durch die experimentelle Vorrichtung selbst eingeführt worden, leicht nach der Formel:

$$1 + \alpha T = \frac{P}{P - p} \cdot \frac{H'}{H'' - h} \cdot (1 + \delta T)$$

beurtheilt werden. Der Factor $\frac{P}{P - p}$, worin die Gewichte P und p mit der grössten Schärfe gegeben sind, kann als mathematisch genau bestimmt angesehen werden; dasselbe gilt fast auch von dem Factor $1 + \delta T$, [**289**] weil δ durch die oben angeführte grosse Menge von Beobachtungen erhalten worden ist, und überdies, was δ an Genauigkeit fehlen mag, durch die Kleinheit des Werthes von δT compensirt wird. Der Werth von α wird also abhängig von der grösseren oder geringeren Sicherheit, mit der der Factor $\frac{H'}{H''-h}$ berechnet werden kann. Die Barometerstände H', H'' sind an einem guten Barometer von *Bunten* abgelesen, das adjustirt worden, aber dennoch möglicherweise etwas fehlerhaft ist; da dieser mögliche Fehler indess derselbe ist bei H' und H'', und in dem Factor $\frac{H'}{H''-h}$ sowohl in den Zähler als in den Nenner eingeht, so wird sein Einfluss von keiner Bedeutung. Alles hängt also am Ende hauptsächlich von der Genauigkeit ab, mit welcher h beobachtet ward. Setzt man der Kürze wegen $\frac{P}{P-p}(1+\delta T) = B$, so dass:

$$1 + \alpha T = B \cdot \frac{H'}{H''-h},$$

so bekommt man durch Differentiation:

$$T d\alpha = \frac{1+\alpha T}{H''-h} \cdot dh.$$

Also wenn $T = 100^0$, $1 + \alpha T = 1{,}365$, und im Mittel $H'' - h = 720$ Millimeter:

$$100\, d\alpha = \frac{1{,}365}{720} \cdot dh.$$

$$= 0{,}001896 \cdot dh.$$

Nimmt man den Fehler in der Messung des Höhenunterschiedes h zu $^1/_{10}$ Millimeter an, so wird:

$$100\, d\alpha = 0{,}0001896,$$

und folglich eine Unsicherheit von etwa zwei Einheiten in der vierten Decimalstelle in diesem Falle unvermeidlich. Der oben beschriebene Messapparat, dessen ich mich bediente, gab keine grössere Genauigkeit als höchstens **[290]** $^1/_{10}$ Millimeter; und hieraus lässt sich leicht erklären, dass in den einzelnen Resultaten ein Unterschied von 0,0004 und selbst ein etwas grösserer entstehe. Damit die vierte Decimalstelle sicher werde, müsste der Messapparat wenigstens für $\frac{1}{18{,}9}$

oder $\frac{1}{20}$ Millimeter vollkommen bürgen können. Einen solchen habe ich auch jetzt bestellt und gedenke damit eine neue Reihe von Versuchen zu unternehmen.

Man sieht hieraus auch, dass, wenn man argwöhnte, es sei ein Fehler in der Messung von h die Ursache des bedeutenden Unterschieds zwischen dem *Dalton-Gay-Lussac*schen Resultate und dem meinigen, dieser Fehler nicht weniger als über 5 Millimeter oder über $1^2/_3$ Decimallinien betragen müsste — was doch keine Möglichkeit ist.

Die vorhergehenden Versuche sind alle die, welche ich mir die Freiheit nahm, dem Baron *Berzelius* im März mitzutheilen.

Seitdem habe ich am Ende Mai noch zwei Versuche mit grossen Cylindern von etwa $^2/_3$ Decimalzoll Durchmesser und etwa 8 Decimalzoll Länge gemacht. Diese Versuche sind nicht so zuverlässig wie die vorigen, weil das Quecksilber, nachdem die Cylinder gefüllt waren, wegen der Enge der Röhre nicht ausgekocht werden konnte, wodurch also einige Luftblasen in der Quecksilbermasse eingeschlossen blieben, und dieses war besonders, und sehr sichtbar, der Fall mit dem Cylinder No. 2 oder No. 14 der Versuche. Um Weitläufigkeit zu vermeiden, führe ich nicht an, wie der specielle hierzu angewandte Siedapparat und die übrige Vorrichtung für die Abkühlung bis 0° eingerichtet waren. Das Quecksilber musste bei diesen Experimenten auf einer gröberen Wage gewogen werden, so dass auch hieraus, da die Milligramme nur ungefähr geschätzt werden konnten, [291] kein Gewinn an Genauigkeit erwuchs. Die Beobachtungen waren folgende:

No. d. Versuche.	P	$P-p$	H'	H''	h	T	$100\,\alpha$
	g	g	cm	cm	cm		
13	1158,902	946,516	76,773	76,789	7,80	100°,28	0,3646
14	1196,992	991,695	76,313	75,470	7,92	100°,12	0,3662
						Mittel	= 0,3654

Bei dem ersten dieser zwei Versuche mit den Cylindern hatte Hr. Prof. *Svanberg*, unser berühmter Astronom und Geometer, die Gefälligkeit gegenwärtig zu sein, und überzeugte sich, durch genaue Betrachtung der ganzen Vorrichtung, so wie durch Berechnung der Beobachtung von der Richtigkeit des Resultates.

Der erste Cylinder wurde so ziemlich genau ohne Luftblasen gefüllt; allein dies wollte mit dem zweiten Cylinder nicht gelingen, weshalb, da der Werth von P hierdurch offenbar ein wenig zu klein ausfiel, das Resultat von diesem Cylinder auch ein wenig zu gross werden musste. Man sieht die Gründe hierzu sogleich aus dem in die Formel eingehenden Factor $\frac{P}{P-p}$. Berücksichtigt man dieses, so muss das Resultat dieser beiden Cylinder mit dem vorigen für so übereinstimmend angesehen werden, dass sie sich gegenseitig bestätigen.

Ich will hier noch zwei anderer Versuche erwähnen, die ich über die Ausdehnung der Luft gemacht habe, ohne diese vorher mittelst Chlorcalcium zu trocknen, wobei ich mich jedoch mittelst eines Mikroskops überzeugte, dass keine sichtbaren Wassertropfen in den Kugeln vorhanden waren. Diese Versuche wurden natürlicherweise nur deshalb angestellt, um zu sehen, wohin [292] die Vernachlässigung des genauen Austrocknens der Luft führen könnte. Folgende Tafel enthält die hiebei erhaltenen Beobachtungen:

No. der Kugel	P	$P-p$	H'	H''	h	T	$100\,\alpha$ für nicht trockne Luft
	g	g	cm	cm	cm		
15	166,4746	128,0336	75,166	75,049	4,21	99°,69	0,3840
16	139,2725	106,1248	75,964	75,201	4,325	99°,99	0,3902

Der Unterschied von 0,0062 zwischen diesen beiden Resultaten zeigt schon den bedeutenden Einfluss der Feuchtigkeit, und die grosse Abweichung beider von dem Resultate der vorhergehenden Versuche zeigt es noch auffallender. Die Werthe, welche diese beiden Experimente geben, sind ungefähr auch die, welche die Physiker, die sich vor *Gay-Lussac* und *Dalton* mit der Luftausdehnung beschäftigten, erhielten, und sie beweisen, was man freilich schon vorher wusste, dass die älteren Physiker die Luft bei weitem nicht vollständig getrocknet hatten.

Mit derselben Kugel No. 16 wiederholte ich nochmals den Versuch, nachdem ich die Luft vorher wieder genau getrocknet hatte, und bekam dann nachstehende Beobachtungen:

No. d. Kugel	P	$P-p$	H'	H''	h	T	100α
	g	g	cm	cm	cm		
16	139,2725	107,8192	76,440	76,185	3,725	100°,16	0,3652

Woraus man sieht, dass dasselbe Resultat oder etwa 0,365 für die Ausdehnung der trocknen Luft wieder zum Vorschein kam.

[293] Aus der Gesammtheit aller dieser Untersuchungen kann ich nicht anders schliessen, als dass die Ausdehnung der trocknen Luft, und ohne Zweifel auch aller andern trocknen Gase, zwischen 0° und 100° nicht 0,375 von der Volumeinheit bei 0°, sondern nur 0,364 bis 0,365 ist. Den grössten Einfluss wird dieser veränderte Werth der Ausdehnung offenbar auf die Thermometrie haben. Während eine Luftausdehnung von 2.0,375 oder 0,75 von der Volumeinheit bei 0°, als eine Temperatur von 200 Graden und eine Luftausdehnung von 3.0,375 oder 1,125 als eine Temperatur von 300 Graden u. s. w. vorstellend angesehen wurde, wird, wenn das von mir erhaltene Resultat richtig ist, eine beobachtete Ausdehnung von 0,75 in Wahrheit einer Temperatur von $100 \cdot \frac{0,75}{0,3646} = 205^{\circ},70$, und eine beobachtete Ausdehnung von 1,125 in Wahrheit einer Temperatur von $100 \cdot \frac{1,125}{1,3646} = 308^{\circ},56$ u. s. w. entsprechen. Den anderweitigen Einfluss dieses Resultats auf die Mehrzahl der Wärmeerscheinungen kann ich hier nicht auseinandersetzen, sondern muss es mir für ein anderes Mal vorbehalten.

Nachtrag.

[**558**] In vorstehender Abhandlung hatte ich anzuführen vergessen, von welcher Beschaffenheit das von mir angewandte Quecksilber war. Ich halte es aber für nothwendig, einige Worte hierüber mitzutheilen, damit man nicht glaube, dass ich es vielleicht in dem Zustand, wie es im Handel vorkommt, gebraucht und folglich einen unrichtigen Werth für die Ausdehnung des Kaliglases gefunden. Das Quecksilber wurde so erhalten, dass Hydrargyrum depuratum von Schönebeck zwei Mal unter Zusatz von Zinnober umdestillirt wurde. Ein hiesiger junger Chemiker, Dr. *Wallenack*, hatte auf meine Bitte die Güte, das so gereinigte Quecksilber zu prüfen und zwar nach einer von *Dumas* angegebenen Methode, nämlich so, dass das Quecksilber erst in reiner Salpetersäure aufgelöst, dann die Auflösung [**559**] zur Trockne abgedampft und endlich langsam bis zum Abtreiben des Quecksilbers erhitzt wurde. Von 4,70 g Quecksilber war das auf diese Art entstandene Residuum so gering, dass es nicht mit Sicherheit gewogen werden konnte — es war wenigstens nicht ein Milligramm. Hiernach wird die Unreinheit nicht mehr als etwa $^1/_{50}$ Proc. betragen können, und ich wage anzunehmen, dass eine so unbedeutende fremde Einmischung keinen merkbaren Einfluss auf die absolute Ausdehnung des Quecksilbers haben möge.

Ich muss hier noch eine Anmerkung hinsichtlich der Trockenheit des Quecksilbers in der Wärme hinzufügen. Bei den in dem Aufsatze angeführten Versuchen hatte ich das Quecksilber immer vorher nahe zum Kochpunkt erhitzt und es, nachdem es bis 30° oder 40° erkältet war, in die Wanne hineingegossen. Das Quecksilber war also bei allen diesen Versuchen vollkommen trocken. Um aber allen Zweifel in dieser Beziehung zu entfernen, habe ich nachher eine eiserne Wanne verfertigen lassen, worin ich unmittelbar das Quecksilber kochen konnte. Das so erhitzte Quecksilber liess ich dann ruhig sich abkühlen, und es ist keine Möglichkeit, dass es auf diese Weise die geringste Spur von Feuchtigkeit oder Luft enthielt. Die hiermit angestellten Versuche haben absolut dasselbe Resultat wie die vorigen geliefert.

[119] Zweite Reihe von Versuchen

über die Ausdehnung der trocknen Luft

zwischen 0^0 und 100^0

von

F. Rudberg.

Da ich seit der Veröffentlichung meiner Versuche über die Ausdehnung der Luft (Annal. Bd. XXXXI, S. 271) einen Apparat habe construiren lassen, mit dem man einen solchen Versuch in der kurzen Zeit von etwa anderthalb bis zwei Stunden anstellen kann, und die mit demselben erhaltenen Resultate im Mittel ganz mit meinen früheren übereinstimmen, so erlaube ich mir, eine [120] kurze Beschreibung dieses Apparates und die damit gefundenen Ausdehnungswerthe hier mitzutheilen.

Das Princip der Construction dieses Apparats ist die Bestimmung des Verhältnisses der Elasticitäten einer gegebenen trockenen Luftmasse bei 0° und bei 100°, wenn sie in beiden Fällen, abgesehen von der Ausdehnung des Gefässes, ein und dasselbe Volumen einnimmt. Um dieses Verhältniss auszumitteln, hatte der Apparat folgende Einrichtung.

Der Cylinder AB (Fig. 1) ist der Behälter der trocknen Luft und steht durch die enge Röhre Bbd in Verbindung mit der weiten Röhre dC. Diese, so wie eine zweite, etwa 50 cm lange und bei E offene Röhre ED ist in dem Deckel der Dose FG festgekittet; letztere enthält einen ledernen Quecksilberbehälter, dessen Volumen, wie bei einem Barometer, durch die Schraube M verändert werden kann, so dass das Quecksilber höher oder niedriger in den Röhren steht. Ferner ist auf dem verticalen Röhrenstück bd bei a ein feiner Diamantstrich gezogen, und bis zu diesem Strich wird das Quecksilber hinaufgeschraubt, sowohl wenn die Luft im Behälter AB bis 0° abgekühlt, als wenn sie bis zur Siedhitze des Wassers erwärmt ist. Das Volumen der Luft wird also, wenn man die Ausdehnung des Glases unberücksichtigt lässt, in beiden Temperaturextremen unverändert dasselbe

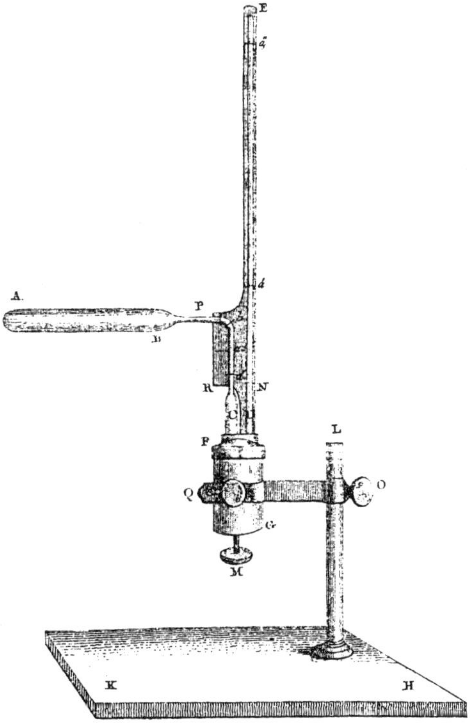

Fig. 1.

sein. Um in der Röhre ED die Höhen des Quecksilbers genau messen zu können, ist dicht neben dieser Röhre und bd eine messingene, in Millimeter getheilte Scale $EPRND$ befestigt, deren Theilstriche am unteren Ende, von a bis b, so lang ausgezogen sind, dass sie hinter beiden Röhren weggehen; dadurch wird der Höhenunterschied zwischen a und der Quecksilberkuppe in ED leicht bestimmt.

Die Austrocknung der Luft im Behälter AB geschah, vor dem Festlöthen der Röhren in der Dose, dadurch, dass der untere Theil der Röhre dC zu einer [**121**] feinen Capillarspitze ausgezogen und mit einer sehr weiten, Chlorcalcium enthaltenden Röhre, welche zu einer Luftpumpe führte, in Verbindung gesetzt wurde. Nachdem die Luft 50 Mal ausgepumpt und wieder hineingelassen worden, wurde die Capillarspitze zugeblasen und die Röhre dC in die zuvor mit getrocknetem Quecksilber gefüllte Dose eingesetzt und festgekittet, endlich die Spitze unter Quecksilber abgebrochen.

Die bei α stattfindende Capillardepression wurde, ehe noch der Behälter AB mit der engen Röhre Bbd zusammengelöthet worden, durch einen besonders dazu angestellten Versuch bestimmt und $= 1{,}85$ cm gefunden.

Der Röhre dC wurde deshalb ein grösserer Durchmesser gegeben, damit die Luft während der Erhitzung von 0° bis 100° sich so ausdehnen konnte, dass man nicht genöthigt war, jeden Augenblick auf das Aufschrauben des Quecksilbers zu passen.

Wie leicht erhellt, ist die Berechnung eben so einfach wie die Beobachtung. Steht, während die Luft bis 0° abgekühlt ist, das Quecksilber in der Röhre ED bis a', wenn es in die Röhre bd bis α hinaufgeschraubt worden, ist der gleichzeitige Barometerstand $= H'$, der Höhenunterschied $\alpha a = h'$ und die Capillardepression bei $\alpha = e$, so ist die Elasticität der abgesperrten Luftmasse in diesem Falle $= H' = h' - e$. Wenn hernach, bei Erhitzung der Luft bis zum Siedpunkt des Wassers, das Quecksilber in bd ebenfalls bis α hinaufgeschraubt, in ED bis a'' reicht, der Barometerstand $= H''$ und der Höhenunterschied $\alpha a'' = h''$ ist, so ist die Elasticität derselben Luftmasse $= H'' + h'' - e$. Ist ferner die dem Barometerstande B'' entsprechende Temperatur des Wasserdampfs $= T$, der Ausdehnungcoëfficient der Luft $= \alpha$ und der des Glases $= \delta$, so hat man:

$$1 + \alpha T = \frac{H'' + h'' - e}{H' + h' - e}(1 + \delta T).$$

[**122**] wobei man die Höhen H'', h'', H', h' nicht einmal auf 0° zu reduciren braucht, da der Versuch in der kurzen Zeit von etwa anderthalb Stunden beendigt werde, und währenddess wohl keine merkliche Temperaturveränderung im Zimmer

stattfinden kann. Die Reduction wird nur bei der Barometerhöhe H'' nöthig, um daraus die Siedhitze T herzuleiten.

Die Versuche, welche ich bis jetzt mit dem oben beschriebenen Apparate unter sehr verschiedenen Baromerständen ($752^{mm},92$ bei $+ 17^{o},4$ bis $783^{mm},72$ bei $+ 82^{o}$) angestellt, haben folgende Resultate gegeben:

No. der Versuche	$100\,\alpha$	No. der Versuche	$100\,\alpha$	No. der Versuche	$100\,\alpha$
1	0,3640	5	0,3640	9	0,3653
2	0,3648	6	0,3656	10	0,3640
3	0,3641	7	0,3643	11	0,3664
4	0,3648	8	0,3648	12	0,3645

Mittlerer Werth von $100\,\alpha = 3,066457$.

Da dieser Mittelwerth der nämliche ist wie der, welchen meine früheren, auf eine ganz andere Weise angestellten Versuche ergaben, so wage ich es vollends als ganz entschieden anzusehen:

»dass die wahre Ausdehnung der trocknen Luft zwischen 0° und 100° C. nur 36,4 bis 36,5 Procent von dem Volumen bei 0° beträgt.«

Zusatz. Ich benutze diese Gelegenheit, um die Aufmerksamkeit darauf hinzulenken, dass *Dalton*'s und *Gay-Lussac*'s Versuche über die Luftausdehnung nicht, wie man bisher allgemein angenommen hat, ziemlich nahe einerlei, sondern im Gegentheil sehr von einander abweichende Resultate gaben. Aus *Dalton*'s Versuchen folgt nämlich in Wahrheit der Werth von $100\,\alpha = 0,3912$. Dies ist, sonderbar genug, schon im J. 1803 von *Gilbert* (dessen Annal. Bd. XIV, S. 267) bemerkt, aber, wie es scheint, seitdem ganz vergessen worden.

[**123**] Als ich vor einiger Zeit eine geschichtliche Notiz über die älteren und neueren Untersuchungen der Luftausdehnung zusammentrug und zu dem Ende unter andern Schriften auch alle in *Gilbert*'s Annalen vorhandenen, auf diesen Gegenstand bezüglichen Aufsätze durchging, fand ich, dass schon *Gilbert* die oben angeführte Bemerkung gemacht, obgleich einen etwas anderen Werth, nämlich 0,393, bekommen hatte. Die Sache verhält sich nämlich ganz einfach so. In der

aus den Memoirs of the Manchester Society übersetzten Abhandlung von *Dalton* (*Gilbert*'s Annalen Bd. XII, S. 313) heisst es: Ich habe wiederholt gefunden, dass 1000 Theile atmosphärischer Luft bei dem gewöhnlichen Luftdruck im Manometer von 55° F. Wärme, bis auf 212° F. erhitzt, sich zu einem Volum von 1321 Theilen ausdehnen, welches, wenn man für die Glasausdehnung noch 4 Theile hinzurechnet, eine Dilatation von 325 Theilen bei einer Erwärmung von 157° der Fahrenheitschen Skale giebt.

Hier ist also offenbar das Volum bei 55° F. oder + 12°,78 C. als Einheit angenommen. Nimmt man aber das Luftvolum bei 0° zur Einheit und setzt die Ausdehnung zwischen 0° und 100° = 100α, so geben die *Dalton*'schen Versuche:

$$1 + 12{,}78\alpha : 1 + 100\alpha = 1000 : 1325,$$

woraus $100\alpha = 0{,}3912$. Dies ist also das wahre Resultat der *Dalton*'schen Untersuchung. Dass *Dalton* selbst den Irrthum in seiner Rechnung übersehen hat, erhellt aus seinem New System of chemical Philosophy, übersetzt von *Wolff*, Berlin 1812, Bd. I, S. 24, wo es heisst: Das Volumen (der Luft) ist nach *Gay-Lussac*'s und meinen eignen Versuchen bei 32° zu 1000 und bei 212° zu 1376 angenommen.

[1]

Ueber die Ausdehnung der Gase durch die Wärme

von

Gustav Magnus[1].

Seitdem man überhaupt weiss, dass die Luft durch die Wärme sich ausdehnt, oder vielmehr seit 200 Jahren, wo *Drebbel* zuerst diese Ausdehnung benutzte, um Unterschiede in der Wärme zu bestimmen, ist man zu allen Zeiten bemüht gewesen, dieselbe zu messen. Nachdem während des ganzen vorigen Jahrhunderts die widersprechendsten Resultate von den bedeutendsten Physikern erhalten worden waren, hat Hr. *Gay-Lussac*[2]) zu Anfang dieses Jahrhunderts in einer sehr umfassenden Arbeit die Ausdehnung der trocknen Luft zwischen 0° und 100° zu 0,375 ihres Volumens bei 0° gefunden und zugleich gezeigt, dass alle Gase und Dämpfe sich um denselben Werth innerhalb dieser Temperatur ausdehnen. Fast zu derselben Zeit hatte auch Hr. *Dalton*[3]) in Manchester denselben Gegenstand untersucht und gefunden, dass 1000 Theile Luft von 55° F. sich um 321 Theile ausdehnen, wenn sie bis 212° F. erwärmt werden, hierzu rechnete er noch 4 Theile für die Ausdehnung des Glases und erhielt dadurch eine Vermehrung des Volumens um 0,325. Berechnet man hieraus die Ausdehnung der Luft von 32° F. bis 212° F., so findet man dieselbe = 0,372 vom Volumen der Luft bei 55° F. Diese Zahl stimmte so gut mit der von Hrn. *Gay-*

---

1) Gelesen in der Academie der Wissensch. am 25. Nov. 1840.
2) Annales de Chimie XLIII. 137.
3) Memoirs of the Literary and Philosoph. Society of Manchester. Vol. 5. Part. II. 598.

Lussac [2] gefundenen überein, dass man wahrscheinlich deshalb vergessen hat, dass für diese letztere das Volumen der Luft bei 0° C. als Einheit angenommen ist. Denn nimmt man für die von Hrn. *Dalton* gefundene Ausdehnung dieselbe Einheit, so ergiebt sich diese = 0,3912. Auf diesen Irrthum hat schon *Gilbert*[1]) bald nach der Bekanntmachung der *Dalton*'schen Untersuchung aufmerksam gemacht, doch scheint ihn Hr. *Dalton* selbst übersehen zu haben, wie aus seinem New System of chemical Philosophy hervorgeht[2]). Vielleicht hat schon diese irrthümliche Uebereinstimmung zwischen dem Resultate des Hrn. *Dalton* und dem des Hrn. *Gay-Lussac* dazu beigetragen, diese, durch den wissenschaftlichen Ruf des Hrn. *Gay-Lussac* schon hinlänglich verbürgte Zahl als vollkommen sicher zu betrachten; noch mehr aber hat ohne Zweifel die Bestätigung dazu gedient, welche Hr. *Gay-Lussac* durch eine, von der ersten ganz verschiedene, zweite Untersuchung lieferte. Diese ist zwar niemals vom Verfasser selbst bekannt gemacht worden, doch hat sie Hr. *Biot* in seinem Traité de Phys. I, 181 mitgetheilt. Seitdem aber auch die HH. *Dulong* und *Petit*, Physiker, die in Betreff ihrer Zuverlässigkeit und Genauigkeit das grösste Vertrauen geniessen, diesen Coëfficienten durch eine neue Methode bestätigt[3]) und in ihrer classischen Arbeit über die Wärme als Maass für die Vergleichung der Ausdehnung aller anderen Körper [3] zu Grunde gelegt haben, wurde derselbe als eine der sichersten Zahlen in der Physik betrachtet.

Wiewohl fast während vier Decennien Niemand die Richtigkeit dieses Werthes bezweifelt hatte, trat vor einigen Jahren Hr. *Rudberg* in Upsala mit einer neuen Arbeit über die Ausdehnung der Luft hervor, durch welche er jedoch die *Gay-Lussac*'sche Zahl nicht bestätigte, sondern statt derselben 0,3646 als Mittel aus seinen Beobachtungen erhalten hatte.

---

1) *Gilbert*'s Annalen XIV. 266.

2) *Rudberg* in Ann. d. Phys. u. Chem. XLIV. 123.

3) In ihrer Untersuchung über die Ausdehnung der Gase bei höherer Temperatur, Annales d. Ch. et de Phys. II. 149, sagen die HH. *Dulong* und *Petit* ausdrücklich: »Nous ne nous proposions nullement de vérifier par là une détermination sur laquelle on ne peut élever aucun doute; mais la coïncidence de notre résultat avec celui de Mr. *Gay-Lussac* a été pour nous la meilleure preuve de la rigoureuse exactitude du procédé dont nous nous sommes servis.«

Hr. *Rudberg* hat zwei verschiedene Methoden für seine Untersuchung benutzt, die er in den Annalen der Chemie und Physik Bd. XLI, p. 271 und XLIV, p. 119 bekannt gemacht hat[1]). Sie sind beide ganz abweichend von den früheren Methoden, haben aber beide dasselbe Resultat geliefert. So genau indess auch die Arbeit des Hrn. *Rudberg* ist, so sehr auch die Sicherheit ihres Resultates durch die Anwendung zweier abweichenden Methoden erhöht wird, so sprach doch das Ansehen der früheren Experimentatoren gegen die von ihm gefundene Zahl; und da derselbe sich nur mit der Ausdehnung der atmosphärischen Luft beschäftigt und seine Arbeit weder auf andere Gase ausgedehnt, noch sich auf eine Kritik der *Gay-Lussac*'schen Arbeit eingelassen hat, so ist man allgemein zweifelhaft, ob der von ihm gefundene Coëfficient ohne Bedenken angenommen werden dürfe oder nicht.

Der Tod hat leider Hrn. *Rudberg* bald nach der Vollendung der erwähnten Untersuchung, zum grossen Verlust für die Wissenschaft, hinweggenommen, so dass durch ihn seine Arbeit für andere Gasarten nicht ausgedehnt werden konnte. Da jetzt fast 5 Jahre seit der Bekanntmachung derselben verflossen sind, ohne dass Jemand etwas zur Entscheidung des Gegenstandes veröffentlicht hat, so entschloss ich mich, denselben von Neuem zu untersuchen, wohl wissend, dass von einer solchen Arbeit, so zeitraubend und mühevoll sie auch ist, kein [4] Ruhm zu ernten sei, da es sich bei derselben nur darum handelt, entweder den einen oder den andern der schon bekannten Zahlenwerthe zu bestätigen. Es schien mir aber zu wichtig, zu wissen, ob eines der allgemeinsten Gesetze der Physik richtig sei oder nicht, ob nämlich alle Gasarten sich um denselben Coëfficienten ausdehnen oder nicht. Ferner ist dieser Coëfficient selbst, so unbedeutend der Unterschied zwischen 0,375 und 0,365 auch erscheinen mag, abgesehen von seinem Einfluss bei der astronomischen Refraction und bei den Messungen von Höhen mittelst des Barometers, von so grossem Einfluss für seine mannigfaltigen übrigen Anwendungen, dass es mir vor allem Andern nöthig schien, denselben wieder festzustellen. Denn es ist bekannt, dass die Ausdehnung der Luft seit der Untersuchung der HH. *Dulong* und *Petit* fast ganz allgemein als Maass für die

1) S. auch Vetenscaps Academiens Handlingar för 1837, p. 140, 194.

Temperatur benutzt wird, und von welchem Einfluss hierfür der erwähnte Unterschied ist, leuchtet von selbst ein. Aber ausserdem sollen, wie Hr. *Gay-Lussac* gefunden, die Dämpfe sich ebenfalls um 0,375 ausdehnen. Es ist daher bei der vielfältigen technischen Anwendung der Wasserdämpfe nicht nur von praktischem Interesse, zu wissen, ob diese Zahl die richtige ist oder nicht, sondern dieselbe muss auch bei einer grossen Menge von rein wissenschaftlichen Untersuchungen zu Grunde gelegt werden, unter denen ich nur die für die Chemie ganz unentbehrlich gewordene Methode zur Bestimmung der Contraction, welche bei chemischen Verbindungen stattfindet, und zur Bestimmung des specifischen Gewichts der Körper im dampfförmigen Zustande erwähnen will.

Da die Methoden des Hrn. *Rudberg*, die derselbe ganz ausführlich mitgetheilt hat, durchaus keinen Irrthum vermuthen lassen, andererseits es aber kaum denkbar erscheint, dass die HH. *Dulong* und *Petit* genau dasselbe Resultat haben sollten, als Hr. *Gay-Lussac*, und dennoch der von diesem gefundene Zahlenwerth [**5**] falsch sein sollte, so glaubte ich, dass es möglich wäre, dass beide Coëfficienten richtig seien. Wenn nämlich die Luft bei der Temperatur von 100° nicht mehr genau dem *Mariotte*'schen Gesetze folgen sollte, so musste Hr. *Rudberg*, der nur die Veränderung der Elasticität bestimmt hat, einen anderen Werth erhalten haben, als Hr. *Gay-Lussac*, der die Veränderung des Volumens bei constanter Elasticität beobachtete. Es schien mir aus diesem Grunde vorzugsweise wünschenswerth, nach der Methode des Hrn. *Gay-Lussac* die Ausdehnung der Luft von Neuem zu untersuchen. Ausserdem hoffte ich aber hierdurch am leichtesten die Ursache der Verschiedenheit beider Resultate auffinden zu können. Ich wandte die zweite Methode des Hrn. *Gay-Lussac* an und zwar im Wesentlichen ganz so, wie sie von Hrn. *Biot* in seinem Traité de Physiq. beschrieben ist.

Da indess dort nicht erwähnt ist, wie gross die Kugeln und wie weit die Röhren gewesen sind, die Hr. *Gay-Lussac* benutzte, so untersuchte ich zuerst, bei welchem Durchmesser der Röhren ein Quecksilbertropfen dieselben noch stempelartig verschliesst und weder durch Schütteln noch Klopfen Luft durchlässt. Ich wandte jedoch Röhren an, die einen viel geringeren Durchmesser hatten. Die grösste Weite, die ich benutzte, betrug 2,5 Millimeter, bei vielen Versuchen aber nur 1,0 mm. Die Grösse der Kugel war so, dass die Ausdehnung der Luft eine Länge von etwa 0,2 Meter in der Röhre einnahm. Kugel und Röhre wurden mit trocknem Quecksilber gefüllt und dies in ihnen ausgekocht, dann wurde eine Röhre mit geschmolzenem Chlorcalcium an das offene Ende luftdicht befestigt und ganz so, wie es Hr. *Gay-Lussac* vorschreibt, mittelst eines eisernen Drahtes oder eines Glasfadens, der durch die Röhre mit Chlorcalcium hindurch ging, das Quecksilber aus der engen Röhre und der Kugel so weit abgelassen, dass [6] nur ein Tropfen in derselben zum Absperren der Luft zurückblieb.

Um die Röhren in verschiedene Temperaturen zu bringen, wurden sie mit ihren Kugeln in einen oblongischen Kasten aus Eisenblech eingelegt und in demselben entweder mit feingestossenem schmelzenden Eise umgeben oder den Dämpfen des kochenden Wassers ausgesetzt. Hr. *Gay-Lussac* scheint die Kugeln in das kochende Wasser selbst gebracht zu haben, und hiervon könnte es vielleicht herrühren, dass sein Resultat höher als das des Hrn. *Rudberg* ist. Uebrigens wurden bei meinen Versuchen, wie bei denen des Hrn. *Gay-Lussac* die Röhren stets so weit in den Kasten eingeschoben, dass der Quecksilbertropfen sich dicht an der Oeffnung befand. Um die Röhren sicher in horizontaler Lage zu erhalten, war dicht vor dem erwähnten Kasten ein Stück Holz, etwa 4 Zoll lang und eben so breit, vollkommen horizontal ganz unwandelbar befestigt. In diesem befand sich eine enge Rinne, in welche die Röhre genau passte und in der sie zwar vor- und rückwärts geschoben werden konnte, ohne dass sie aber dabei aus ihrer horizontalen Lage kam. Uebrigens habe ich mich überzeugt, dass selbst eine Neigung der Röhre von mehreren Graden keine wahrnehmbare Veränderung in der Stellung des Quecksilbertropfens hervorbringt. Hr. *Gay-Lussac* hatte die Röhren, die er zu seinen Versuchen anwandte, calibrirt und in gleiche Volumentheile getheilt. Er konnte daher auf dieser Theilung das Verhältniss der Volumina der Luft bei 0° und bei der Temperatur des kochenden Wassers unmittelbar ablesen. Ich habe statt dessen die Stelle, welche der Quecksilbertropfen bei diesen Temperaturen einnahm, oder die Volumina der Luft bei diesen Temperaturen, mittelst eines Diamants auf der Röhre bezeichnet. Nach Beendigung des Versuches wurden die Röhren leer gewogen, sodann mit trocknem Quecksilber bis zu der Stelle gefüllt, welche [7] das Volumen der Luft bei 0° bezeichnete, und wiederum gewogen;

und endlich bis zu der Stelle mit Quecksilber gefüllt, welche die Luft bei der Temperatur des kochenden Wassers eingenommen hatte, und gleichfalls gewogen. Damit das Quecksilber bei beiden Füllungen von derselben Temperatur war, wurden die Röhren bei jeder Füllung in ein grosses Gefäss mit Wasser gelegt und dies unverändert auf derselben Temperatur erhalten; die Gewichte des Quecksilbers lieferten das Verhältniss der Volumina der Luft bei 0° und bei der Temperatur des kochenden Wassers. Wiederholte Füllungen desselben Rohres gaben stets dasselbe Resultat.

Um zu prüfen, bis zu welchem Grade diese Methode zuverlässig sei, legte ich stets zwei Röhren neben einander in den Kasten ein, allein die Resultate, welche mit beiden erhalten wurden, stimmten fast niemals mit einander überein.

Ich brauche wohl nicht zu sagen, dass ich Alles, was in meinen Kräften war, versucht habe, um eine grössere Uebereinstimmung hervorzubringen. Denn ich konnte mir nicht denken und kann es auch jetzt noch nicht, dass Hr. *Gay-Lussac* eine Methode angewandt haben sollte, die keine sicheren Resultate liefert, und dass Hr. *Biot* eine solche Methode der älteren des Hrn. *Gay-Lussac* vorzieht, mit welcher dieser Physiker doch Resultate erhalten hat, die auf überraschende Weise mit einander übereinstimmen. Ich habe zunächst den Kasten, in dem die Röhren den Dämpfen des Wassers ausgesetzt wurden und den ich später ausführlicher beschreiben werde, mannigfaltig abgeändert, um jede zufällige und locale Abkühlung desselben zu vermeiden, ich habe geprüft, welche Veränderungen in der Temperatur des Dampfes durch die Art des Feuerns eintreten, oder durch das Auflegen frischer Kohlen, oder das Schliessen der Oeffnungen im Deckel des Kastens; ich habe das Caliber der Röhren mehrfach abgeändert, habe sie, um sicher [8] zu sein, dass alle Feuchtigkeit beim Auskochen mit Quecksilber entfernt worden, einige Male nicht selbst ausgekocht, sondern von einem sehr geschickten Glasbläser auskochen lassen, sie auch mitunter auf die Weise getrocknet, dass, während sie sich in den Dämpfen von kochendem Wasser befanden, die Luft etwa 60 Mal aus ihnen ausgepumpt und durch eine 3 Fuss lange Chlorcalciumröhre wieder eingelassen wurde — aber alle diese Bemühungen waren vergebens, die Resultate von zwei gleichzeitigen Beobachtungen stimmten fast niemals mit einander überein.

Ich glaube, dass der Grund hiervon darin zu suchen ist,

dass das Queeksilber in einer solchen Röhre niemals vollkommen dicht schliesst und namentlich nicht in die feinen, fast unsichtbaren Vertiefungen eindringt, die oft auf der inneren Wand einer Glasröhre vorhanden sind. Denn wenn die Kugeln erst in schmelzendes Eis gebracht, dann den Dämpfen des kochenden Wassers ausgesetzt und nachher wieder mit schmelzendem Eise umgeben wurden, so zeigte die Luft fast niemals wieder dasselbe Volumen, das sie bei dem ersten Umgeben mit schmelzendem Eise einnahm. Oft war dasselbe kleiner, oft auch grösser, offenbar je nachdem die Luft bei der Abkühlung oder bei der Erwärmung der Kugel neben dem Quecksibertropfen entwichen war. Die folgende Tabelle enthält die Resultate der Versuche, die ich nach dieser Methode erhalten habe, berechnet für einen Druck von 28 Pariser Zoll bei 0°. Die beiden mit einander verbundenen Zahlen sind die Resultate von zwei gleichzeitig angestellten Versuchen. Wenn man überhaupt aus so unsicheren Zahlen ein Mittel nehmen darf, so wäre dies = 0,36930, und also immer schon geringer als 0,375.

[9] Resultate der Versuche nach der Methode des Herrn Gay-Lussac.

1.	0,37386	9.	0,36972	17.	0,36569	25.	0,38769
2.	0,38269	10.	0,37140	18.	0,36229	26.	0,36034
3.	0,36912	11.	0,37062	19.	0,36673	27.	0,37885
4.	0,37654	12.	0,36903	20.	0,35500	28.	0,36712
5.	0,36607	13.	0,36888	21.	0,36774	29.	0,37302
6.	0,36731	14.	0,36926	22.	—	30.	0,37211
7.	0,36431	15.	0,36663	23.	0,37254	31.	0,36815
8.	0,35985	16.	0,36709	24.	0,36351	32.	0,37514

Mittel 0,36930.

Als ich nach einem leider zu grossen Zeitverlust diese Methode aufgab, schien mir keine geeigneter, die Ausdehnung von verschiedenen Gasarten zu untersuchen, als die, welche Hr. *Rudberg* zuletzt angewendet hat. Ich liess deshalb einen Apparat fertigen, ganz ähnlich wie der, welchen Hr. *Rudberg* beschreibt. Derselbe ist Fig. 1 abgebildet. *AB* ist ein cylindrisches Gefäss, ganz ähnlich wie das Gefäss eines *Fortin*'schen Barometers, nur grösser. Der obere Theil desselben *AC* ist aus Glas. Es enthält einen ledernen

Beutel VW[1]), dessen Volumen durch die Schraube S verändert und wodurch das in ihm enthaltene Quecksilber herauf

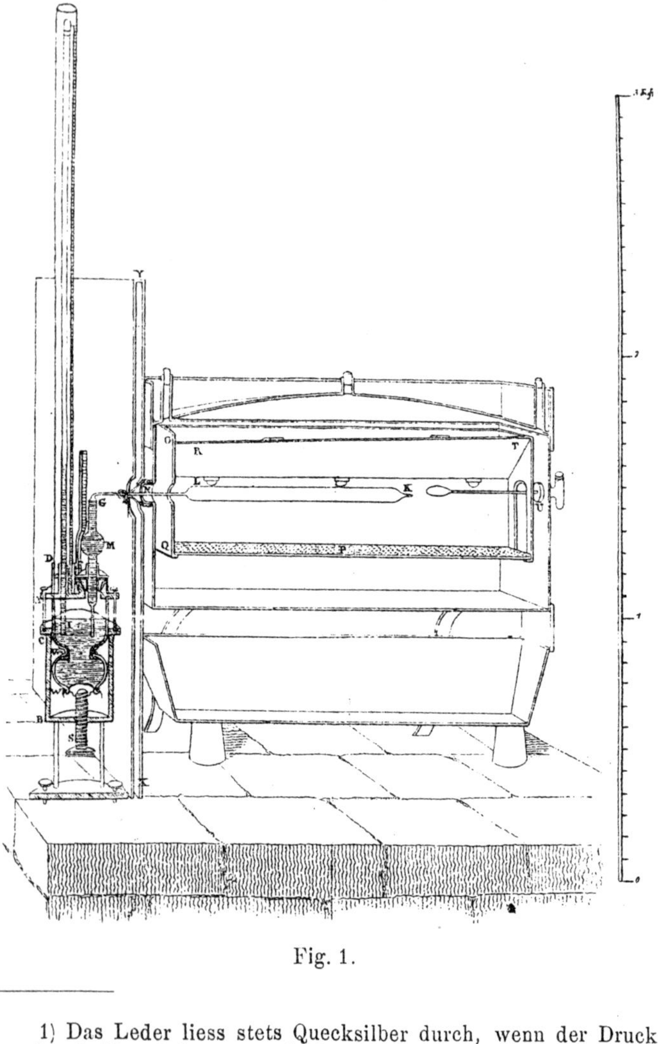

Fig. 1.

1) Das Leder liess stets Quecksilber durch, wenn der Druck der Quecksilbersäule etwas bedeutend wurde. Ich wandte deshalb statt des Leders eine dünne Kautschukplatte an, die aussen mit Leder umgeben war.

und herunter bewegt werden kann. Durch den luftdicht schliessenden Deckel dieses Gefässes geht bei *D* eine etwa 20 Zoll lange und an beiden Enden offene Barometerröhre, neben der sich eine messingene Scale befindet. Eine zweite Röhre *FG*, welche zu dem Behälter *KL* gehört, in dem die trockne Luft enthalten ist, geht bei *F* luftdicht durch den Deckel; beide Röhren reichen bis in das Quecksilber hinab. Neben *FG* [10] befindet sich gleichfalls ein kurzes Stück einer messingenen Scale nach demselben Maasse getheilt, als die neben *DE* befindliche. Schraubt man alsdann das Quecksilber in die Höhe, so wird die Luft in dem Gefässe zusammengedrückt und das Quecksilber steigt in beiden Röhren. Es wird zu einer bestimmten Stelle der kleinen Scale hinauf geschraubt, und zwar bis zu derselben, sowohl wenn das Gefäss *KL* mit Eis umgeben, als auch wenn es der Temperatur des kochenden Wassers ausgesetzt ist, und man beobachtet alsdann, um wieviel das Quecksilber in der Röhre *DE* höher steht, als bei *G*. Zu dem Ende ist es nothwendig, dass der Apparat vollkommen horizontal stehe, damit die entsprechenden Punkte beider Scalen vollkommen in einer Horizontalebene liegen. Da das Quecksilber in der Röhre *DE* bei der grossen Nähe des schmelzenden Eises und des kochenden Wassers seine Temperatur leicht ändert, so ist diese Röhre mit ihrer Scale in einer weiteren Glasröhre eingeschlossen, die mit Wasser gefüllt werden kann. Ich fand diese Vorsicht indess überflüssig, da, wenn die weitere Röhre oben leicht bedeckt wird, die Luft in ihr überall dieselbe Temperatur zeigt; man kann daher diese Temperatur der Luft für die des Quecksilbers in der Barometerröhre nehmen und das Wasser, welches das Ablesen der Scale erschwert, entbehren.

Um das Gefäss *GKL* bei *F* zu befestigen, wurde dasselbe in eine metallene Hülse eingekittet, die mittelst eines eingeschliffenen Conus und einer Ueberwurfschraube in den Deckel *AD* luftdicht eingesetzt wurde. Man konnte dadurch leicht das Gefäss entfernen und durch ein anderes ersetzen. Die Röhre *GM*, in der das Quecksilber hinaufgedrückt wurde, hatte 1 bis 2 mm im Durchmesser; war sie enger, so war die Capillardepression zu bedeutend und leistete einen so grossen Widerstand, dass das Quecksilber nicht gleichförmig, sondern stossweise in ihr stieg. Die Röhre *GL* war ein ganz enges Thermometerrohr, [11] und *KL* war ungefähr 9 Zoll lang, $^3/_4$ Zoll im Durchmesser und hatte einen Inhalt von etwa 80 ccm. Der Inhalt des Stückes *GL* betrug ungefähr 0,05 ccm oder etwa $^1/_{1600}$ von dem Inhalt von *KL*.

Wenn *KL* der Temperatur des schmelzenden Eises und des kochenden Wassers ausgesetzt werden sollte, so wurde dieser Theil des Apparates in einen oblongischen Kasten aus Eisenblech eingebracht, der gleichfalls in Fig. 1 abgebildet ist. Er hat bei *N* eine Oeffnung, durch die *KL* eingeführt wird. Um eine theilweise Abkühlung im Innern zu verhindern, enthält er einen Einsatz *OPQ*, der bis auf die Oberfläche des Wassers *QP* hinabgeht und oben bis an den Deckel des Kastens reicht. In diesen Einsatz wird ein innerer Deckel *RT* eingelegt, der gleichsam ein Dach bildet, dessen obere Kante oder First geneigt ist, damit das Wasser, das durch die Condensation der Dämpfe an demselben gebildet wird, nur an den Rändern herabfliessen, nicht aber in der Mitte herabtropfen und möglicherweise das Gefäss *KL* theilweise abkühlen kann. Der Kasten ist mit einem übergreifenden Deckel versehen, in dem an mehreren Stellen Oeffnungen angebracht sind, um Thermometer einführen zu können. Ebenso enthält er bei *U* zwei Oeffnungen, in deren eine ein Ausfluss-Thermometer eingelegt wurde und durch die bei den Versuchen nach der *Gay-Lussac*'schen Methode die Röhren gingen.

Um während des Kochens ein Spritzen gegen das Gefäss *KL* zu vermeiden, wodurch eine zu starke Erwärmung desselben hätte eintreten können, wurde noch über der Oberfläche des Wassers ein Strammingewebe *P*, das auf einen Rahmen von Draht ausgespannt war, in den Einsatz *OPQ* befestigt. Bei dem Umgeben des Gefässes *KL* mit gestossenem Eis wurde auf dieses Gewebe ein Blech gelegt und darauf das Eis geschüttet, so dass es den ganzen Einsatz *OPQ* erfüllte.

[**12**] Damit bei dem Kochen des Wassers die strahlende Wärme den Apparat *ABD* nicht treffe, wurde ein Schirm *XY* aus zwei Blechplatten, die eine Luftschicht einschlossen, zwischen den Kasten und diesen Apparat gestellt.

Das Füllen der Röhren *FGK* mit trockner atmosphärischer Luft geschah gewöhnlich auf die Weise, dass das offene Ende *I* derselben durch eine etwa 3 Fuss lange mit Chlorcalcium gefüllte Röhre mit einer Luftpumpe in Verbindung gebracht, und während die Röhre in dem eben beschriebenen Kasten der Temperatur des kochenden Wassers ausgesetzt war, die Luft 50 bis 60 Mal ausgepumpt und durch die Chlorcalciumröhre wieder eingelassen wurde. War auf diese Weise die Austrocknung beendigt, so wurde *KL* in dem Kasten *NU* durch Umgeben mit kaltem Wasser abgekühlt und bei *I* zugeschmolzen; hierauf in die Hülse *F* eingekittet und in einer Quecksilberwanne die Spitze bei *I* abgebrochen und mittelst einer eigenen kleinen Vorrichtung, welche die Spitze mit Quecksilber gesperrt erhielt, in das Gefäss *ABD* hinüber gehoben und in die conische Vertiefung bei *F* eingeschraubt.

Sollte *GK* mit einer anderen Luftart gefüllt werden, so war bei *K* noch ein feines Rohr angeschmolzen; während alsdann *GK* in dem Kasten *NU* sich in der Temperatur des kochenden Wassers befand, wurde die vorher getrocknete Gasart durch dasselbe hindurch geleitet, und wenn dies so lange stattgefunden hatte, dass alle atmosphärische Luft verdrängt war, wurde das Rohr bei *K* und bei *I* zugeschmolzen und wie vorhin verfahren.

Ich will hier sogleich eine Vorrichtung beschreiben, die ich angewendet habe, um einige Gasarten, von denen ich befürchtete, dass sie bei dem Durchströmen durch eine Röhre mit Chlorcalcium nicht vollständig trocken werden möchten, eine längere Zeit über Chlorcalcium[**13**] aufzubewahren. Sie ist in Fig. 2 abgebildet und besteht aus einer Flasche, die mit einem Kork verschlossen ist, durch den zwei Röhren gehen, die eine Röhre *cb* ist bei *b* mit einem Hahn versehen, die andere *ad* geht fast bis auf den Boden der Flasche und ist heberförmig gebogen, so dass das Ende *e* derselben tiefer liegt, als der Boden der Flasche. Dies offene Ende *e* steht in einer weiteren Röhre *fg* und diese in einem weiten Cylinder *hk*. Bringt man zunächst geschmolzenes Chlorcalcium in die Flasche, setzt dann den Kork *ac* luft-

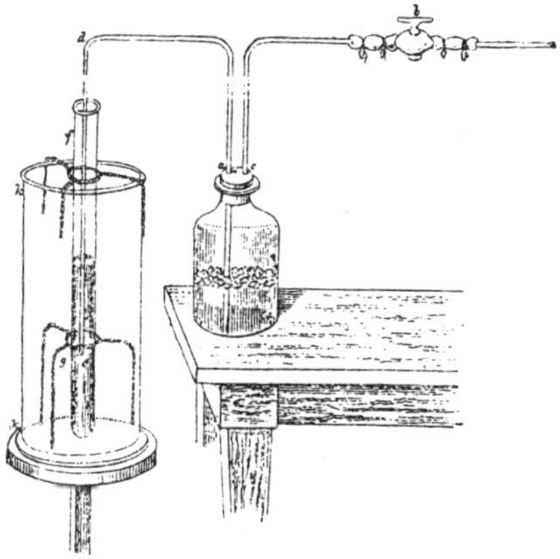

Fig. 2.

dicht auf und giesst, nachdem man den Hahn bei *b* geöffnet hat, die Röhre *fg* ganz voll Quecksilber, so kann man durch Saugen bei *b* zunächst den Heber *ade* füllen, und wenn man hierauf Quecksilber in die Röhre *fg* nachgiesst, so fliesst dies in die Flasche. Man kann dieselbe auf diese Weise ganz mit Quecksilber füllen und alle Luft entfernen. Bringt man hierauf den Hahn *b* mit einem Gasentbindungsapparat in Verbindung, so tritt das Gas in die Flasche und das Quecksilber fliesst in die Röhre *fg* zurück, und wenn diese voll ist, über ihren Rand in den Cylinder *hk*. Durch Senken oder Heben der Röhre *fg* kann man die Oberfläche des Quecksilbers in derselben höher oder niedriger stellen, als die Oberfläche des Quecksilbers in der Flasche, und dadurch die Luft in derselben unter verschiedenen Druck versetzen. Ist die Flasche mit der zu trocknenden Gasart gefüllt, so wird der Hahn *b* geschlossen und der Gasentbindungsapparat entfernt. Will man darauf später das Gas benutzen, so lässt man es durch den Hahn *b* ausströmen, indem man die Oberfläche des Quecksilbers in *fg* höher stellt, als die in der Flasche, und sie durch Nachgiessen von Quecksilber höher erhält. Dieser Apparat bildet ein Gasometer, das mit Quecksilber gesperrt ist und eine im Verhältniss zu dem Zweck sehr kleine Menge von Quecksilber erfordert, was neben [**14**] dem Vortheil der Ersparniss noch den darbietet, dass dasselbe sehr leicht zu handhaben und auch in jedem Augenblick leicht herzustellen ist.

Die Capillardepression, welche bei *G* stattfindet, musste für jede neue Röhre *FGK* ermittelt werden, bevor dieselbe mit der zu untersuchenden Gasart gefüllt wurde. Zu dem Ende wurde die Röhre vorläufig in die Hülse bei *F* eingekittet, zwischen *G* und *L* abgeschnitten und das Quecksilber bis nach *G* hinaufgeschraubt, um zu sehen, wieviel es in *CD* höher stehe, als bei *G*. Alsdann wurde der abgeschnittene Theil wieder angeschmolzen, die Röhre aus der Hülse bei *F* ausgekittet und mit der zu untersuchenden Luftart gefüllt. War sie bei *K* mit der engen Röhre zum Durchleiten der Gasarten versehen, also offen, so brauchte sie nicht vorher abgeschnitten zu werden.

Die Capillardepression variirte bei den von mir angewandten Röhren zwischen 1,5 und 0,25 Linien Par. Hr. *Rudberg* giebt an, dass sie bei seinen Versuchen 1,85 cm oder etwa 8 Linien betragen habe [1]). Wenn dies kein Druckfehler

1) Aus dieser Angabe wird es übrigens wahrscheinlich, dass

ist und vielleicht Millimeter statt Centimeter heissen soll, was man aus der Abhandlung selbst nicht ersehen kann, so begreife ich nicht, wie Hr. *Rudberg* das Quecksilber hat sicher einstellen können, mir hat dies wenigstens bei so engen Röhren nicht gelingen wollen.

Bevor ich zu den Resultaten übergehe, welche ich bei diesen Versuchen erhalten habe, muss ich die Formel erwähnen, nach welcher dieselben berechnet worden sind; es ist dieselbe, deren sich auch Hr. *Rudberg* bedient hat, nämlich:

$$\alpha = \left[\frac{H' + h' - e}{H + h - e}\left(1 + \frac{\delta T}{100}\right) - 1\right]\frac{100}{T}$$

[15] In dieser Formel bedeutet:

α die Ausdehnung der Luft zwischen 0° und 100° C.,
h den Barometerstand bei 0°,
h' den Barometerstand bei der Temperatur des kochenden Wassers, reducirt auf 0°,
H den Höhenunterschied des Quecksilbers in den Röhren GF und DE bei der Temperatur des schmelzenden Eises, reducirt auf 0°,
H' diesen Unterschied bei der Temperatur des kochenden Wassers, reducirt auf 0°,
e die Capillardepression,
δ die Ausdehnung des angewandten Glases zwischen 0° und 100°,
T die Temperatur des kochenden Wassers bei dem Barometerstande h'. Ist dieser Barometerstand 28″,00 Par., so ist $T = 100°$.

Die Werthe h' h'' H' H'' e sind durch die Beobachtung gegeben, T muss aber jedesmal berechnet werden. Hr. *Rudberg* giebt dafür in seiner Abhandlung über die Construction des Thermometers[1]) die Formel

$$\tau = 0{,}037818\, d - 0{,}0018563\, d^2,$$

in der $\tau + 100°$ die Temperatur des kochenden Wassers in der *Celsius*'schen Scale und d die Elasticität oder den Druck der Atmosphäre in Millimetern ausgedrückt bedeutet. Derselbe sagt, dass sie hinreichend genau mit den Versuchen von

---

Hr. *Rudberg* nur eine einzige Röhre und eine einzige Quantität von Luft bei diesen Versuchen angewandt habe.

1) Kongl. Vetenscaps Akademiens Handlingar för År 1834, p. 365; und *Poggendorff*'s Annal. Bd. XL. 39.

Southern, sowie von *Dulong* und *Arago* übereinstimme. Allein dies ist durchaus nicht der Fall, vielmehr giebt sie ganz andere Werthe und es muss in Betreff derselben ein Versehen, wahrscheinlich schon im Manuscript, des Hrn. *Rudberg* vorgefallen sein, denn sie ist im schwedischen Original ganz ebenso enthalten, als in diesen Annalen, nur eine einzige Zahl ist verschieden, was unwesentlich ist. Ich habe mich der von Hrn. *Egen* aufgestellten Formel oder [**16**] vielmehr der von ihm gegebenen Correctionen[1]) bedient, die, wie ich mich überzeugt habe, sehr genau mit der von den HH. *Dulong* und *Arago* gegebenen Formel übereinstimmen.

Das Barometer, das zur Bestimmung von h und h' benutzt wurde, war nach *Fortin*'s Construction in Pariser Zolle getheilt und mit einem Thermometer versehen, das die Temperatur der Scale anzeigte. Die Reduction auf 0° geschah mittelst der von Hrn. *Schumacher* in seinem Jahrbuch der Astronomie für 1840 mitgetheilten Tafeln, die nicht nur die Ausdehnung des Quecksilbers, sondern auch die der Scale aus Messing berücksichtigen. Mit Hülfe derselben Tafeln ist auch H' corrigirt. H war stets so klein, dass es keiner Correction bedurfte.

Die Ausdehnung des Glases d musste durch besondere Versuche ermittelt werden. Ich wandte hierfür ein Ausflussthermometer an, das aus derselben Glassorte als die Röhre KL geblasen war und etwa 100 g Quecksilber enthielt. Es wurde in den oben beschriebenen Kasten NU eingelegt, in derselben Höhe als KL, und gleichzeitig mit diesem mit Eis umgeben und den Dämpfen des kochenden Wassers ausgesetzt.

Die Anwendung dieses Thermometers hatte den doppelten Zweck, die Temperatur des Kochpunkts zu bestimmen, oder vielmehr die anscheinende Ausdehnung des Quecksilbers mit der der Luft zu vergleichen und zugleich die Ausdehnung des Glases kennen zu lernen. Wenn p das Gewicht des Quecksilbers bedeutet, welches das Thermometer bei der Temperatur 0° ganz füllt, und π das Gewicht des Quecksilbers, das bei der Erwärmung bis zur Temperatur des kochenden Wassers ausfliesst, so ist die anscheinende Ausdehnung von 0° bis zu dieser Temperatur gleich $\frac{\pi}{p}$. Bezeichnet β diese [**17**] anscheinende Ausdehnung von 0° bis zur Temperatur des kochenden

1) *Poggendorff* Annal. Bd. XXVII, S. 39.

Wassers unter dem Drucke von 28 Par. Zoll oder bis zu 100°, und δ die Ausdehnung des Glases, sowie q die absolute Ausdehnung des Quecksilbers für dieselbe Temperaturdifferenz, so ist

$$1 + \delta = \frac{1 + q}{1 + \beta}.$$

Für die absolute Ausdehnung des Quecksilbers q kennt man keine genauere Bestimmung als die von *Dulong* und *Petit*, welche $q = 0{,}018018$ gefunden haben. Mit Hülfe dieses Werthes und der angeführten Formeln ist die folgende Tafel berechnet, welche die für p und π beobachteten Werthe, sowie die jedesmaligen Barometerstände enthält. Aus diesen ist die Temperatur T mit der von *Egen* angegebenen Correction bestimmt. Die 18 angeführten Beobachtungen ergeben als Mittel für die anscheinende Ausdehnung des Quecksilbers von 0° bis 100°

$$\beta = 0{,}0154309$$

und als Mittel für die Ausdehnung des Glases

$$\delta = 0{,}002547.$$

[18]

p	π	$\frac{\pi}{p}$	Barometer	T	β oder anscheinende Ausdehnung des Quecksilbers	δ oder Ausdehnung des Glases
66,64675	1,026	0,0153946	332,98	99,750	0,0154332	0,002545
106,4185	1,637	0,0153826	331,40	99,618	0,0154416	0,002537
108,4665	1,656	0,0152674	231,40	99,618	0,0153260	0,002652
106,4135	1,642	0,0154304	335,76	99,980	0,0154334	0,002545
108,4630	1,671	0,0154062	335,76	99,980	0,0154092	0,002569
106,4165	1,6405	0,0154158	334,00	99,834	0,0154415	0,002537
108,465	1,6701	0,0154059	334,00	99,834	0,0154315	0,002547
106,4125	1,645	0,0154587	337,437	100,119	0,0154403	0,002538
108,462	1,67625	0,0154547	337,437	100,119	0,0154364	0,002542
106,4145	1,6415	0,0154255	335,11	99,926	0,0154309	0,002542
108,464	1,6765	0,0154567	335,11	99,926	0,0154681	0,002511
106,4075	1,646	0,0154688	337,56	100,129	0,0154489	0,002530
108,464	1,672	0,0154153	335,16	99,930	0,0154260	0,002552
106,414	1,639	0,0154021	333,33	99,778	0,0154364	0,002543
106,4135	1,640	0,0154116	333,82	99,819	0,0154395	0,002540
108,473	1,669	0,0153863	334,95	99,913	0,0153998	0,002578
105,14475	1,6275	0,0154786	339,45	100,286	0,0154345	0,002544
105,13925	1,6325	0.0155270	340,25	100,353	0,0154724	0,002507
				Mittel =	0,0154309	0,002547

[19] Die HH. *Dulong* und *Petit* haben $\beta = 0{,}0154321$ gefunden, und wiewohl Hr. *Rudberg* aus seinen Versuchen diesen Werth nicht berechnet hat, so ergiebt sich aus denselben $\beta = 0{,}015454$, wobei jedoch besonders zu bemerken ist, dass die Temperatur des kochenden Wassers von *Rudberg* unter $0^m{,}76$ Druck $= 100^o$ genommen ist, und wahrscheinlich auch von *Dulong* und *Petit*, wiewohl diese es an keiner Stelle bestimmt sagen. Dahingegen habe ich die Temperatur des kochenden Wassers unter 28 Par. Zoll $= 100^o$ genommen. Um daher beide Zahlen vergleichen zu können, müsste der von mir gefundene Werth mit 1,00075 multiplicirt werden, alsdann wird $\beta = 0{,}0154424$.

Für die Ausdehnung des Glases haben die HH. *Dulong* und *Petit* $\delta = 0{,}0025839$ gefunden[1]; dahingegen erhielt Hr. *Rudberg* 0,002285. Hr. *Rudberg* meint, dass dieser Unterschied darauf beruhe, dass das von ihm angewandte Glas Kaliglas gewesen sei, während das von *Dulong* und *Petit* angewandte Natronglas war. Eine Analyse des Glases, das ich angewendet habe, ergab:

Kieselsäure	67,305	Proc.
Thonerde	1,258	»
Kalkerde	11,892	»
Kali	12,404	»
Natron	7,141	»
	100,000	Proc.

Es war dasselbe also ein Glas, das man als halb Kali-, halb Natronglas betrachten kann, und daher liegt auch wohl der Ausdehnungscoëfficient desselben zwischen dem des Kali- und dem des Natronglases.

Bei der Berechnung meiner Versuche sind die von mir gefundenen Werthe $\beta = 0{,}0154309$ und $\delta = 0{,}002547$ benutzt. In der folgenden Tafel sind diese Versuche zusammengestellt. Behufs einer besseren Controlle habe ich neben den Resultaten auch die Beobachtungen selbst mitgetheilt.

---

1) In der Abhandlung des Hrn. *Rudberg* (sowohl in den Vetenscaps Handlingar för 1837, als in *Poggendorff*'s Annalen XLI) wird irrthümlich angegeben, dass sie dieselbe = 0,002546 gefunden hätten.

[20]

No.	H	h	H'	h'	e	T	$\frac{H'+h'-e}{H+h-e}$	$\left[\frac{H'+h'-e}{H+h-e}\left(1+\frac{T\delta}{100}\right)-1\right]\frac{100}{T}$
				Atmosphärische Luft.				
I.	333''',32	+ 1''',75	333''',82	122''',83	0''',25	99°,82	1,36312	0,367241
II.	334 ,95	+ 0 ,5	334 ,95	121 ,6	0 ,25	99 ,92	1,36128	0,365032
III.	335 ,29	+ 5 ,0	335 ,33	128 ,0	0 ,75	99 ,95	1,36237	0,366033
IV.	339 ,36	+ 0 ,5	339 ,45	123 ,75	0 ,75	100 ,28	1,36371	0,366164
X.	333 ,38	+ 6 ,25	332 ,92	129 ,9	0 ,75	99 ,75	1,36352	0,367899
XIV.	332 ,51	+ 5 ,9	332 ,51	127 ,93	0 ,75	99 ,70	1,36140	0,365948
XV.	333 ,90	+ 2 ,5	333 ,65	124 ,4	0 ,75	99 ,81	1,36243	0,366596
XIX.	342 ,87	— 6 ,5	341 ,70	117 ,3	0 ,75	100 ,47	1,36539	0,367154
								Mittel 0,366508
				Wasserstoff.				
V.	336''',314	— 2''',85	336''',464	117''',5	0''',75	100°,03	1,36217	0,365530
VIII.	333 ,33	+ 0 ,25	332 ,83	121 ,0	0 ,75	99 ,74	1,36129	0,365701
XII.	333 ,2	— 6 ,5	335 ,32	109 ,33	1	99 ,94	1,36214	0,365829
XIII.	332 ,67	— 5 ,75	332 ,93	111 ,69	1	99 ,73	1,36113	0,365577
								Mittel 0,365659

[21]

No.	H	h	H'	h'	e	T	$\frac{H'+h'-e}{H+h-e}$	$\left[\frac{H'+h'-e}{H+h-e}\left(1+\frac{T\delta}{100}\right)-1\right]\frac{100}{T}$
				Kohlensäure.				
VI.	334''',05	+ 7''',0	334''',05	130''',94	0''',8	99°,84	1,36426	0,368319
VII.	333 ,55	+ 7 ,5	333 ,49	131 ,71	0 ,8	99 ,80	1,36487	0,369078
XI.	333 ,38	+ 2 ,0	333 ,45	123 ,7	1	99 ,79	1,36417	0,368404
XIII.	342 ,92	— 2 ,25	342 ,88	123 ,00	1 ,5	100 ,57	1,36916	0,370547
								Mittel 0,369087
				Schweflige Säure.				
IX.	340''',423	+ 1''',75	340''',246	134''',16	1''',00	100°,35	0,38758	0,389761
XVI.	334 ,03	+ 3 ,4	334 ,77	130 ,5	1	99 ,90	0,37999	0,383884
XVII.	343 ,03	0 ,0	343 ,13	130 ,34	1 ,5	100 ,59	0,38193	0,383209
								Mittel 0,385618

[22] Die ersten fünf Spalten enthalten die Werthe von h, H, h', H' und e in Par. Linien und mit Hülfe der oben erwähnten *Schumacher*'schen Tafeln auf 0° reducirt, die sechste Spalte enthält die aus dem Barometerstande h' berechnete Temperatur T, die siebente enthält die Ausdehnung der Luft von 0° bis T ohne Rücksicht auf die Ausdehnung des Glases oder $\frac{H' + h' - e}{H + h - e}$, und endlich die achte Spalte diese Ausdehnung von 0° bis 100° mit Berücksichtigung der Ausdehnung des Glases.

Die Versuche sind nicht nur mit atmosphärischer Luft, sondern auch mit Wasserstoff, Kohlensäure und schwefliger Säure angestellt. Ich habe gerade diese Gase gewählt, weil die schweflige Säure vor allen andern Gasen bei dem niedrigsten Drucke tropfbar flüssig wird, und ausserdem Wasserstoff die leichteste und Kohlensäure eine der schwersten Gasarten ist.

Die Tafel zeigt, dass die Ausdehnung der trocknen atmosphärischen Luft im Mittel 0,366508, die des Wasserstoffgases 0,365659, der Kohlensäure 0,369087 und des schwefligsauren Gases 0,385618 ist.

Es darf nicht unerwähnt bleiben, dass bei jeder neuen Füllung auch stets eine neue Röhre angewendet wurde. Mit derselben Füllung sind bei der atmosphärischen Luft die Versuche I und II, ferner III, IV, X und endlich XV und XIX angestellt, so dass die Versuche mit vier verschiedenen Füllungen vorgenommen wurden. Um sicher zu sein, dass die Luft keine ungewöhnlich grosse Menge Kohlensäure enthalte, da in dem Zimmer Kohlenfeuer war, um das Wasser im Kasten NU zu kochen, so wurde die Luft bei den Versuchen XV und XIX mittelst gläserner Röhren aus einem freien grossen Hof in den Apparat geleitet.

Bei dem Wasserstoff sind die Versuche V und VIII und ebenso die Versuche XII und XIII mit derselben Füllung vorgenommen. Für beide Füllungen war das [23] Gas aus Zink mittelst Schwefelsäure entwickelt, zunächst durch caustisches Kali und dann durch Kalkwasser geleitet; durch letzteres, um sicher zu sein, dass es frei von Kohlensäure sei. Darauf wurde es durch eine drei Fuss lange, mit geschmolzenem Chlorcalcium gefüllte Röhre getrocknet.

Bei der Kohlensäure sind nur die Versuche VI und VIII mit derselben Füllung vorgenommen. Für alle drei Füllungen wurde die Kohlensäure aus doppeltkohlensaurem Natron mittelst Schwefelsäure entwickelt und durch eine Auflösung desselben Salzes geleitet, um die etwa mit übergerissenen Dämpfe von Schwefelsäure zurückzuhalten. Für die beiden ersten Füllungen wurde das Gas durch eine drei Fuss lange Chlorcalciumröhre getrocknet, für den Versuch XVIII war sie 48 Stunden mit Chlorcalcium in Berührung gewesen.

Bei der schwefligen Säure haben drei Füllungen stattgefunden, für alle drei war das Gas aus Schwefelsäure und Quecksilber entwickelt. Für die erste (Versuch IX) wurde es durch eine Auflösung von schwefligsaurem Kali geleitet, um die mit übergerissene Schwefelsäure zurückzuhalten, und dann durch eine vier Fuss lange Röhre mit Chlorcalcium getrocknet. Die grössere Ausdehnung dieser Gasart als der übrigen liess mich befürchten, dass sie nicht hinreichend getrocknet worden. Für die zweite Füllung (Versuch XVI) wurde deshalb das Gas nicht durch die Auflösung von schwefligsaurem Kali, sondern statt dessen durch eine sechs Fuss lange enge Glasröhre geleitet, die beständig kalt erhalten wurde, und dann durch die Chlorcalciumröhre getrocknet. Endlich für die dritte Füllung (Versuch XVIII) war das Gas 48 Stunden über Chlorcalcium aufbewahrt worden.

Die verschiedene Art der Füllung scheint ohne allen Einfluss zu sein. Aber ganz entschieden zeigt es sich, dass die Ausdehnung der Kohlensäure etwas grösser als die der atmosphärischen Luft ist, und dass die der [24] schwefligen Säure noch grösser als die der Kohlensäure ist. Auch scheint die des Wasserstoffgases geringer als die der atmosphärischen Luft zu sein. Die Unterschiede sind zwar nur gering, aber sie zeigen sich doch bei jedem einzelnen Versuche (ich brauche wohl nicht zu erwähnen, dass ich keinen unterschlagen habe).

Es ist also das allgemeine Gesetz der vollkommenen Gleichheit der Ausdehnung aller Gasarten in aller Strenge nicht richtig.

Wovon die kleinen Verschiedenheiten herrühren, wage ich nicht mit Bestimmtheit zu sagen, wahrscheinlich aber haben sie ihren Grund darin, dass die leicht compressibeln Gasarten dem *Mariotte*'schen Gesetze nicht vollständig folgen. Denn die Abweichungen von diesem Gesetze finden nicht nur in der nächsten Nähe des Condensationspunktes statt, sondern erstrecken sich auch noch, nach den Versuchen von *Oerstedt* und *Despretz*, die ich selbst wiederholt habe, bis zu einem

Drucke, der um einige Atmosphären niedriger ist als der, bei welchem die Gasart tropfbar flüssig wird. Möglich wäre es auch, dass die verschiedenen Gasarten sich verschieden ausdehnen, und hierfür sprechen die Unterschiede zwischen Wasserstoff und atmosphärischer Luft, denn bei diesen Gasarten, deren Condensationspunkt so weit entfernt liegt, kann man keine Abweichung vom *Mariotte*'schen Gesetze annehmen. Die Bestimmung der Ausdehnung von Dämpfen tropfbarer Flüssigkeiten würde hierüber am ersten Aufschluss gewähren, und ich beabsichtige deshalb, diese zunächst zu untersuchen

Aber abgesehen von diesen kleinen Verschiedenheiten der Ausdehnungscoëfficienten der verschiedenen Gase, so liegen sie doch alle sehr nahe bei 0,366 und zeigen also, dass der Coëfficient 0,375 in keinem Falle richtig ist.

Hr. *Rudberg* hat bei seinen Versuchen für die Ausdehnung der atmosphärischen Luft im Mittel bei der [**25**] ersten Arbeit 0,3647 und bei der zweiten 0,36457 oder im Mittel von beiden 0,36463 erhalten, ich hingegen 0,3665, wobei bemerkenswerth ist, dass der kleinste Werth, den ich erhalten habe, noch immer 0,3650 ist. Die Verschiedenheit zwischen beiden Resultaten wird aber noch grösser, wenn man bedenkt, dass die von Hrn. *Rudberg* gefundene Zahl die Ausdehnung bezeichnet von 0° bis zur Temperatur des kochenden Wassers unter $0^{m},76$ Druck, und die, welche ich erhalten, die Ausdehnung bis zur Temperatur des kochenden Wassers unter dem Druck von 28 Zoll Par. Diese beiden Temperaturen sind aber verschieden, denn 0,76 Meter = 28 Zoll 0,905 Linien, und daher ist die Temperatur, bei welcher das Wasser unter dem letzteren Drucke kocht, gleich 100°075, wenn die, bei welcher es unter dem Druck von 28 Zoll kocht, gleich 100° gesetzt wird. Es ist folglich die Ausdehnung in dem Verhältniss dieser Temperaturen grösser, oder man erhält die Ausdehnung für die Temperatur 100°,075, wenn man die für 100° mit 1,00075 multiplicirt. Alsdann wird das Mittel aus meinen Versuchen 0,366782.

Ich glaube Alles versucht zu haben, um meine Resultate mit denen eines so geschickten und umsichtigen Experimentators, wie Hr. *Rudberg*, in vollkommene Uebereinstimmung zu bringen. Doch geben seine Versuche so constant einen kleineren und die meinigen so constant einen höheren Werth, dass ich die Verschiedenheit nicht in einem Beobachtungsfehler suchen möchte. Man könnte vermuthen, dass sie in der Art der Temperaturbestimmungen ihren Grund habe, darin nämlich, dass die Temperatur des schmelzenden Eises bei meinen Versuchen zu gering oder die des kochenden Wassers zu hoch war. Abgesehen davon, dass ich alle Aufmerksamkeit auf die Bestimmung dieser Temperaturen verwandt habe, stimmt die anscheinende Ausdehnung des Quecksilbers, wie sie aus den Versuchen des Hrn. *Rudberg* hervorgeht, nämlich [**26**] 0,015454, so vollkommen mit der, welche ich für dieselbe Temperaturdifferenz gefunden habe, nämlich 0,015442, dass der Unterschied in der Temperatur, wenn wir beide reines Quecksilber angewendet haben, höchstens 0°,1 betragen haben kann, während der Unterschied der Coëfficienten 0,3650 und 0,3667 für die Ausdehnung der Luft eine Verschiedenheit der Temperatur von fast 0°,5 voraussetzt.

Man könnte ferner glauben, dass der Fehler in dem Apparate, und namentlich in einer Unrichtigkeit der Scale *DE* zu suchen sei. Ich habe dieselbe mit einem guten Etalon verglichen, nach dem hier die Barometer gefertigt werden, und mit diesem stimmt sie genau überein. Denn der Fehler dieser Scale müsste fast 0‴,5 Par. betragen, wenn von ihm allein die Abweichung der gefundenen Werthe herrühren sollte. Endlich könnte man einen constanten Fehler in der Berechnung der Resultate vermuthen. Indess habe ich bei meinen Rechnungen dieselben Formeln als Hr. *Rudberg* zu Grunde gelegt, und glaube ausserdem keinen Rechnungsfehler begangen zu haben, denn ich habe alle Rechnungen durch einen Andern gleichzeitig ausführen und dadurch die meinigen controlliren lassen. Die einzige Verschiedenheit, die zwischen meinen und Hrn. *Rudberg*'s Rechnungen stattfindet, ist die Art der Reduction der Barometerstände, bei der Hr. *Rudberg*[1]) für die Ausdehnung des Messings einen anderen, von ihm selbst gefundenen Coëfficienten benutzt hat, als Hr. *Schumacher* in den oben erwähnten Tafeln. Diese Verschiedenheit ist jedoch so gering, dass sie ganz ohne allen Einfluss auf das Resultat bleibt.

Hiernach ist kaum noch etwas übrig, worin die Verschiedenheit der Resultate, die sich bei beiden Untersuchungen so bestimmt herausstellt, zu suchen wäre, wenigstens habe ich bis jetzt nichts auffinden können, [**27**] vielleicht dass es mir gelingt, bei der Fortsetzung dieser Arbeit, die ich keineswegs als geschlossen betrachte, den Grund dieser Abweichung zu entdecken.

1) Kongl. Vetenscaps Academiens Handlingar 1837, p. 172.

[5]

Untersuchung über die Ausdehnung der Gase

von

V. Regnault.

Erster Theil.

Ueber die Ausdehnung der atmosphärischen Luft.

Es giebt in der Physik kein numerisches Element, welches öfter untersucht worden ist als der Ausdehnungscoëfficient der Luft, und dennoch können wir nicht sagen, dass derselbe bisher mit hinreichender Genauigkeit bekannt gewesen sei. Die Versuche der älteren Physiker haben so abweichende Zahlen geliefert, dass sich nichts daraus herleiten lässt. Die schönen Versuche von Hrn. *Gay-Lussac* schienen dieser Unsicherheit für immer ein Ende zu machen. Sie zeigten, dass der Coëfficient zwischen 0° und 100° C. gleich ist für alle Gase und selbst für die Dämpfe, ein wenig entfernt von ihrem Verdichtungspunkt, und dass er 0,375 betrage. Dieser Werth wurde [6] von allen Physikern angenommen und angewandt, bis in den letzten Jahren Hr. *Rudberg*, ein schwedischer Physiker, Zweifel an dessen Richtigkeit erhob. Durch eine Reihe sorgfältig angestellter Versuche zeigte derselbe, dass der *Gay-Lussac*'sche Coëfficient zu gross sei und der wahre Werth des Coëfficienten zwischen 0,364 und 0,365 liege*).

[13] Demnach wäre, gemäss den Versuchen von *Rudberg*, der lange von den Physikern angenommen gewesene

---

*) [Es folgt nun ein Auszug aus den oben S. 41 bis 66 abgedruckten Arbeiten *Rudberg*'s, welcher hier fortgelassen werden konnte. D. H.]

Ausdehnungscoëfficient der Luft viel zu gross. Darf die Zahl 0,3646, welche das mittlere Resultat von *Rudberg*'s Versuchen ist, von nun an bei den physikalischen Rechnungen zugelassen werden? Es scheint mir, dass neue Versuche nöthig seien, um alle Zweifel in dieser Hinsicht zu heben. Ich habe nicht angestanden, solche zu unternehmen, überzeugt, dass dieselben, selbst wenn sie nur die Resultate des geschickten schwedischen Physikers bestätigten, einigen Nutzen für die Wissenschaft haben würden.

Ich habe meine Versuche auf viererlei Weise angestellt.

Erste Reihe von Versuchen.

Sie wurde nach einer Methode angestellt, ähnlich der, welche *Rudberg* bei seiner ersten Arbeit anwandte und die übrigens dieselbe ist, nach welcher *Dulong* und *Petit* das Quecksilberthermometer mit dem Luftthermometer verglichen. Nur ersetzte ich die kleine Kugel von *Rudberg*, die nicht mehr als 150 bis 200 g Quecksilber enthielt, durch cylindrische Behälter von 25 bis 30 mm Durchmesser und etwa 110 mm Länge, die 800 bis 1000 g Quecksilber fassten. Ich zog die cylindrische Form der sphärischen vor, weil sie nicht, wie diese, Refractionswirkungen hervorbringt, die, wenn man von weitem mittelst Fernrohrs die gehobenen Quecksilbersäulen misst, zu merklichen Fehlern Anlass geben können. Es schien mir auch, als sei es zweckmässig, den Luftbehälter geräumiger zu nehmen.

Der cylindrische Behälter *AB* (Fig. 1) endigt in einer thermometrischen Röhre *ACD*, successive von 0,5 bis 2 mm innerem Durchmesser, die zu einer feinen Spitze ausgezogen und am Ende rechtwinklig gekrümmt war.

[**14**] Dieser Apparat ist mittelst eines Pfropfens *E* in den Deckel *KK'* eines weissblechernen Gefässes *V* eingelassen, in welchem man Wasser zum Kochen bringt. Der im untern Theile des Gefässes gebildete Dampf ist genöthigt, durch den ringförmigen Raum *LL'* zu gehen, welcher bezweckt, die Abkühlung desselben durch den Contact mit der äussern Luft zu verhindern, ehe er durch das Seitenrohr *M* entweicht. In *N* findet sich eine Tubulatur und unmittelbar dahinter in der inneren Wand ein kleines kreisrundes Loch *O*; mittelst eines Pfropfens befestigt man in der Tubulatur ein gekrümmtes Glasrohr *F*, welches als Manometer dient. Eins der offenen Enden

desselben geht durch das Loch *O* und befindet sich sonach in unmittelbarer Berührung mit dem Innern des Gefässes; das andere gemeinschaftet mit der Luft. Die in seinen beiden senkrechten Zweigen enthaltene Wassersäule zeigt durch ihre Niveauunterschiede, ob der Druck innen und aussen derselbe sei; der Behälter *AB* und dessen Thermometerröhre befindet sich demnach vollständig vom Dampfe des siedenden Wassers eingeschlossen.

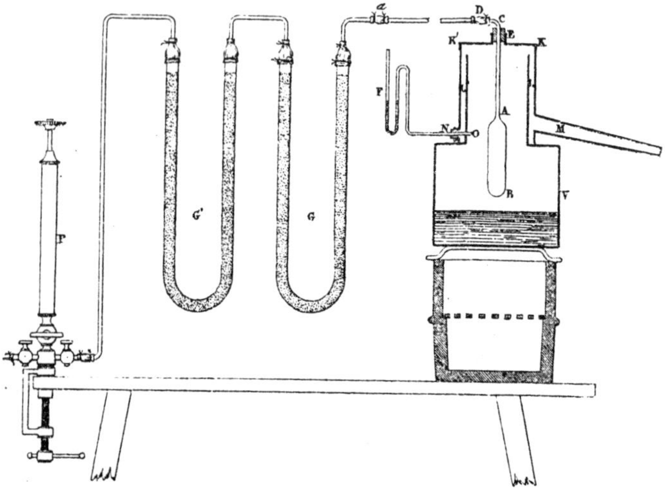

Fig. 1.

Wenn das Wasser in vollem Kochen ist, fügt man mittelst einer Kautschukröhre an die Thermometerröhre einen Trockenapparat. Dieser Apparat besteht aus gekrümmten Röhren *G*, *G'*, jede etwa von 1 m Länge und 20 mm Durchmesser. Diese Röhren sind mit zerstossenen und mit concentrirter Schwefelsäure benetzten Bimsteinstücken gefüllt, durch Kautschukröhren mit einander verknüpft und mit einer kleinen Handluftpumpe *P* verbunden. Mittelst dieser Pumpe macht man den Apparat 20 bis 30 Mal luftleer und lässt dabei, durch zweckmässiges Oeffnen der Hähne, die Luft sehr langsam wieder einströmen. Zuletzt öffnet man die Hähne vollständig, damit die Luft des Behälters in freie Gemeinschaft mit der Atmosphäre komme.

Man lässt nun den Apparat eine halbe bis ganze Stunde

stehen und löst dann den Trockenapparat ab. [15] Da man fürchten könnte, dass der Bimstein sich zufällig an einigen Stellen in den Röhren G, G' angehäuft hätte und somit die dazwischen befindliche Schwefelsäure ein zusammenhängendes Hinderniss für den Eintritt der Luft abgäbe, diese also einen verstärkten Druck erforderte, um in den Behälter zu gelangen, so traf ich immer die Vorsicht, zuvörderst das Kautschukrohr a abzulösen. Es ist klar, dass auf diese Weise, selbst wenn die Luft des Behälters sich unter einem etwas geringeren Druck als der der Atmosphäre befände, doch die zwischen a und D vorhandene ausgetrocknete Luft in den Behälter dringen und das Gleichgewicht herstellen würde. Bei meinen Versuchen war diese Vorsicht überflüssig, weil der Bimstein mit der Schwefelsäure nur getränkt war. Man löste hierauf das Kautschukrohr D ab, und liess den Apparat einige Minuten in unmittelbarer Gemeinschaft mit der Atmosphäre stehen. Endlich schmolz man die Thermometerspitze vor dem Löthrohre zu und zeichnete zugleich den Barometerstand auf. Somit war der Behälter AB gefüllt mit trockner Luft von der Temperatur des Dampfes und unter dem Druck der Atmosphäre.

Der Behälter AB wurde nun aus dem Kessel genommen und auf dem Gestell Fig. 2 befestigt. Dies besteht aus einer kreisrunden Platte EE', versehen mit einer Oeffnung O in der Mitte und getragen von drei senkrechten Füssen P, P', P'', die, der grössern Festigkeit wegen, unten durch den Metallring QQ' verbunden sind. Um die Oeffnung stehen symmetrisch drei schiefe Metallstifte, oben versehen mit einzuschraubenden Kugeln. Auf diesen Kugeln ruht der Luftbehälter, und dessen thermometrischer Stiel ist in der Oeffnung mittelst eines Pfropfens befestigt. Mittelst der Schraube V in dem beweglichen Riegel MN giebt man ihm einen grösseren Halt.

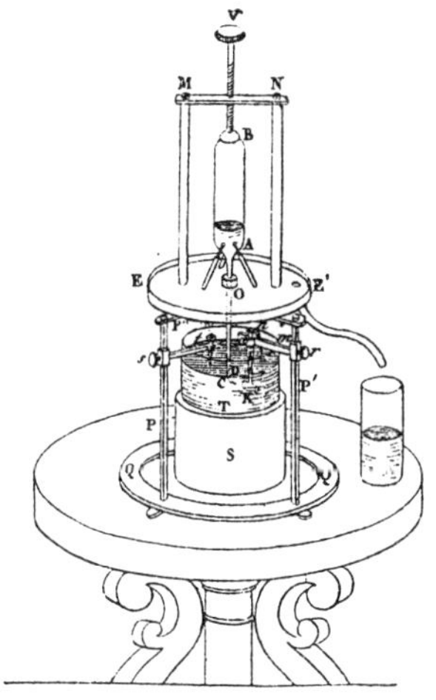

Fig. 2.

An einem der senkrechten Füsse P' befindet sich ein

Querriegel mn, der ein bewegliches Stück A trägt, das in Fig. 3 vergrössert dargestellt ist. Dies besteht aus einem eisernen [16] Löffel K, befestigt an einem eisernen Stiel fg, welchen man in dem Stück $abcd$ beliebig heben und senken kann. Dieses Stück ist verschiebbar auf dem horizontalen Arm mn, welcher seinerseits, mittelst der Schraube r, in verschiedenen Höhen an dem Fusse P' befestigt werden kann.

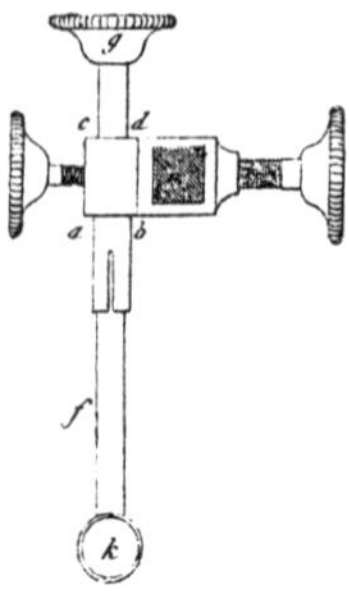

Fig. 3.

An einem andern Fusse P sitzt mittelst einer Hülse und Schraube ein horizontales Stück st, welches eine Schraube trägt, die oben und unten in eine etwas abgerundete Spitze endigt.

Der Behälter ist dergestalt in dem Apparat befestigt, dass der gekrümmte Theil CD des Thermometerrohrs genau gegen den Fuss P' gerichtet ist, und man bezeichnet an diesem Fuss P' die Höhe, in welcher das bewegliche Stück mn befestigt werden muss, damit der Mittelpunkt des kleinen Löffels K sich genau in der Höhe und in der Richtung des gekrümmten Theiles CD befinde.

Hierauf bringt man den Apparat über eine kleine Schale mit Quecksilber, so, dass das Thermometerrohr wenigstens 5 bis 6 cm tief in das Quecksilber eintaucht. Zuvor hat man mittelst einer sehr feinen Feile einen Strich auf den Stiel CD gemacht, da, wo man ihn abbrechen will. Nun bricht man die Spitze mittelst einer kleinen Zange ab; das Quecksilber dringt in das Thermometerrohr und steigt bis zu einer gewissen Höhe in den Behälter; man umgiebt diesen nun mit Schnee oder fein gestossenem Eise und lässt den Apparat eine oder anderthalb Stunden ruhig stehen, damit er genau die Temperatur des schmelzenden Eises annehme. Zuvor lässt man den Löffel bis zur richtigen Höhe in das Quecksilber hinunter. Von Zeit zu Zeit giebt man dem Apparat kleine Stösse, damit die Widerstände, welche das Quecksilber beim Aufsteigen in dem Thermometerrohre etwa erleidet, überwunden werden.

Nun lässt man den Löffel längs seinem Arme fortrücken, bis die Oeffnung des Haarröhrchens in das Wachs eindrückt, und zugleich [17] zeichnet man genau den Barometerstand auf. Man lässt das Stück st längs dem Fuss P hinab und bringt die Spitze der Schraube genau mit dem Quecksilber ins Niveau. Man schafft das den Behälter umgebende Eis vollständig fort und lässt die gehobene Quecksilbersäule sich mit der Temperatur der umgebenden Luft in Gleichgewicht setzen.

Es handelt sich nun darum, die Höhe des aufgestiegenen Quecksilbers zu messen. Dazu bediene ich mich eines Kathetometers von Hrn. *Gambey*, der durch seinen Vernier unmittelbar 0,02 mm ablesen lässt. Man visirt mit dem horizontalen Fernrohr nach dem Niveau des Quecksilbers[1]) in der Röhre AB, lässt dann das Fernrohr herunter und visirt nach der oberen Spitze der Schraube. Addirt man nun zu dem so erhaltenen Niveauunterschied den zuvor mit demselben Instrumente gemessenen Abstand zwischen den beiden Spitzen der Schraube, so hat man die gesammte Höhe des aufgestiegenen Quecksilbers. Gewöhnlich visirte ich direct nach der unteren Spitze der Schraube, nachdem ich die Schale T gesenkt hatte, was leicht durch Fortnahme der Unterlage S geschah.

Man nimmt nun den Behälter AB mit dem gehobenen Quecksilber fort, wägt ihn, füllt ihn dann ganz mit Quecksilber, kocht dieses, um Luft und Feuchtigkeit vollständig auszutreiben, und umgiebt ihn mit Eis, dabei die Spitze in eine mit Quecksilber gefüllte Schale haltend. Nach Verlauf von anderthalb bis zwei Stunden, wenn man sicher ist, dass das Quecksilber an der Mündung der Spitze vollkommen stationär geworden, entfernt man das Eis und sammelt das Quecksilber, welches vermöge der Ausdehnung zum Apparat heraustritt, in einer kleinen Schale. Man hängt hierauf den Behälter in demselben [**18**] Siedeapparat auf, der zur Ausdehnung der Luft gedient hat, und fängt das ausfliessende Quecksilber in einem Schälchen auf. Zugleich zeichnet man den Barometerstand zur Zeit des Siedens an. Man wägt das in dem Schälchen aufgefangene Quecksilber, sowie den Behälter mit dem noch darin vorhandenen Quecksilber. Sonach kennt

---

1) Bei Visirung mit dem Fernrohr nach dem oberen Umriss des Meniscus hat man sich wohl in Acht zu nehmen, dass man nicht durch Reflexionswirkungen der krummen Fläche des Quecksilbers zu Fehlern verleitet werde. Am sichersten schien mir das Verfahren, hinter dem Meniscus, in Richtung des nach demselben gehenden Strahls, eine Lichtflamme zu stellen, so dass sich der Meniscus mit schwarzem Umriss auf diese Flamme projicirt.

man das Gewicht Quecksilber von 0°, welches das Volum des Behälters bei 0° vollständig füllt, und hat alle nothwendigen Angaben um 1) die Ausdehnung der Hülle und 2) die Ausdehnung der darin enthaltenen Luft zu berechnen.

Sei H der Barometerdruck zur Zeit, da man die ausgezogene Spitze der Röhre vor dem Löthrohre zublies; T die Siedetemperatur des Wassers unter diesem Druck; H' der Barometerdruck, als man die unter Quecksilber getauchte Spitze mit Wachs verschloss; h die Höhe des aufgestiegenen Quecksilbers; P das Gewicht desselben; P' das Gewicht des Quecksilbers von 0°, welches den Apparat bei 0° füllt; p das Gewicht des Quecksilbers, welches durch die Ausdehnung von der Temperatur des schmelzenden Eises bis zum Siedepunkt $T_{,}$ des Wassers, unter dem Druck $H_{,}$, ausgetreten ist; endlich $100\,\delta$ die Ausdehnung der Räumlichkeit des Glases von 0° bis 100° C., und $100\,\alpha$ die Grösse, um welche sich ein trocknes Luftvolumen Eins innerhalb derselben Grenzen ausdehnt.

Vorausgesetzt, der Einfachheit wegen, die Höhen H, H', h seien auf 0° reducirt, so haben wir zur Bestimmung von δ die Gleichung:

$$(P' - p)\left(1 + \frac{T_{,}}{5550}\right) = P'(1 + \delta T_{,}),$$

woraus:

$$\delta = \frac{(P' - p)\left(1 + \frac{T_{,}}{5550}\right) - P'}{P' T}$$

und zur Bestimmung von α:

$$(P' - P)(1 + \alpha T)\frac{H' - h}{H} = P'(1 + \delta T),$$

[19] woraus:

$$1 + \alpha T = \frac{P'(1 + \delta T) H}{(P' - P)(H' - h)}.$$

Als ich meine Versuche auf die beschriebene Weise anstellte, gewahrte ich bald eine sehr ernste Fehlerquelle. Beim Abbrechen der Spitze des thermometrischen Rohrs unter

Quecksilber fand ich nämlich, dass, selbst wenn die Spitze fast ein Decimeter unter Quecksilber war, immer eine kleine Luftmenge aufgesogen ward, die sich der Luft im Behälter hinzufügte. Das Quecksilber benetzt nicht das Glas; zwischen beiden bleibt immer ein kleiner, wahrscheinlich mit Luft gefüllter Raum. In dieser Scheide wird die Luft während der Aufsteigung des Quecksilbers aufgesogen, wie man dies zuweilen an ganzen Luftblasen sieht, die als Stempel wirkend sich in der Thermometerröhre erheben.

Ich hatte anfangs viele Mühe, dies Eintreten der äusseren Luft zu entfernen; endlich gelang es, indem ich den in Quecksilber getauchten Theil der Röhre mit mehreren kleinen Scheiben aus einer leicht vom Quecksilber nässbaren Substanz, wie blankes Messing, umgab. Um völlig gegen diese Fehlerquelle gesichert zu sein, verband ich damit noch ein anderes Mittel; vor dem Abbrechen der Spitze und nach Anfassen derselben mit der Zange goss ich nämlich auf das Quecksilber eine Schicht concentrirter Schwefelsäure. Sobald der Behälter durch das Eis auf Null gebracht ist, nimmt man diese Schicht Säure fort, reinigt die Oberfläche des Quecksilberbades und lässt dann das Stück *Kn* hinab.

Es ist auch wichtig, dass die Eisenzange, mit welcher man die Spitze der thermometrischen Röhre abbricht, immer etwas entfernt bleibe von dem mit der Feile auf den Stiel gemachten Strich, wo der Bruch geschieht. Sonst, wenn die Mündung der thermometrischen Röhre mit der Zange in Berührung kommt, sieht man in der Röhre noch eine kleine Blase aufsteigen, die von der an der Zange haften gebliebenen Luft herrührt.

In folgender Tafel vereinige ich die Resultate von 14 nach diesem Verfahren angestellten Versuchen:

[20]

No.	H	H'	h	P	P'	T
	mm	mm	mm	g	g	°
1	760,03	760,57	111,02	856,145	119,915	100,00
2	759,67	755,72	98,67	770,465	116,780	99,99
3	750,40	749,81	99,82	805,75	121,60	99,64
4	744,61	744,78	100,60	800,27	120,19	99,43
5	747,99	748,79	106,35	790,69	114,31	99,55
6	751,48	752,68	102,32	913,48	137,74	99,68
7	763,27	763,27	97,45	855,24	136,318	100,13
8	765,34	765,00	102,50	854,86	130,60	100,20
9	764,14	763,92	102,87	805,14	122,79	100,16
10	763,34	763,62	102,17	854,79	131,10	100,13
11	754,55	752,34	105,80	790,49	113,364	99,80
12	750,29	750,57	68,48	853,82	163,794	99,64
13	751,94	751,72	74,91	769,452	141,710	99,70
14	764,62	764,50	122,31	853,447	108,417	100,18

No.	$H_{,}$	$T_{,}$	p	$100\,\delta$	$1 + 100\,\alpha$
	g	°	mm		
1	760,60	100,02	12,870	0,002714	1,36556
2	753,75	99,77	11,665	0,002576	1,36626
3	753,75	99,77	11,665	0,002650	1,36659
4	744,60	99,43	12,050	0,002601	1,36579
5	748,20	99,56	11,931	0,002592	1,36625
6	748,20	99,56	11,931	0,002680	1,36549
7	763,30	100,13	13,015	0,002544	1,36673
8	765,30	100,20	13,025	0,002537	1,36634
9	764,10	100,16	12,225	0,002583	1,36689
10	763,51	100,14	13,005	0,002548	1,36610
11	754,50	99,80	11,942	0,002607	1,36671
12	754,50	90,80	11,942	0,002570	1,36591
13	750,86	99,66	11,633	0,002576	1,36641
14	768,63	100,32	13,008	0,002551	1,36673
				Mittel	1,36623

[21] Das Mittel aus den Resultaten der 14 Versuche ist: 1,36623; der Unterschied zwischen den beiden Extremen 1,36689 und 1,36549 beträgt: 0,00140, d. h. höchstens ein Tausendstel der zu messenden Grösse.

Die Resultate der 14 Versuche sind sämmtlich grösser als das Mittel 1,3646 aus den nach einem ganz ähnlichen Verfahren angestellten Versuchen *Rudberg*'s. Ich glaube, dieser Unterschied kann davon herrühren, dass bei den *Rudberg*'schen Versuchen das Phänomen der Aufsteigung der äussern Luft stattfand. Ich kann schwerlich glauben, dass bei seiner Operationsweise diese Fehlerquelle nicht aufgetreten sei; überdies ist sie ihm offenbar entgangen, da er nicht von ihr spricht.

Die aus dieser Aufsteigung entspringenden Fehler sind desto beträchtlicher, je kleiner das Luftvolum ist, mit dem man arbeitet. Es gelang mir nicht sogleich, dieses Aufsteigen zu vermeiden, ich bin überzeugt, dass es bei meinen ersten Versuchen noch einen merklichen Einfluss ausgeübt hat und dadurch einige meiner Zahlen zu klein ausgefallen sind. Was mich in dieser Meinung bestätigt, ist: dass ich von da an, wo das Aufsteigen unmöglich gemacht war, keine geringere Zahl als 1,3658 erhielt.

Zweite Versuchsreihe.

Die Methode, nach welcher die Versuche dieser zweiten Reihe angestellt wurden, war wenig verschieden von der bei der ersten Reihe befolgten; allein der Apparat war so eingerichtet, dass das zum Versuch genommene Luftvolum beinahe dasselbe blieb bei der Temperatur des schmelzenden Eises und [22] der des siedenden Wassers, so dass alle Wirkung der Ausdehnung durch Wärme in eine Veränderung der Spannkraft umgewandelt war.

Ein Glasballon, 350 bis 400 ccm fassend, ist an eine thermometrische Röhre von etwa 38 cm Länge angeschmolzen und an diese wiederum, 11 cm von dem Ballon, ein 50 mm langes Stück einer sehr regelmässigen Röhre von so grossem Durchmesser, dass sie nur eine sehr schwache Capillarwirkung ausüben kann. Am andern Ende ist das thermometrische Rohr zu einer Spitze ausgezogen und rechtwinklig umgebogen.

Zunächst war nun dieser Apparat genau zu aichen und sein Ausdehnungscoëfficient zu bestimmen. Zu dem Ende musste man ihn bei 0° vollständig mit Quecksilber füllen. Das ist, wie alle Physiker begreifen werden, eine kitzliche Operation, denn es handelt sich um nichts Geringeres, als um die Construction eines Thermometers, dessen Behälter ungefähr 5 kg Quecksilber fasst.

Um das Quecksilber in die Kugel zu bringen, verband man dieselbe mittelst Kautschuk D (Fig. 4) mit einer gekrümmten und an einem Gestell befestigten Röhre DE, in welche man das Quecksilber goss. Wenn das Kaliber der thermometrischen Röhre nicht zu fein ist, füllt sich die Kugel bis zu drei Vierteln leicht, ohne dass man durch das Rohr *E* zu saugen braucht; allein um die Füllung zu vollenden ist man genöthigt, einige Male durch das Rohr *E* zu saugen. Am besten ist es, diese Röhre mit der kleinen Pumpe der Fig. 1 in Verbindung zu setzen. So vollendet man die Füllung in sehr kurzer Zeit.

Jetzt muss man das Quecksilber sieden lassen. Zu dem Ende setzt man die Kugel *A* auf einen hohlen Rost *GG'*, oberhalb des kleinen Ofens *F* (Fig. 5), giebt dabei der ther-

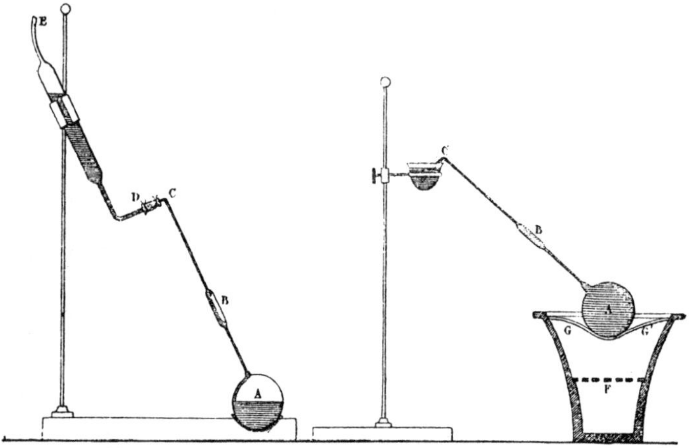

Fig. 4. Fig. 5.

mometrischen Röhre eine Neigung von etwa 45° und taucht deren gekrümmte Spitze *CD* in eine Schale voll recht reinen Quecksilbers. Man legt zuvörderst einige Kohlen in den Ofen, unter den Rost, dann nach und nach einige auf den [**23**] Rost und auf die Kugel, und endlich bedeckt man letztern ganz mit glühenden Kohlen. Wenn das Quecksilber in der Kugel sich dem Siedepunkt nähert, erhitzt man das Quecksilber in der Schale *D* mit einer Weingeistlampe, und mit einer zweiten solchen Lampe erhitzt man vorsichtig die thermometrische Röhre ihrer ganzen Länge nach. Sobald das Quecksilber in der Kugel zu sieden beginnt, muss man die Operation mit der grössten Sorgfalt beaufsichtigen; denn wenn das Sieden zu lebhaft wird, wenn die Quecksilberdämpfe ein zu grosses Volum flüssigen Quecksilbers aus der Kugel treiben, ist es fast unmöglich zu verhüten, dass der Apparat im Moment, wo das Sieden aufhört und das Quecksilber wieder in die Kugel tritt, zertrümmert wird. Es entstehen dann sehr lebhafte Stösse, Rückschläge, die gewöhnlich den gekrümmten Theil *CD* der thermometrischen Röhre weit fortschleudern.

So wie man demnach das Quecksilber im Ballon sieden sieht, muss man sich beeilen, einen Theil der Kohlen fortzunehmen, um die Operation so regelmässig wie möglich zu machen. Wenn man glaubt, die Feuchtigkeit sei vollständig ausgetrieben, oder selbst wenn das Volum des Quecksilberdampfes etwas beträchtlich geworden ist, nimmt man die Kohlen gänzlich fort. Das Quecksilber fliesst dann in den Apparat zurück, und da es zuvor in der Schale erwärmt worden ist, so zertrümmert es die thermometrische Röhre nicht, was sonst unfehlbar geschehen würde. Ist die Kugel wiederum gefüllt, so sieht man nach, ob noch eine Spur von Feuchtigkeit zurückgeblieben sei; ist dies der Fall, so muss das Sieden wiederholt werden. Im Allgemeinen ist es besser, das Sieden mehrmals zu wiederholen, als es lange fortzusetzen; so verhindert man leichter das Zerbrechen des Apparats.

Wenn der Ballon ganz mit Quecksilber gefüllt ist, lässt man ihn auf die Temperatur der Luft erkalten und umhüllt ihn dann mit einer dicken Lage von Eis. Es bedarf mehrerer Stunden, damit die Quecksilbermasse gänzlich [**24**] auf Null komme. Hat man sich versichert, dass dies erreicht sei, so nimmt man die Schale mit Quecksilber fort und ersetzt sie durch eine leere. Man nimmt das Eis fort und erwärmt die Kugel von weitem durch einige Kohlen, um sie auf eine etwas höhere Temperatur als die der äusseren Luft zu bringen. Hierauf hängt man sie in den Siedeapparat (Fig. 1), dem man eine Verlängerung hinzugefügt hat, damit die thermometrische Röhre sich ganz in dem Dampf befinde. Man fängt das austretende Quecksilber mit einer Schale auf, wägt dieses und das im Apparat gebliebene; dadurch hat man die nöthigen Data zur Bestimmung der Geräumigkeit der Kugel bei 0° und die Grösse, um welche sie sich von 0° bis 100° ausdehnt.

Um die Ausdehnung der Luft zu bestimmen, hängt man die Kugel in den Siedeapparat, nachdem das Quecksilber vollständig herausgeschafft worden, so dass nicht das kleinste

Tröpfchen mehr an deren oder der Röhre Wandung hängen geblieben ist. Man verknüpft die Kugel mit dem Trockenapparat, kurz, man verfährt ganz so, wie bei der Methode der ersten Reihe gezeigt wurde.

Nachdem das Ende der thermometrischen Röhre vor der Lampe zugeschmolzen worden, bringt man die Kugel auf das Gestell Fig. 6, so dass der erweiterte Theil B der Röhre

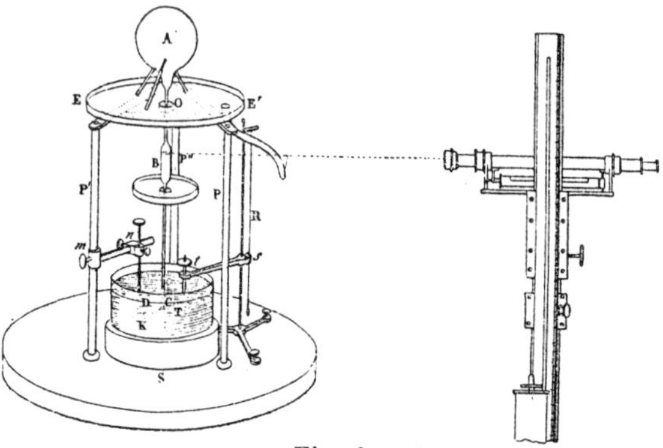

Fig. 6.

sich unter dem Teller EE' befindet. Mittelst eines Korkes befestigt man bei M auf dem Stiel eine blecherne Schale, in welche man gestossenes Eis legt, um den Raum B auf Null zu halten. Die thermometrische Röhre taucht in eine kleine Wanne mit Quecksilber. Man bricht die Spitze des gekrümmten Theiles CD ab, beobachtet genau alle bei der ersten Methode beschriebenen Vorsichtsmaassregeln zur Verhütung des Eintretens der Luft und umgiebt endlich den Ballon A mit Eis, nachdem man darüber einen blechernen Stauchер gestellt hat, den man ganz mit zerstossenem Eise anfüllt. Auch die Erweiterung B und den Theil des Stiels oberhalb der Spitze M umgiebt man mit Eis.

[25] Einer der Füsse P' des Gestells ist versehen mit einem beweglichen Riegel mn, der das kleine Stück mit Löffel (Fig. 3) trägt; letzteren lässt man in das Quecksilber hinab. Man bezeichnet zuvor auf dem Fuss durch einen Strich den Punkt, wo man mn befestigen muss, damit sich der Löffel K in der Höhe und Richtung der Röhre CD befinde.

Nachdem der Apparat ungefähr eine Stunde in dem Eise gewesen ist, verschliesst man die Spitze D, indem man den Löffel K vorschiebt; zugleich zeichnet man den Barometerstand auf und bringt endlich die Spitze der Schraube t, die an einem besonderen kleinen Apparat befestigt ist, auf den Spiegel des Quecksilberbades herab.

Nun nimmt man das in der Schale M befindliche Eis heraus. Nach drei Viertel- oder einer ganzen Stunde, wenn man sicher ist, dass die aufgestiegene Quecksilbersäule sich mit der Temperatur der äusseren Luft in Gleichgewicht gesetzt hat, misst man mit dem Kathetometer die Höhe dieser Säule. Die Dimensionen der thermometrischen Röhre und die Höhe, in welche die Wanne mit Quecksilber gestellt worden, sind so gewählt, dass das Quecksilber in der Erweiterung B stehen bleibt und dieselbe zur Hälfte füllt.

Man nimmt den Apparat auseinander und wägt das eingetretene Quecksilber.

Die Röhre, welche die Erweiterung B bildete, wurde folgeweise von verschiedenen Durchmessern genommen, indess niemals von so grossen, dass die Capillarität Null gewesen wäre; diese wurde daher immer durch einen directen Versuch für den Theil der Röhre bestimmt, wo die Quecksilberkuppe stehen bleiben musste. Zu dem Ende tauchte man diese Röhre, noch offen an beiden Enden, in die Quecksilberwanne, befestigte an den Schlitten, welcher das Fernrohr des Kathetometers führte, ein horizontales Lineal, an dessen Ende sich ein senkrechter Stift befand, und brachte diesen nach einander mit dem Scheitel der Quecksilberkuppe in der Röhre und mit dem Quecksilberspiegel in der Wanne zur Berührung. Der vom Nullpunkt des Nonius durchlaufene Weg gab die Capillardepression.

[26] So hatte man denn alle Elemente, um die Ausdehnung der Luft zu berechnen. Mit Beibehaltung der beim früheren Verfahren gebrauchten Buchstaben zur Bezeichnung derselben Dinge, und überdies mit c die Capillardepression in dem Raum Be bezeichnend, hat man offenbar:

$$(1 + \delta T)\, H = \left(1 - \frac{P}{P'}\right) [H' - (h + c)]\, (1 + \alpha T),$$

woraus:

$$1 + \alpha T = \frac{(1 + \delta T)\, H}{[H' - (h + c)] \left(1 - \frac{P}{P'}\right)}.$$

Wir setzen dabei immer voraus, alle Quecksilberhöhen seien auf 0° C. reducirt.

Zu diesen Versuchen wurden drei Ballons *A*, *B*, *C* angewandt und successiv an thermometrische Röhren von verschiedenem Durchmesser angelöthet. Ich werde darnach eben so viele Versuchsreihen unterscheiden.

I. Die Data dieses Apparats waren:

$$P = 4330{,}0 \text{ g.} \qquad c = 1{,}1 \text{ mm.}$$

Den Ausdehnungscoëfficienten des Glases konnte man nicht bestimmen, weil der Apparat beim Auskochen des Quecksilbers zerbrach. Für den einzigen Versuch, der mit dem Apparat *A* gemacht wurde, nahm man an: $100\,\delta = 0{,}002306$, was sich durch die Versuche mit dem Ballon *B* ergab. Der Versuch ergab für die Ausdehnung:

	H	H'	$h + c$	P'	T	$1 + 100\,\alpha$
	mm	mm	mm	g		
1	739,61	739,86	194,38	14,233	99°,23	1,36629

[27] II. Dieser Apparat wurde mit dem Ballon *B* gebildet; man hatte:

$P = 4724^{g}34$; $p = 65{,}708$; $c = 1^{mm},10$;
$H = 749{,}37$, woraus $T_{,} = 99°{,}60$
und $100\,\delta = 0{,}002306$.

	H	H'	$h + c$	P'	T	$1 + 100\,\alpha$
	mm	mm	mm	g		
2	739,24	739,21	193,58	17,735	99°,22	1,36645
3	758,64	758,53	199,51	17,335	99 ,95	1,36593

III. Dieser Apparat wurde ebenfalls mit dem Ballon *B* construirt, aber mit einem weiteren Raum *B* an der thermometrischen Röhre. Für diesen Apparat fand sich:

$P = 4306^{g},86$; $p = 66{,}68$; $c = 0^{mm},22$;
$H = 769{,}04$, woraus $T_{,} = 100°34$
und $100\,\delta = 0{,}002302$.

Mit diesem Apparat erhielt man die folgenden Zahlen:

	H	H'	$h + c$	P'	T	$1 + 100\alpha$
	mm	mm	mm	g		
4	764,70	764,31	198,78	36,095	100°,18	1,36610
5	767,24	764,19	199,98	34,825	100 ,27	1,37585
6	768,10	767,40	199,62	34,845	100 ,30	1,36590
7	770,57	777,70	200,86	34,490	100 ,40	1,36615
8	771,07	770,26	190,53	41,780	100 ,41	1,36691

[28] IV. Apparat, mit dem Ballon C construirt:
$P = 4878^{g},60$; $p = 74,795$; $c = 0^{mm},54$
$H_{,} = 749,32$, woraus $T_{,} = 99°,60$
und $100\,\delta = 0,002349$.

	H	H'	$h + c$	P'	T	$1 + 100\alpha$
	mm	mm	mm	g		
9	748,13	745,89	193,04	32,42	99°,56	1,36708
10	754,10	751,51	194,73	30,64	99 ,78	1,36695
11	740,14	744,53	196,86	32,305	99 ,26	1,36633
12	746,91	748,13	196,23	31,355	99 ,51	1,36708
13	747,54	747,28	195,69	31,486	99 ,53	1,36650

V. Apparat, bestehend aus dem Ballon C, aber einem weiteren Raume B und einer engeren thermometrischen Röhre.
$P = 4923^{g},60$; $c = 0^{mm}.22$
angenommen: $100\,\delta = 0,002349$.

	H	H'	$h + c$	P'	T	$1 + 100\alpha$
	mm	mm	mm	g		
14	746,69	747,16	191,98	58,55	99°,50	1,36615
15	751,97	750,18	191,50	56,69	99 ,70	1,36594
16	746,49	746,19	191,76	54,865	99 ,50	1,36660
17	752,50	751,45	192,17	61,30	99 ,72	1,36666

VI. Der vorhergehende Apparat, blos die untere Thermometerröhre durch eine weitere ersetzt:
[29] $P = 4926^{g},4$; $c = 0^{mm},22$
angenommen: $100\,\delta = 0,002349$.

Dieser Apparat diente nur zu einem Versuch mit atmosphärischer Luft; er war für andere Gase bestimmt.

	H	H'	$h + c$	P'	T	$1 + 100\alpha$
	mm	mm	mm	g		
18	758,24	758,78	195,68	58,31	99°,93	1,36614

Vereinigen wir alle 18 Resultate dieser Reihe, so haben wir:

1,36629	1,36590	1,36695	1,36594
1,36645	1,36615	1,36633	1,36660
1,36593	1,36591	1,36708	1,36666
1,36610	1,36708	1,36650	1,36614
1,36585		1,35615	

woraus das Mittel:

1,36633,

nicht merklich verschieden von dem der ersten Reihe.

Dritte Reihe von Versuchen.

Der zu dieser dritten Reihe angewandte Apparat ist dem von *Rudberg* bei seiner zweiten Arbeit gebrauchten (s. Fig. 1, S. 63) nachgeahmt und in Fig. 7, 8, 9 abgebildet.
[30] Ein cylindrischer Behälter von Glas AB, 35 mm im

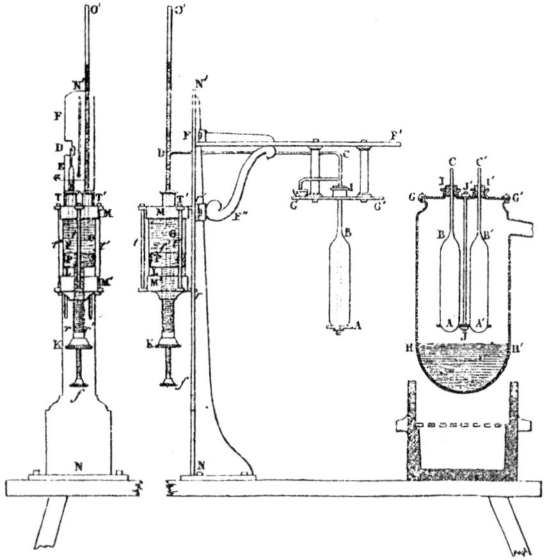

Fig. 7. Fig. 8. Fig. 9.

Durchmesser und 170 mm Länge, ist angeschmelzt an eine zweimal gekrümmte Thermometerröhre *BCDE*, an deren Ende ein weiteres Rohr *EE*, welches in einen kleinen Quecksilberbehälter *MM'* eingefügt ist.

Dieser Behälter besteht aus einem Glascylinder, der oben und unten durch Stangen mit Schrauben *t*, *t'*, *t''* stark gegen die gusseisernen Fassungen *M*, *M'* gedrückt wird. Die obere Fassung hat zwei Tubulaturen *T*, *T'*, die äusserlich mit Schraubengängen versehen und durch Schraubenmuttern verschlossen sind, welche in der Mitte, zur Durchlassung von Röhren, ein Loch besitzen. Die untere Fassung hat eine Schraubenmutter, in welcher eine dicke Schraube *KL* einen gusseisernen Stempel *P* innerhalb des Glascylinders bewegt. Dieser Stempel hat eine Liederung von eingefetteter Leinwand und in seiner Mitte befindet sich eine kleine Stopfbüchse, durchsetzt von einem eisernen Stift *ff'* von 8 mm Durchmesser, der sich schraubend im Inneren des dicken Stifts *KL* bewegt und ausserhalb in dem Knopfe *f* endigt.

Der kleine Behälter ist durch Schrauben an dem senkrechten gusseisernen Ständer *NN'* befestigt, so jedoch, dass er längs den Nuthen *r*, *r'* verschoben werden kann, was für die Adjustirung der Röhren bequem ist. Dieser Behälter ist übrigens ganz mit recht trocknem Quecksilber gefüllt.

Man beginnt damit, den Rauminhalt des cylindrischen Behälters *AB* und den Ausdehnungscoëfficienten desselben durch einen Versuch zu bestimmen. Eben so bestimmt man die Geräumigkeit der thermometrischen Röhre von *C* bis *E*, so wie die des kleinen Stücks der weiteren Röhre *Eα* bis zu einem sehr feinen, bei *α* auf dieser Röhre gemachten Strich. Hierauf trocknet man den Behälter vollständig und füllt ihn mit trockner Luft. Zu dem Ende bringt man die ausgezogene Spitze der Röhre mit dem Trockenapparat, Fig. 1, (S. 90) in Verbindung und erhitzt Behälter und Röhre ihrer ganzen Länge nach durch einige Kohlen. Man pumpt oft mals aus und lässt jedes Mal [31] die Luft wieder eintreten. Dann nimmt man die Kohlen fort und stellt die Gemeinschaft mit der atmosphärischen Luft wieder her. Ist der Apparat abgekühlt, so bringt man ihn in sehr kaltes Wasser oder gar in Eis; nach einiger Zeit endlich schmilzt man die Spitze vor dem Löthrohr zu.

Der gusseiserne Ständer *NN'* trägt einen gusseisernen Arm *FF'F''*, welcher in der Mitte des Ständers durch

Schrauben befestigt werden kann und zwar in verschiedenen Höhen. An diesem Arm sitzt unveränderlich befestigt der kupferne Deckel GG' einer ebenfalls kupfernen Retorte $GHHG'$. Der Deckel hat zwei Tubulaturen II'; in der einen befestigt man mittelst Kork den Luftbehälter AB, in der anderen ein Quecksilber-Gewichtsthermometer $A'B'$, welches genau dieselbe Gestalt und dieselben Dimensionen wie der Luftbehälter besitzt. Die beiden Röhren ruhen auf einem kleinen Querstück AA' am Stiel II'.

Man steckt die Röhre EF durch die Tubulatur T und um sie darin hermetisch zu befestigen, umrollt man sie mit eingefetteter Leinwand, die man hierauf mittelst der Schraubenmutter E in der ringförmigen Vertiefung der Tubulatur festschraubt. Man erhält so einen hermetischen Verschluss, welcher dem stärksten Drucke widersteht. Hierauf bricht man die Spitze der Röhre EF mittelst eines durch die zweite Tubulatur T' gesteckten Eisenstifts ab und befestigt in dieser zweiten Tubulatur, genau auf dieselbe Weise, ein Barometerrohr OO', das seiner ganzen Länge nach vollkommen cylindrisch und genau von gleichem Durchmesser ist, wie das Stück der Röhre EF, welches vorher daran sass. Man versichert sich übrigens durch einen directen Versuch, dass zwischen den Capillardepressionen in beiden Röhren kein Unterschied vorhanden sei.

Um den Versuch anzustellen, umgiebt man die beiden Behälter AB, $A'B'$ mit schmelzendem Eise, das man in einen am Kupferdeckel GG' befestigten Beutel legt. Durch Drehen des Stiels KL lässt man den Stempel in die Höhe gehen, bis das Quecksilber bei α in der Röhre EF steht, und man vollendet die Adjustirung mittelst [**32**] des kleinen Stifts ff'. Nun misst man mittelst des Kathetometers den Niveauunterschied und zeichnet zugleich den Barometerstand auf.

Ich machte zuvörderst einige Versuche, indem ich, wie *Rudberg*, den Punkt α auf der engen Röhre nahm; allein ich erkannte bald, dass man auf diese Weise recht schwer genaue Resultate erhält. So war bei einem Versuch, obwohl die Röhre mehr als 1 mm im Durchmesser hielt, der Gang des Quecksilbers, wegen Ungleichheit der Capillarwirkung, sehr ungleich in dieser Röhre. Zuweilen konnte ich die Säule in OO' um mehr als 1 mm steigen lassen, ohne dass sich das Quecksilber bei α merklich verschob; eben so konnte man in OO' den Stempel oft um mehrere Millimeter senken, ohne dass auch nur der Meniskus bei α sich abgeplattet hätte. Diese Trägheit liess sich durch Stösse an den Apparat, selbst durch ziemlich starke, nicht ganz aufheben.

Nothwendig musste man den Punkt α auf der weiteren Röhre EF nehmen, da diese Röhre genau denselben Durchmesser wie die Barometerröhre besass, so bedurfte es keiner Correction wegen der Capillarität; allein man musste das kleine Luftvolum, welches nicht erwärmt wurde, in Rechnung ziehen.

Es sei P das Gewicht des Quecksilbers von 0°, welches den Behälter AB bei 0° C. füllt; [**33**] — p das Gewicht des Quecksilbers, welches beim Siedepunkt des Wassers unter dem Druck H' oder bei der Temperatur $T_{,}$ austritt; — p' das Quecksilber, welches das Thermometerrohr CDE und den Theil $E\alpha$ des weiteren Rohrs EF füllt; — H der Barometerstand zur Zeit der Beobachtung, da die Behälter durch schmelzendes Eis auf 0° gehalten werden; — h der Höhenunterschied beider Quecksilbersäulen; — t die Temperatur der umgebenden Luft. Bezeichnen wir ferner durch H' den Barometerstand zur Zeit, da die Behälter durch siedendes Wasser erhitzt sind, durch T' die entsprechende Temperatur des Dampfs; durch h' den Höhenunterschied der beiden Säulen und durch t' die Temperatur der Luft; so haben wir:

$$\left(P + p'\frac{1}{1+\alpha t}\right)(H+h) = \left\{P(1+\delta T)\frac{1}{1+\alpha T} + p'\frac{1}{1+\alpha t'}\right\}(H+h'),$$

woraus:

$$1+\alpha T \frac{(1+\alpha T)(H'+h')}{(H+h) - \frac{p'}{P}\frac{1}{1+\alpha t}\left\{H'+h'-H-h\right\}};$$

denn wegen der Kleinheit von $\frac{p'}{P}$ kann man immer setzen $t = t'$.

Ich werde auch hier so viele Versuchsreihen unterscheiden, als besondere Apparate angewandt wurden.

I. Ein Versuch, die Geräumigkeit und den Ausdehnungscoëfficienten des Luftbehälters zu bestimmen, gab:

$$P = 1975^{g},862 \qquad H_{,} = 745^{mm},51$$
$$p = \quad 29\ ,852 \qquad T' = \quad 99^{0},46$$

[**34**] woraus:

$$100\,\delta = 0,002555.$$

Durch eine Aichung fand sich das Gewicht des Quecksilbers, welches die Thermometerröhre und das kleine Stück der weiteren Röhre bis zum Striche füllte:

$$p' = 9^{g},740, \text{ woraus } \frac{p'}{P} = 0,00493.$$

Bei Erhitzung der Röhre in siedendem Wasser hatte man bei zwei, durch eine halbe Stunde getrennten Beobachtungen:

H'	751,01	751,01
h'	296,70	296,70
t'	8°,6	8°,8
T'	99°,66	99°,66

woraus:

$$H' + h' = 1047,71 \qquad 1047,71.$$

Als der Behälter im schmelzenden Eise stand, hatte man:

H	749,98	749,88	749,78
h	20,53	20,59	20,63
t	8°,5	8°,5	8°,5
$H + h$	770,51	770,47	770,41.

Wir nehmen als Mittel

$$H + h = 770,47.$$

Diesen Mittelwerth mit den beiden Versuchen beim siedenden Wasser combinirend, haben wir:

$$1,36688 \qquad 1,36688.$$

Eine zweite Reihe, mit demselben Apparate angestellt, gab:

[**35**] Die Röhren im schmelzenden Eise:

H	746,16	746,26	746,39	746,61	746,66
h	24,53	24,41	24,21	24,11	24,09
t	8°,3	8°,3	8°,3	8°,3	8°,3
$H + h$	770,69	770,67	770,60	770,72	770,75

Mittelwerth von $H + h = 770,69$.

Im siedenden Wasser hatte man:

H'	740,79	741,01	741,14	743,20	743,26
h'	305,58	305,62	305,36	303,72	303,64
t'	9°,00	9°,00	9°,00	9°,00	9°,00
T'	99°,28	99°,29	99°,29	99°,37	99°,37
$H' + h'$	1046,37	1046,63	1046,50	1046,92	1046,90

Diese Werthe von $H' + h'$ einzeln mit dem Mittelwerth 770,69 aus den Versuchen beim schmelzenden Eise combinirend, hat man:

1,36612; 1,36643; 1,36626; 1,36651; 1,36649,

woraus das Mittel:

1,36636.

II. Mit einem zweiten Apparat, construirt mit einem aus demselben Röhrenstück gemachten Behälter wie der erstere, hatte man:

$$P = 1817^g,50,$$

man nahm an $100\,\delta = 0{,}002555$

$$p' = 8^g,50 \quad \frac{p'}{P} = 0{,}00468.$$

Im schmelzenden Eise hatte man:

H	752,60	752,60	762,65	752,57	752,40	752,25
h	19,58	19,58	19,76	19,66	19,74	20,24
t	11°,0	11°,0	11°,0	11°,00	11°,0	11°,0
$H+h$	772,18	772,18	772,41	772,23	772,14	772,49

Mittelwerth von $H + h = 772{,}29$.

[36] Im siedenden Wasser:

H'	751,15	751,13	751,13	751,08	751,05
h'	299,16	299,66	299,66	299,76	299,86
t'	13°,7				
$H' + h'$	1050,31	1050,79	1050,79	1050,84	1050,91
T'	99°,67.				

Diese fünf Werthe von $H' + h'$, combinirt mit dem Mittel von $H + h$ geben:

1,36672; 1,36714; 1,36714; 1,36730; 1,36747,

woraus das Mittel:

1,36715.

Mithin geben die drei nach dieser Methode angestellten Versuchsreihen folgende Mittel:

1,36688; 1,36636; 1,36715,

woraus das allgemeine Mittel:

1,36679.

Dieser Mittelwerth weicht wenig von den in den beiden ersten Reihen gefundenen ab.

Ich glaube nicht, dass dies Verfahren dieselbe Genauigkeit giebt, wie die beiden schon angewandten. Die Röhren, in welchen man die Quecksilbersäulen mass, hatten keinen so grossen Durchmesser, dass die Capillarität unmerklich war. Die Capillardepression stieg in diesen Röhren auf ungefähr 1 mm. Diese Depression tritt nicht theoretisch in die Berechnung der Phänomene, und wenn sie immer dieselbe bleibt, übt sie keinen Einfluss aus. Allein wenn man von Zeit zu Zeit den Pfeil des Meniskus misst, überzeugt man sich leicht, dass diese Wirkung innerhalb ziemlich weiter [**37**] Grenzen schwanken kann; man findet, dass diese Höhe oft bei dem nämlichen Versuch vom Einfachen aufs Doppelte steigen kann, wie folgende Messungen der entsprechenden Höhen zweier Menisken zeigen:

Röhre *EF*.

1,08; 0,72; 1,00; 1,10; 1,38; 0,96; 0,80 mm.

Röhre *OO'*.

1,14; 1,64; 1,64; 1,32; 1,36; 1,20; 1,18 mm.

Unmöglich können so beträchtliche Veränderungen in den Pfeilen der Menisken ohne sehr merklichen Einfluss auf die Capillardepression sein.

Rudberg hat mit seinem Apparat kleinere Zahlen als ich gefunden. Es ist schwer, die Ursache davon sicher anzugeben. Ich sagte vorhin, dass ich niemals gute Resultate erhielt, so lange ich den Visirpunkt α auf den capillaren Theil ED der Röhre verlegte; allein ich glaube, dass man noch eine andere Ursache nachweisen kann, weshalb *Rudberg* zu kleine Zahlen erhielt. Dieser Physiker vernachlässigte nämlich bei seinen Rechnungen immer das kleine, nicht erwärmte Luftvolum, welches sich in dem Stück $B\alpha$ seiner

Thermometerröhre befand. Zwar war dieses Volum sehr klein, aber dennoch wahrscheinlich nicht ganz zu vernachlässigen. Unglücklicherweise hat *Rudberg* die Dimensionen der verschiedenen Theile seines Apparats nicht angegeben, so dass es gegenwärtig unmöglich ist, die deshalb an seinen Rechnungen erforderliche Berichtigung auszumitteln.

[38] Vierte Reihe von Versuchen.

Diese Reihe wurde mittelst eines Apparats angestellt, der, ohne die Unbequemlichkeiten des früheren darzubieten, gleichen Zweck wie dieser erfüllte. Er besteht aus einem Ballon von 800 bis 1000 ccm (Fig. 10 und 11), bestimmt zur Aufnahme der Luft, die folgeweise von 0° auf 100° gebracht

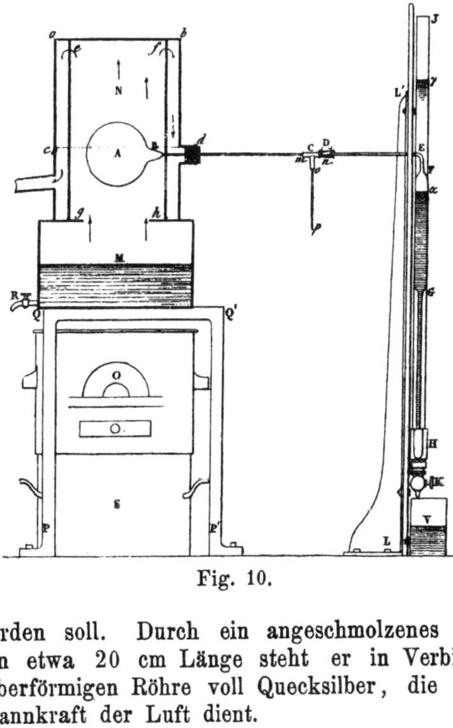

Fig. 10.

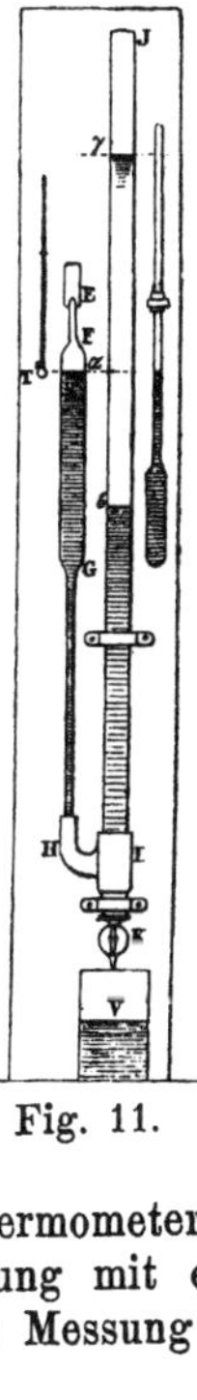

Fig. 11.

werden soll. Durch ein angeschmolzenes Thermometerrohr von etwa 20 cm Länge steht er in Verbindung mit einer heberförmigen Röhre voll Quecksilber, die zur Messung der Spannkraft der Luft dient.

Eine vollkommen cylindrische Röhre IJ von 16 bis 17 mm innerem Durchmesser ist eingekittet in ein eisernes Stück IH mit Hahn K. Dieses Stück hat einen Seitenarm H, in welchen eine, auf der Länge FG gleichen Durchmesser wie die erste haltende Röhre $HGFE$ eingekittet ist. Diese Röhre endigt oben in dem gekrümmten Capillarrohr FED, welches von demselben Rohre genommen worden, wie die an den Ballon geschmelzte Röhre BC. Diese Röhre tritt drange in eine kupferne Röhre mit drei Armen m, n, o und ist darin festgekittet. In dem zweiten Arm ist eine kurze Capillarröhre op eingekittet und diese an ihrem Ende p ausgezogen.

Das System der beiden Röhren IJ und EH sitzt an einem Brett, welches vollkommen senkrecht an einem gusseisernen Ständer LL' befestigt ist.

Der Ballon A befindet sich in einem weissblechernen Gefässe, in welchem man Wasser sieden lassen oder ihn mit Eis umgeben kann. Das Gefäss ruht auf einem eisernen Dreifuss $PQQ'P'$. Ein auf dem Gestell S ruhender Ofen O kann nach Belieben unter das Gefäss MN geschoben oder zurückgezogen werden.

Bei dem Versuch benimmt man sich wie folgt. Man setzt das offene Ende der Röhre op in Gemeinschaft mit dem [39] Trockenapparat (Fig. 1, S. 90) und steckt in den Arm n des kupfernen Rohrs, um ihn zu schliessen, ein zugeblasenes Röhrenstück mittelst Kautschuk ein. Man bringt das Wasser im Gefäss MN zum Sieden, pumpt den Ballon oftmals aus und lässt jedesmal die Luft langsam wieder eintreten.

Auf ähnliche Weise wurde die Röhre $HGFED$, vor der Einkittung in die Tubulatur H, warm ausgetrocknet und, unmittelbar darauf, recht trocknes Quecksilber in die Röhre JI geschüttet, so dass die Röhre HGF bis zu ihrer Mündung D ganz gefüllt war. Auf diese Weise konnte in diese Röhre keine Feuchtigkeit eintreten; zur Vorsicht bedeckte man noch sogar das Ende der Röhre D mit etwas Kautschuk.

Nachdem der Ballon A wohl mit trockner Luft gefüllt worden, nahm man das während der Austrocknung in die Tubulatur n gesteckte verschlossene Röhrenstück fort und befestigte in derselben Tubulatur mittelst Kautschuk die Capillarröhre DE, so dass sie mit ihrem Ende gegen das Ende der Röhre BC stiess und in dem kleinen dreiarmigen Kupferrohr keine anderen Leeren waren, als die Kaliber der eingeschobenen Thermometerröhren. Bei anderen Malen befestigte man die Röhre DE mittelst Kitt in der Tubulatur.

Man öffnet den Hahn K. Das abfliessende Quecksilber wird in der Röhre EFG ersetzt durch die durch den Trockenapparat gegangene Luft. Man lässt das Quecksilber abfliessen, bis dessen Niveau im Rohre FG mit dem Strich α zusammenfällt. Das Niveau des Quecksilbers ist übrigens gleich in beiden Röhren, da beide mit der freien Luft gemeinschaften.

Man löst nun den Trockenapparat ab und verschliesst vor der Lampe die Spitze p der Röhre op. Zugleich schreibt man den Barometerstand auf.

Man entfernt den Ofen, welcher das Wasser im Blechgefäss im Sieden hielt. Damit der Ballon schneller erkalte, lässt man das warme Wasser [**40**] durch den Hahn R ab, nimmt den Deckel $abcdefgh$ fort und giesst mehrmals kaltes Wasser in das Gefäss. Nun umgiebt man den Ballon A vollständig mit zerstossenem Eise, welches man durch ein auf dem Rand cd des Gefässes befestigtes Stück Leinwand hält.

Durch die Erkaltung zieht sich die Luft zusammen und das Quecksilber steigt in der Röhre GF; allein man erhält es in gleichem Niveau mit α, indem man durch den Hahn K Quecksilber abfliessen lässt.

Sobald man sicher ist, dass die Luft des Ballons A die Temperatur des schmelzenden Eises angenommen hat, zeichnet man den Barometerstand H' auf und misst mittelst des Kathetometers den Niveauunterschied $\alpha\beta = h'$. So hat man denn alle nöthigen Angaben zur Bestimmung der Ausdehnung der Luft; allein man kann eine zweite Bestimmung auf folgende Weise erhalten.

Man steckt die geschlossene Spitze p aufs Neue in den Trockenapparat, macht diesen mehrmals luftleer, um gewiss zu sein, dass er mit trockner Luft gefüllt sei, und bricht dann die Spitze p ab. Das Quecksilber sinkt dann in der Röhre FG; allein man erhält es auf α, indem man Quecksilber durch die Röhre IJ schüttet.

Nach Verlauf einer gewissen Zeit verschliesst man aufs Neue die Spitze p vor dem Löthrohr und zeichnet den Barometerstand H'' auf. Nun nimmt man das Eis fort, legt den Deckel $abcd$ wieder auf das Blechgefäss und bringt das in diesem Gefässe befindliche Wasser abermals zum Sieden. Durch Einschütten von Quecksilber in die Röhre IJ erhält man das Niveau desselben in der Röhre FG auf α. Wenn der Ballon ungefähr eine Stunde im siedenden Wasser gewesen ist, zeichnet man den Barometerstand H''' auf und misst den Niveauunterschied $\alpha\gamma = h'''$ beider Quecksilbersäulen.

Bei Berechnung des Versuchs ist nöthig, das kleine Luftvolum zu berücksichtigen, welches beständig die Temperatur der Umgebung behält. Zu dem Ende muss man das Verhältniss dieses Volums zum Volum des Ballons A kennen. Dies letztere [**41**] Volum wurde durch Aichung mit destillirtem Wasser bestimmt, und das Volum v der in den Thermometerröhren BC, DEF, op, so wie in dem Theil $F\alpha$ des weiteren Rohrs enthaltenen Luft durch Aichung mit Quecksilber ausgemessen. So hatte man:

Quecksilber zur Füllung von $V = 9889{,}9$ g
» » » » $v = 26{,}85$ »

woraus:

$$\frac{v}{V} = 0{,}002715.$$

Den Ausdehnungscoëfficienten der Kugel A konnte ich nicht direct bestimmen; dazu hätte in ihr eine Quecksilbermasse von 9 bis 10 kg ausgekocht werden müssen, und das schien mir eine etwas missliche Operation zu sein. Ich nahm daher für diesen Coëfficienten die Zahl 0,0233 an, d. h. das Mittel aus den Zahlen, die für die beiden zur zweiten Versuchsreihe angewandten Ballons gefunden wurden. Diese Ballons waren aus derselben Glashütte und von derselben Glassorte.

Die Temperaturen t, t', t'', t''' des kleinen Luftvolums v wurden durch das kleine Thermometer T' gegeben, die der Quecksilbersäulen durch das Thermometer T, dessen cylindrischer Behälter gleichen Durchmesser wie die Röhren IJ und FG hatte.

Der ersten Periode des Versuchs kommt folgende Formel zu:

$$1 + \alpha T = \frac{(1 + \delta T)\, H}{H' - h' - \frac{v}{V}\,\frac{1}{1 + \alpha t}\,[H - H' + h']}$$

der zweiten diese:

$$1 + \alpha T''' = \frac{(1 + \alpha T''')\,(H''' + h''')}{H'' - \frac{v}{V}\,\frac{1}{1 + \alpha t'''}\,[H''' + h''' - H'']}$$

[42] in welchen Formeln $t = t'$ und $t'' = t'''$ angenommen ist.

Durch dieses Verfahren wurden nun folgende Zahlen erhalten:

Erste Periode.

	H	T	t	H'	h'	h'	$1 + 100\,\alpha$
1	748,83	99°,25	14°,0	747°,43	197,49	14°,0	1,36592
2	742,27	99 ,34	13 ,9	744 ,25	198,56	13 ,0	1,36710
3	747,97	99 ,55	13 ,0	748 ,52	198,76	12 ,5	1,36662
						Mittel	1,36655.

Zweite Periode.

	H''	t''	H'''	T'''	h'''	t'''	$1 + 100\,\alpha$
1	747,30	14°,2	746,45	99°,50	270,28	15°,1	1,36682
2	744,59	13 ,1	745,27	99 ,45	267,59	15 ,6	1,36674
3	748,72	12 ,9	749,19	99 ,59	269,59	13 ,9	1,36580
						Mittel	1,36645.

Das Mittel aus den sechs Bestimmungen ist mithin 1,3665.

Bei dem vierten Verfahren wird die Ausdehnung der Luft unter sehr verschiedenem Drucke bestimmt. Es befand sich nämlich die Luft in der ersten Periode eines jeden Versuchs bei 0° nur unter dem Druck von $0^m,550$, und, bei 100°, unter dem atmosphärischen Druck $0^m,760$, in der zweiten Periode befand sie sich, bei 0°, unter dem atmosphärischen Druck $0^m,760$, und, bei 100°, unter etwa dem Druck $1^m,040$. Da die Versuche keinen Unterschied zwischen den in beiden Perioden erhaltenen Zahlen zeigen, so muss man daraus schliessen, dass trockne Luft zwischen diesen Druckgrenzen einen nahezu constanten Ausdehnungscoëfficienten besitzt.

Es ist sehr leicht, den Apparat so einzurichten, dass [43] er zum Studium der Ausdehnung der Luft unter grösserem Druck dienen kann. Dazu braucht man nur der Röhre *EFGH* von einem gewissen Punkte δ an bis nach H eine grössere Weite zu geben (Fig. 12), die Spitze p zu verschliessen im Moment, da die Kugel sowie die Röhre EH bis H mit trockner Luft gefüllt, und dann Quecksilber in die Röhre IJ zu giessen, bis dessen Kuppe mit α in der Röhre EG in Niveau kommt, während die Kugel mit schmelzendem Eise umgeben ist. Das Quecksilber steigt alsdann in der Röhre IJ um eine gewisse Grösse h, so dass das Volum des Gases sich bei 0° unter dem Druck $H + h$ befindet. Nachdem der Ballon auf 100° gebracht ist, muss man, um das Niveau des Quecksilbers der Röhre FG auf α zu erhalten, eine neue Menge Quecksilber in die Röhre IJ giessen; daraus entsteht ein Niveauunterschied h' und in Folge dessen für das Gas bei 100° der Druck $H + h'$. Die Höhen h und h' sind desto beträchtlicher, als die Räumlichkeit der Röhre δH grösser ist in Bezug auf die Räumlichkeit der Kugel. Man wird weiterhin einige nach diesem abgeänderte Verfahren angestellte Versuche finden.[1])

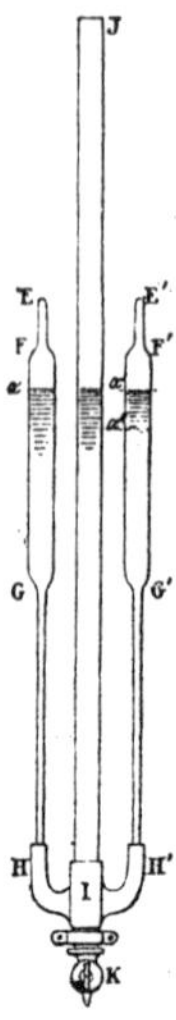

Fig. 12.

1) Ich habe auch einige Versuche gemacht, den Ausdehnungscoëfficient der Luft nach dem *Gay-Lussac*'schen Verfahren zu bestimmen. Das Verfahren besteht bekanntlich darin, dass man in einem wirklichen Thermometer die Ausdehnung trockner Luft beobachtet, welche von der äusseren Luft durch ein Säulchen Quecksilber getrennt ist.

Die Thermometerröhre war kalibrirt und darauf mit grösster Sorgfalt getheilt. Sie hielt 2mm,7 inneren Durchmesser und 600 Abtheilungen auf einer Länge von 558 mm. Man füllte dies Thermometer zunächst mit Quecksilber, das man in dem Behälter und der Röhre mehrmals auskochte, dann umgab man es ganz mit Eis und zeichnete den Punkt der Skale auf, wo das Quecksilber stehen blieb. Man liess eine Portion des Quecksilbers heraus, wägte es, brachte das Thermometer abermals in Eis und zeichnete den Stand der Säule an der Skale auf. Diese Operation, an verschiedenen Stellen der Skale mehrmals wiederholt, gab folgende Resultate.

Quecksilber bei 0° zwischen:

375,8 Th.	und	602,0 Th.	=	226,2 Th.	6,929 g
103,0 »	»	375,8 »	=	272,8 »	7,9945 »
50,9 »	»	499,0 »	=	448,1 »	13,128 »

[44] Die vier beschriebenen Versuchsreihen ergaben also folgende Mittelwerthe:

Hieraus ergiebt sich für das Gewicht Quecksilber bei 0°, welches eine Abtheilung füllt:

im ersten Zwischenraum	0,029306
» zweiten »	0,029305
» dritten »	0,029297
Mittel	0,029303.

Die grosse Uebereinstimmung in diesen Zahlen beweist genugsam die Genauigkeit der Theilung.

Das Quecksilber, welches bei 0° die Kugel und den Theil des Stiels bis zur Abtheilung 50,9 füllte, wog 27^g,916.

Nach vollständiger Fortschaffung des Quecksilbers aus dem Apparat wurde dieser mittelst Kautschuk angefügt an eine U-förmige Röhre, die Bimstein mit Schwefelsäure benässt enthielt; dann wurde das Thermometerrohr unter Erhitzung mittelst einiger Kohlen oft ausgepumpt. Am Ende dieses Rohrs sass ein Stück eines weiteren Rohrs, in welchem ein Tröpfchen Quecksilber sich befand, welches späterhin als Zeiger dienen sollte. Nach Füllung des Apparats mit trockner Luft versetzte man die Kugel in solche Temperatur, dass das in die Röhre eintretende Quecksilbertröpfchen an einer zweckdienlichen Stelle stehen blieb, wenn man das Thermometer in schmelzendes Eis tauchte.

Ich will die ziemlich zahlreichen Versuche, die ich nach diesem Verfahren angestellt habe, nicht ausführlich angeben, sondern blos bemerken, dass es mir nicht gelang, constante Zahlen zu erhalten. Einen sehr merklichen Einfluss auf die Stellung des Zeigers hat es, wie und wo man die Thermometerröhre erschüttert. Die Verschiebung des Zeigers scheint sogar von der Schnelligkeit der Temperaturveränderungen bedingt, was anzuzeigen scheint, dass der Zeiger die Röhre nicht vollkommen schliesst, und das kann nach dem zuvor, S. 94, Gesagten nicht auffallend erscheinen. Was mich in dieser Meinung bestärkt, ist: dass der Zeiger bei mehreren Versuchen nicht auf denselben Punkt zurückkam, wenn das Thermometer in Eis getaucht wurde und in der Zwischenzeit bis zum Siedepunkt des Wassers erhitzt worden war.

So blieb bei einem Versuch, bei Eintauchung des Thermometers in Eis, der Zeiger stehen auf 152,7 Th., in siedendem Wasser auf 534,5 Th., abermals in Eis auf 154,5 Th., und dennoch hatte sich der Barometerstand nicht merklich geändert.

Bei einem andern Versuch verblieb, vor der Eintauchung des Instruments in siedendes Wasser, der Zeiger im Eise stehen auf 66,5 Th., nach der Erhitzung auf 66,0 Th. Das Barometer hatte seinen Stand in der Zwischenzeit nicht merklich geändert; allein die Aenderung hätte einen entgegengesetzten ausüben müssen.

Wie dem auch sei: ich gebe hier einige der nach dieser Methode erhaltenen Zahlen:

1,3641; 1,3626; 1,3635; 1,3647; 1,3552.

Merkwürdigerweise sind alle diese Zahlen kleiner, als die nach den andern Methoden erhaltenen.

[45]

Erste Reihe	1,36623
Zweite Reihe	1,36633
Dritte Reihe	1,36679
Vierte Reihe	1,36650
D. h. ungefähr	1,3665.

Mithin schlage ich vor, als Ausdehnungscoëfficient für jeden Centigrad zwischen den beiden festen Punkten des Thermometers anzunehmen die Zahl:

0,003665 [1]).

Wir wollen nun alle in die Berechnung der Versuche eingehenden Data erörtern, um den Fehler, welchen jedes mit sich führen könnte, zu beurtheilen. Die Formel

$$1 + \alpha T = \frac{P'(1 + \delta T) H}{(P' - P)(H' - h')},$$

welche den beiden ersten Reihen entspricht, enthält die Quecksilbergewichte P und P', welche sich mit einer fast absoluten Genauigkeit bestimmen lassen. Der Factor $\frac{P'}{P' - P}$ [46] kann also, von seiner experimentellen Bestimmung herrührend, keinen merklichen Fehler mit sich bringen.

Der Factor $1 + \delta T$ hängt von der Ausdehnung des Glases ab. Diese Ausdehnung wurde, wie man gesehen, bei jedem Apparate durch directe Versuche bestimmt und kann für strenge richtig gehalten werden. Da sie überdies sehr klein ist, so kann ein beträchtlicher Fehler in diesem Coëfficient keinen merklichen Einfluss auf den Werth des Ausdehnungscoëfficienten der Luft ausüben.

Der Ausdehnungscoëfficient des Glases ist bestimmt in Function des Ausdehnungscoëfficient des Quecksilbers; für letzteren nahm ich den von *Dulong* und *Petit* gefundenen Werth $\frac{1}{55,5} = 0,01802$. Unglücklicherweise herrscht über diesen Werth eine kleine Unsicherheit. *Dulong* und *Petit* haben nämlich in ihrer Abhandlung nur folgende Werthe für die Ausdehnung des Quecksilbers gegeben:

---

1) Hr. *Babinet* machte mir bemerklich, dass der Ausdehnungscoëfficient der Luft, wenn man für ihn die Zahl 0,36666 . . . annimmt, durch den sehr einfachen Bruch $^{11}/_{30}$ dargestellt wird, was zu Rechnungen sehr bequem ist.

für	jeden	Grad	zwischen	0°	und	100°	$^1/_{5550}$
»	»	»	»	0	»	200	$^1/_{5425}$
»	»	»	»	0	»	300	$^1/_{5300}$.

Die Temperaturen sind hierbei, wie es die berühmten Physiker ausdrücklich sagen, in Graden des Luftthermometers unter Annahme einer Ausdehnung $= 0{,}375$ gegeben. Wenn aber dieser Coëfficient unrichtig ist, wenn man die Zahl 0,3665 annehmen muss, so ändern sich die Temperaturintervalle merklich, und die Temperatur 100° bei *Dulong* wird $102^\circ{,}7$, so dass der Coëfficient $\frac{1}{55{,}5}$ um etwa $^1/_{50}$ zu gross sein würde[1]).

Indess ist möglich, dass der von *Dulong* und *Petit* gegebene Coëfficient der Ausdehnung des Quecksilbers zwischen 0° und 100° der ist, den sie direct durch ihre Versuche vom schmelzenden Eise an bis zum siedenden Wasser [**47**] fanden, ohne ihn aus ihrer Interpolationsformel abzuleiten. In diesem Fall wäre er nicht mit demselben Fehler behaftet, wie der zwischen 0° und 200° oder der zwischen 0° und 300°. Wie dem auch sei: neue Versuche allein können diesen Punkt entscheiden.

Für diesen Augenblick interessirt es uns nur zu sehen, welchen Unterschied dies in unseren Ausdehnungscoëfficienten hervorbringen konnte. Gesetzt, der Coëfficient der wahren Ausdehnung des Quecksilbers zwischen 0° und 100° sei um $^1/_{50}$ zu gross, so wird der Ausdehnungscoëfficient des Glases um etwa $^1/_{10}$ zu gross sein. Statt der Zahl 1,0026 hätte man also im Zähler die Zahl 1,0024, die um $^2/_{10000}$ kleiner ist als die erste. Dadurch würde die Zahl 1,3665 um $^2/_{10000}$ kleiner, d. h. zu 1,3662. Diese Aenderung übte also nur auf die vierte Decimalstelle einen Einfluss aus; übrigens ist sie eine Correction, die sich leicht an allen meinen Zahlen anbringen lasst.

Der Factor $\frac{H}{H' - h}$, welcher die Barometermessungen einschliesst, ist am meisten Beobachtungsfehlern ausgesetzt. Physiker, die Gelegenheit gehabt, viele Barometerbeobachtungen zu machen, wissen, wie misslich diese Beobachtungen

---

1) Schon *Poggendorff* hat in seinen Annalen, Bd. XLI, S. 467, diese Bemerkung gemacht.

sind, wenn man die letzte Genauigkeit erreichen will. Ich fürchte nicht zu übertreiben, wenn ich behaupte, dass man bei einer Barometermessung für nicht mehr als $^1/_{10}$ mm einstehen kann, wie genau übrigens die Messapparate sein mögen. Die Schwierigkeit rührt daher, dass der atmosphärische Druck unaufhörlich schwankt, diese Schwankung aber unmittelbar vom Barometer meistens nur durch eine Aenderung in der Form des Meniskus angegeben wird, und die Veränderungen geschehen nicht continuirlich, sondern stossweise. Zur Vermeidung dieses Uebelstandes hat man empfohlen, vor jeder Beobachtung das Barometer zu erschüttern, die Quecksilbersäule schwingen zu lassen; aber [**48**] offenbar gelingt es nicht, auf diese Weise die Fehlerquelle vollständig zu vermeiden.

Jede der Messungen H, H', h ist einem gleichen Fehler ε ausgesetzt. Um das Maximum der Abweichung der partiellen Versuche zu ermitteln, wollen wir annehmen, die bei H, H', h gemachten Fehler seien von solchem Zeichen, dass sie den grössten Unterschied im Endresultat hervorbringen. Wir wollen also annehmen, dass die Beobachtung, statt des richtigen Factors $\frac{H}{H'-h}$, den fehlerhaften

$$\frac{H+\varepsilon}{(H'-\varepsilon)-(h+\varepsilon)}$$

gegeben habe. Der Fehler wird alsdann vorgestellt durch

$$\frac{H+h}{H'-h-2\varepsilon}-\frac{H}{H'-h},$$

oder:

$$\frac{\varepsilon(2H-H'-h)}{(H'-h)(H'-h-2\varepsilon)},$$

oder einfach:

$$\varepsilon\frac{2H+H'-h}{(H'-h)^2},$$

wenn man im Nenner 2ε gegen $H'-h$ vernachlässigt. So wird dann der Werth von $1+\alpha T$:

$$1+\alpha T=\frac{P'(1+\delta T)}{P'-P}\frac{1}{H'-h}\left[H+\varepsilon\frac{2H+H'-h'}{H'-h}\right].$$

Gesetzt es seien:

$$H=H'=760^{\text{mm}},\quad h=190^{\text{mm}},$$

so haben wir für den letzteren Factor:

$$760^{mm},0 + \varepsilon \frac{2090}{570} \text{ oder } 760^{mm},0 + \varepsilon \cdot 3,67.$$

Wenn $\varepsilon = 0^{mm},1$, so wird für $760^{mm},0$ der totale Fehler hervorgehen: $0^{mm},367$, d. h. $\frac{48}{100,000}$.

Dies giebt für die bei den Versuchen allein aus dieser Fehlerquelle mögliche gesammte Abweichung $^{96}/_{100000}$.

Mithin ist ersichtlich, dass in der Annahme, man könne bei den Barometerbeobachtungen für [49] nicht mehr als $^{1}/_{10}$ mm einstehen, die Bestimmungen der Ausdehnung der Luft wegen dieser Fehlerquelle allein einem Maximum der Abweichung von etwa $^{1}/_{1000}$ ausgesetzt sind. Man wird bemerken, dass dies ungefähr der grösste Unterschied in meinen Resultaten ist.

Soll der Ausdehnungscoëfficient der Luft bis zur dritten Decimale genau sein, so muss der ihn liefernde Versuch keinen grösseren Fehler als $^{1}/_{1400}$ einschliessen. Der directe Versuch sagt uns nämlich nicht, dass 1000 Theile Luft sich von 0° bis 100° um 366 Theile ausdehnen, was eine Genauigkeit von blos $^{1}/_{366}$ ausmachen würde, sondern, dass 1000 Theile Luft, von 0° bis 100° erwärmt, zu 1366 werden, was eine Genauigkeit von $^{1}/_{1366}$ ausmacht.

Die für die beiden letzten Reihen gültigen Formeln bringen offenbar dieselben Fehlerquellen mit sich. Der bei Messung der Barometerstände mögliche Fehler ist wahrscheinlich sogar noch grösser beim Apparat der dritten Reihe, weil die Röhren enger sind und deshalb eine grössere Veränderlichkeit in der Capillardepression darbieten.

Es giebt aber in diesen beiden Verfahrungsarten eine andere Quelle der Unsicherheit, die in beiden ersten nicht vorhanden ist. Sie liegt in der Bestimmung der Temperatur des Luftvolums, welches nicht erhitzt wird. Der daraus entspringende Fehler könnte sehr bedeutend sein, wenn dies Volum einen etwas beträchtlichen Theil von demjenigen ausmachte, welches auf feste Temperaturen gebracht wird. Bei meinen Versuchen ist es ganz zu vernachlässigen, weil ich es so einrichtete, dass das nicht erwärmte Luftvolum immer nur ein äusserst kleiner Theil des gesammten Volums war.

Die Temperatur T wurde aus dem während des Siedens beobachteten Barometerstand berechnet. Zu dieser Rechnung habe ich angenommen, dass eine Veränderung von 1° im Siedpunkt des Wassers einem [50] Druckunterschied von $26^{mm},7$ entspreche. Es ist die Zahl, welche die neuerlich von Hrn. *Biot* berechneten Tafeln der Spannkraft des Wasserdampfs geben. Es scheint mir genauer, diese Angabe zu gebrauchen, als die Zahlen zu nehmen; welche verschiedene Physiker durch Beobachtung der Siedtemperatur des Wassers unter verschiedenem Barometerdruck gefunden haben. Diese Beobachtungen haben keine grosse Genauigkeit, weil sie oft an ziemlich auseinanderliegenden Tagen angestellt wurden und es wahrscheinlich ist, dass das Instrument in der Zwischenzeit schon merkliche Veränderungen durch Verrückung seiner festen Punkte erlitten hatte.

Damit diese Versuche unzweifelhafte Resultate gäben, müsste man den Siedpunkt des Wassers unter verschiedenem Druck zu sehr nahe zusammenliegenden Zeiten beobachten, z. B. in einem Apparat, wo man den Druck nach Belieben abändern kann, wie in dem des Hrn. *Tabarié*. Man könnte selbst eine Reihe von Beobachtungen machen, indem man einen Berg bestiege und dabei das Thermometer fortwährend im Sieden erhielte, um die Verschiebung der festen Punkte möglichst zu verhüten.

Wie dem auch sei: die von mir angenommene Zahl muss der Wahrheit sehr nahe kommen und der daraus für den Ausdehnungscoëfficienten der Luft entspringende Fehler ganz unmerklich sein.

Meine Barometerbeobachtungen sind an einem *Fortin*schen Gefässbarometer gemacht, das sorgfältig mit dem, wegen der Capillardepression berichtigten, Barometer der Pariser Sternwarte verglichen worden. Alle meine Beobachtungen sind durch Rechnung auf letzteres Instrument zurückgeführt. Uebrigens würde ein kleiner constanter Unterschied in den absoluten Werthen aller Barometerstände keinen merklichen Einfluss auf den Ausdehnungscoëfficienten der Luft ausgeübt haben, da es sich hier nur um Ermittlung der Temperatur des Dampfes handelt, und dessen Einfluss ist hier ganz unmerklich.

[51]
Zweiter Theil.

Ueber die Ausdehnung einiger anderen Gase.

Da sich der früher angenommene Coëfficient der Ausdehnung der Luft um $^1/_{37}$ unrichtig befand, so kann man es offenbar nicht mehr als bewiesen ansehen, dass alle Gase gleichen Ausdehnungscoëfficienten besitzen. Neue Versuche sind nöthig, um zu entscheiden, ob dieses Gesetz streng richtig oder nur angenähert sei.

Ich habe Versuche angestellt mit Stickstoff, Wasserstoff, Kohlenoxyd, Kohlensäure, schwefliger Säure, Cyan, Stickstoffoxydul, Chlorwasserstoff und Ammoniak. Die meisten dieser Versuche wurden nach dem Verfahren II, einige nach dem Verfahren IV unternommen.

Ich muss zunächst Einiges darüber sagen, wie ich verfuhr, wenn ich das Verfahren II befolgte. Nachdem der Ballon in dem Siedgefäss aufgehängt und mit dem Trockenapparat verbunden worden war, wurde er oftmals ausgepumpt und langsam wieder mit Luft gefüllt, um ihn wohl auszutrocknen; dann knüpfte man an die zweite Tubulatur der Pumpe den zur Entwicklung des Gases dienenden Apparat. Aus diesem Apparat liess man das Gas, in dem Maasse als es sich entwickelte, durch allmähliches Oeffnen des Hahns in den zuvor luftleer gemachten Ballon strömen, wobei man den Gang der Operation nach einem Sicherheitsrohr beurtheilte, welches sich an einer Stelle des Entwicklungsapparats befand. Sobald der Ballon mit Gas gefüllt war, pumpte man ihn aus, liess das Gas abermals einströmen und wiederholte dies vier oder fünf Mal. Uebrigens verfuhr man wie S. 99 gesagt.

Zu diesen Versuchen benutzte ich den Ballon VI (S. 103) und zwei neue Ballons VII und VIII, für welche ich folgende Angaben erhielt:

	Ballon VII.	Ballon VIII.
$P =$	$4358^g,15$	$4250^g,70$
$p =$	$67\ ,17$	$65\ ,10$
$H_, =$	$753^{mm},62$	$752^{mm},68$
$T_, =$	$99^o,76$	$99^o,73$

woraus:

$100\delta =$	0,002291	0,002385
$c =$	$0^{mm},10$	$0^{mm},10.$

Die nach dieser Methode für verschiedene Gase erhaltenen Resultate stelle ich in folgender Tafel zusammen: [52]

	H	H'	$h+c$	P'	P	T	$1+100\alpha$	Mittel
1) Stickstoff . . . . . (VI)	760,19	759,49	193,89	70,48	4926,4	100°,00	1,36675	
(VI)	761,87	760,56	194,16	67,93	—	100 ,07	1,36686	
(VIII)	765,73	765,28	196,43	57,00	4250,0	100 ,22	1,36685	1,36682
2) Sauerstoff	—	—	—	—	—	—	%	
3) Wasserstoff . . . (VIII)	755,67	756,14	193,99	58,75	4250,0	99 ,84	1,36692	
(VII)	756,27	756,47	198,04	28,49	4357,0	99 ,86	1,36682	
(VIII)	758,94	759,26	194,09	64,16	4250,0	99 ,97	1,36677	
(VII)	759,21	761,24	199,81	35,44	4357,0	99 ,97	1,36662	1,36678
4) Kohlenoxyd . . (VIII)	767,91	767,76	197,29	56,65	4250,0	100 ,29	1,36647	
(VII)	767,81	767,95	202,21	24,30	4357,0	100 ,29	1,36686	1,36667
5) Kohlensäure . . . (VI)	754,73	754,05	194,21	59,17	4926,4	99 ,80	1,36844	
(VI)	749,47	746,28	191,11	54,84	—	99 ,61	1,36981	
(VI)	745,18	744,60	189,95	73,55	—	99 ,44	1,36913	
(VI)	749,52	748,77	191,05	72,07	—	99 ,61	1,36848	1,36896
6) Cyan . . . . (VIII)	758,62	758,86	194,22	65,22	4250,0	99 ,95	1,36792	
(VII)	758,97	759,16	196,84	49,50	4357,0	99 ,96	1,36850	1,36821
7) Stickstoffoxydul (VIII)	759,62	765,10	198,40	75,07	4250,0	99 ,99	1,36788	
(VI)	760,16	765,47	204,10	37,82	4956,4	100 ,00	1,36780	
(VII)	765,46	765,11	197,80	50,05	4357,0	100 ,20	1,36742	1,36763
8) Schweflige Säure (VI)	757,16	756,71	197,82	32,60	4926,4	99 ,89	1,36738	
(VIII)	752,89	752,02	190,86	64,82	4250,0	99 ,73	1,36667	
(VII)	752,49	751,82	195,41	31,60	4357,0	99 ,72	1,36645	
(VI)	751,95	758,22	202,14	39,10	4926,4	99 ,70	1,36734	1,36696
9) Chlorwasserstoff (VIII)	763,03	759,30	193,50	51,82	4250,0	100 ,11	1,36800	
(VII)	762,94	759,04	195,45	37,65	4357,0	100 ,11	1,36825	1,36812
10) Ammoniak	—	—	—	—	—	—	—	

[53] Ich werde ein paar Worte über die Bereitungsweise der Gase hinzufügen:

1) Stickstoff. — Dies Gas wurde erhalten, indem man der Luft durch Hinleiten über Kupferdrehspähne[1]), die in einem Glasrohre glühten, den Sauerstoff entzog. Die Röhre stand in Gemeinschaft mit der Tubulatur der Pumpe. Nachdem der Ballon luftleer gemacht worden, öffnete man nach und nach den Hahn; die über das glühende Kupfer fortstreichende Luft verlor ihren Sauerstoff und setzte hierauf ihre Feuchtigkeit in dem Trockenapparat ab.

2) Sauerstoff. — Ich habe mehrere Versuche mit Sauerstoffgas gemacht, aber dabei so abweichende Resultate erhalten, dass es unmöglich war, daraus ein Resultat zu ziehen. Das Quecksilber kann, selbst eine ziemlich kurze Zeit, nicht mit Sauerstoffgas in Berührung gelassen werden, ohne eine geringe Menge dieses Gases zu absorbiren. Auf seiner Oberfläche zeigen sich bald Anzeichen von Oxydation, und es lässt Spuren auf dem Glase zurück.

Dieselbe Erscheinung zeigt das Quecksilber in Berührung mit der Luft; allein die Veränderung ist langsamer und es bedarf mehrerer Wochen, damit sie sichtbar werde.

Der Sauerstoff war durch Glühen von chlorsaurem Kali bereitet.

3) Wasserstoff. — Dies Gas ward durch Auflösung von Zink in verdünnter Schwefelsäure bereitet. Ehe es in die Pumpe und den Trockenapparat gelangte, durchstrich es zwei, ein Meter lange Röhren, voll mit Kalilauge benässter Bimsteinstücke, und eine dritte Röhre, voll mit einer Lösung von schwefelsaurem Silberoxyd benässter Bimsteinstücke. Das Gas war ganz geruchlos. Die Einschaltung der beiden Röhren, die Bimstein mit Kalilauge enthielten [**54**], ist nothwendig, um die kleine Menge von öligem riechenden Dampf zurückzuhalten, den das Wasserstoffgas immer in hinlänglicher Menge mitschleppt, um merklich in seiner Ausdehnung geändert zu werden. Bei einem Versuch, wo das Wasserstoffgas blos eine mit Wasser gefüllte Waschflasche durchstrich, fand ich für seinen Ausdehnungscoëfficienten die Zahl 0,3686. Ein zweiter Versuch, bei dem die Waschflasche Kalilauge enthielt, gab die Zahl 0,3679.

4) Kohlenoxyd. — Bereitet durch Zersetzung von Oxalsäure mittelst concentrirter Schwefelsäure. Um das Gas

1) Die Kupferspähne waren erst durch Rösten an der Luft oxydirt und darauf durch einen Strom Wasserstoff reducirt.

von der Kohlensäure zu befreien, wurde es erstlich durch eine Flasche mit Aetzlauge geleitet, dann durch eine Röhre voll mit Aetzlauge getränkten Bimsteins. Von da ging es in den Trockenapparat.

5) *Kohlensäure*. — Erhalten aus weissem Marmor mittelst verdünnter Chlorwasserstoffsäure. Das Gas durchstrich eine mit Wasser gefüllte Waschflasche und ging von da in den Trockenapparat.

6) *Cyan*. — Bereitet durch Zersetzung von Cyanquecksilber mittelst Erhitzung in einer kleinen Glasretorte. Es ging durch eine mit concentrirter Schwefelsäure gefüllte und mit einem Sicherheitsrohr versehene Flasche, die zur Regulirung der Hineinleitung des Gases diente.

7) *Stickstoffoxydul*. — Bereitet durch Erhitzung von salpetersaurem Ammoniak in einer Retorte. Es durchstrich, bevor es in den Trockenapparat gelangte, eine Flasche mit einer Lösung von schwefelsaurem Eisenoxydul.

8) *Schweflige Säure*. — Dargestellt durch Erhitzung von Quecksilber mit concentrirter Schwefelsäure. Das Gas ging durch eine mit concentrirter Schwefelsäure gefüllte Waschflasche, dann in den Trockenapparat.

9) *Chlorwasserstoff*. — Erhalten durch Zersetzung von Kochsalz mit concentrirter Schwefelsäure. Das Gas [55] ging durch eine mit concentrirter Schwefelsäure gefüllte Flasche, darauf durch zwei Röhren mit geschwefelsäuertem Bimstein.

Die Versuche mit dem Chlorwasserstoffgas boten nichts besonderes dar. Das Quecksilber behielt seinen Glanz. Dennoch konnte ich den erhaltenen Resultaten nicht ganz trauen. Das Quecksilber schien zwar von dem Chlorwasserstoffgas allein nicht angegriffen zu werden; allein es wurde es schnell, so wie diesem Gase Sauerstoff beigemengt war. Nun begreift man leicht, dass einige Tausendstel Luft, dem Chlorwasserstoffgas im Ballon beigemengt, hinreichen werden, um eine sehr merkliche Absorption des Gases zu bewirken und folglich die Ausdehnung zu stören.

10) *Ammoniakgas*. — Bereitet durch gelindes Erwärmen einer concentrirten wässrigen Auflösung des Gases. Es durchstrich eine ein Meter lange Röhre voll gröblich zerstossenen Aetzkalis.

Das Ammoniakgas gab mir die abweichendsten Zahlen. Das Quecksilber schien auf seiner Oberfläche stark verändert zu werden; es zog Fäden; offenbar hatte es Gas absorbirt; allein es war mir unmöglich, die stattgefundene chemische Reaction aufzuklären.

Je nachdem das Gas mehr oder weniger lange über Quecksilber gestanden hatte, erhielt ich successiv die Zahlen 0,370; 0,371; 0,373.

Aus der vorstehenden Tafel ersieht man, dass Stickstoff, Wasserstoff und Kohlenoxyd so gut wie gleiche Ausdehnungscoëfficienten mit der Luft besitzen, wenigstens unter den bei den Versuchen obwaltenden Umständen, d. h. wenn die Gase sich bei Siedhitze des Wassers unter dem Druck der Atmosphäre und beim Schmelzpunkt des Eises unter dem Druck von etwa 550 mm Quecksilber befinden.

Kohlensäure, Stickstoffoxydul und Cyan zeigten dagegen unter denselben Umständen einen stärkeren Ausdehnungscoëfficienten.

[**56**] Schwefligsaures Gas gab etwas stärkere Zahlen als die ersten Gase; allein der Unterschied ist so gering, dass man nicht weiss, ob er nicht den unvermeidlichen Beobachtungsfehlern zugeschrieben werden muss.

Vom Chlorwasserstoffgas will ich nicht sprechen, da ich die mit diesem erhaltenen Zahlen für etwas unsicher halte.

Meine Versuche scheinen demnach zu beweisen, dass die Gase, unter gleichen Umständen, nicht genau denselben Ausdehnungscoëfficienten besitzen. Bei den von mir untersuchten Gasen und unter den bei den Versuchen obwaltenden Umständen schwankt dieser Coëfficient von 0,3665 bis 0,3685.

Diese Schwankung kann nicht dem Umstand zugeschrieben werden, dass diese Gase sich bei der Temperatur des schmelzenden Eises und unter dem Druck $0^m,550$ ihrem Liquefactionspunkt nahe befinden. Denn die schweflige Säure, die unter allen Gasen am leichtesten flüssig wird, hat dennoch einen kleineren Ausdehnungscoëfficienten als die Kohlensäure, welche bei 0° noch um 90 Grad von ihrem Liquefactionspunkt entfernt ist.

Die Aenderung, die man an einem der schönsten Gesetze der Physik anbringen müsste, schien mir zu gewichtig, als dass ich nicht hätte suchen sollen, sie durch andere Experimente zu unterstützen.

Ich begann damit, mehrere Bestimmungen nach dem Verfahren IV zu machen, unter genauer Anwendung desselben Apparats, der bei der Luft gebraucht worden.

Mit der Kohlensäure erhielt ich folgende Resultate:

Erste Periode.

	H	T	t	H'	h'	t'	$1 + 100\alpha$
1	756,52	99°,87	13°,4	755,47	200,58	13°,0	1,36831
2	757,54	99 ,91	12 ,9	758,02	202,55	11 ,7	1,36857
						Mittel	1,36844.

[57] Zweite Periode.

	H''	t''	H'''	T'''	h'''	t'''	$1 + 100\alpha$
1	758,47	11°,8	758,80	99°,95	275,67	14°,8	1,36846
2	758,47	11 ,8	759,10	99 ,97	275,51	14 ,1	1,36866
						Mittel	1,36856.

Diese Versuche geben fast dieselbe Zahl, wie nach dem Verfahren II gefunden wurde.

Ein Versuch mit Stickoxyd gab Folgendes:

Erste Periode.

H	T	t	H'	h'	t'	$1 + 100\alpha$
747,03	99°,52	4°,2	748,08	198,39	3°,6	1,36701

Zweite Periode.

H''	t''	H'''	T'''	h'''	t'''	$1 + 100\alpha$
747,72	3°,6	748,49	99°,57	269,73	3°,9	1,36797
					Mittel	1,36749.

Das Mittel aus den zuvor angeführten und nach dem Verfahren II angestellten Versuchen ist = 1,36763.

Die schweflige Säure gab, wie wir gesehen, mittelst des Verfahrens II beinahe denselben Ausdehnungscoëfficienten wie die Luft. Ich wollte nun sehen, ob dieser Coëfficient grösser würde, wenn man bedeutendere Drucke anwendete. Ein Versuch nach Verfahren IV gab:

Erste Periode.

H	T	t	H'	h'	t'	$1+100\alpha$
742,08	99°,33	5°,6	742°,31	196,64	4°,5	1,36689

Zweite Periode.

H''	t''	H'''	T'''	h'''	t'''	$1+100\alpha$
742,49	5°,3	742,85	99°,36	267,64	6°,6	1,36777

[58] Die in der ersten Periode des Versuchs erhaltene Zahl ist identisch mit der, welche die Versuche nach dem Verfahren II lieferten, während die zweite Periode, d. h. die unter stärkerem Druck erhaltene, bedeutend grösser ist.

Bei Anstellung eines zweiten Versuchs wurde das Gas, als es bei 0° war, einem etwas stärkeren Druck als der atmosphärische unterworfen. Der Ballon war mit Eis umhüllt und das Seitenrohr mit dem die schweflige Säure entwickelnden Gefäss verbunden, als man durch Oeffnen des Hahns das Quecksilber ausfliessen liess, so dass das Rohr FH sich ganz mit dem schwefligsauren Gase füllte. Darauf verschloss man die Röhre p vor der Lampe, schüttete Quecksilber in das Rohr G, bis in der Röhre FH das Niveau bei α stand, beobachtete nun den Niveauunterschied h zwischen beiden Menisken, nahm das Eis fort und brachte den Ballon in die Siedhitze des Wassers, wie gewöhnlich. So erhielt man:

H	t	h	H'	T'	h'	t'	$1+100\alpha$
743,59	5°,6	28,69	743,92	99°,40	308,22	6°,1	1,36907

Endlich machte man einen dritten Versuch bei noch bedeutenderem Druck. Zu dem Ende ersetzte man die Röhre FH durch eine andere, deren unterer Theil bedeutend weiter war; man sieht dieselbe abgebildet in Fig. 13.

Genau verfahrend wie beim zweiten Versuch, fand sich:

[59]

H	t	h	H'	T'	h'	t'	$1+100\alpha$
764,77	5°,9	136,29	764,64	100°,17	469,71	7°,00	1,37413

Somit hat mir das schwefligsaure Gas gegeben:

Bei 0° unter dem Druck:	Bei 100° unter dem Druck:	Ausdehnungs-coëfficient:
545^{mm},67	742^{mm},08	1,36689
742 ,49	1010 ,49	1,36777
772 ,28	1052 ,14	1,36907
901 ,06	1234 ,35	1,37413.

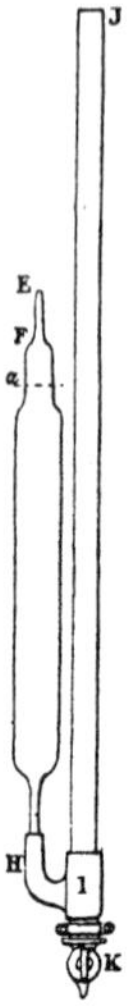

Fig. 13.

Der Ausdehnungscoëfficient des schwefligsauren Gases nimmt also merklich zu, so wie dasselbe einem grösseren Druck ausgesetzt wird. Wahrscheinlich gilt dasselbe von den übrigen zusammengesetzten Gasen, welche auch nicht genau das *Mariotte*'sche Gesetz befolgen.

Eine ähnliche Veränderlichkeit zeigt sich, obwohl weniger hervorstechend, bei der Kohlensäure. Wie wir gesehen, gab das Verfahren IV, auf dieses Gas angewandt:

Druck bei 0°:	Druck bei 100°:	Ausdehnung:
554^{mm},89	556^{mm},52	1,36831
555 ,47	757 ,54	1,36857
758 ,47	1034 ,47	1,36846
759 ,10	1034 ,10	1,36866.

Die Verschiedenheit ist nicht merklich; allein ein mit dem erwähnten abgeänderten Apparat angestellter Versuch gab:

H	t	h	H'	T'	t'	h'
766,32	6°,4	134,77	766,14	100°,23	6°,4	464,23

woraus:

[60] $$\frac{v}{V} = 0{,}00366 \text{ und } 1 + 100\alpha = 1{,}36943,$$

mithin war, als das Kohlensäuregas sich

bei 0° unter dem Druck 901^{mm},09
und bei 100° » » » 1230 ,37

befand, sein Ausdehnungscoëfficient etwas grösser.

Ich habe einen Apparat construirt, mittelst dessen man die ungleiche Ausdehnung der Gase augenscheinlich machen und zugleich genau messen kann. Es ist eine Art Differentialthermometer, bestehend aus zwei Ballons von gleicher Geräumigkeit, die in Thermometerröhren endigen und genau wie der Ballon des Verfahrens IV (Fig. 10, S. 111) vorgerichtet sind. Jeder Ballon gemeinschaftet mit einem ähnlichen Rohre wie *FH* in Fig. 10 u. 11, S. 111, das in einem dreiarmigen und mit einem Hahne versehenen Eisenstück eingekittet ist (Fig. 12, S. 116). Die dritte, intermediäre Tubulatur trägt ein Barometerrohr. Die beiden Röhren *FGH* und *F′G′H′* sind von einer und derselben wohl cylindrischen Röhre genommen und haben genau gleiche Form erhalten; sie sind auch in den Tubulaturen auf eine möglichst gleiche Weise eingefügt. Man füllt den einen Ballon mit trockner Luft und den andern mit dem, hinsichtlich seiner Ausdehnung mit der Luft zu vergleichenden Gase. Beide Ballons sind übrigens in demselben Blechkasten angebracht.

Nachdem man die Ballons mit Eis umgeben und das Quecksilber mit einem auf der einen Röhre gemachten Strich in Niveau gebracht hat, verschliesst man vor der Lampe die beiden Seitenröhren *op*. Das Quecksilber befindet sich dann in den beiden Röhren *FGH*, *F′G′H′*, und in der intermediären Barometerröhre nothwendig in gleichem Niveau. Man schafft nun das Eis fort, giesst Wasser in das Blechgefäss, bringt dieses zum Sieden, schüttet Quecksilber in die Barometerröhre, um das Niveau in der Röhre *FGH* auf demselben Punkt zu erhalten. Wenn die beiden Gase einen gleichen Ausdehnungscoëfficienten [**61**] haben, müssen auch die beiden Menisken in den Röhren *FGH* und *F′G′H′* in demselben Niveau sein; dagegen wird ein Höhenunterschied vorhanden sein, wenn die Ausdehnungen ungleich sind.

Es würde recht schwierig sein, zwei Ballons zu finden, die, nach Anlöthung an ihre Thermometerröhre, genau gleiche Geräumigkeit besässen, und die Röhren *FGH* und *F′G′H′* so einzurichten, dass die Luftvolume in dem oberen Theile dieser Röhren vollkommen gleich wären, wenn das Quecksilber sich in demselben Niveau befindet und an den auf einen der Röhren gemachten Visirpunkt tritt. Indess ist dies nicht nöthig; es genügt, dass das Verhältniss $\frac{v}{V}$ gleich sei für beide Apparate. Zu dem Ende braucht man nur die beiden Ballons von ungefähr gleicher Geräumigkeit zu nehmen, sie an ihre

Thermometerröhren zu löthen und dann sorgfältig mit destillirtem Wasser auszumessen. Eben so aicht man mit Quecksilber den kleinen Raum in dem Theil $F\alpha$ der Röhre FGH bis zum Visirpunkt α; auf die andere Röhre $F'G'H'$ zieht man zwei Striche α' und α'', und aicht mit Quecksilber den Raum bis α' und den zwischen den beiden Strichen α' und α''.

Ist dies geschehen, so kennt man das Verhältniss $\frac{v}{V}$ für den ersten Ballon und das Volum V' des zweiten Ballons; alsdann muss v' gleich sein $= \frac{v}{V} \cdot V'$. Es ist leicht, auf der Röhre $G'H'$ den Punkt zu bestimmen, welchem dieses Volum v' entspricht; man berechnet seine Entfernung d vom Strich α.

Nach Einkittung der Röhre FGH in ihre Tubulatur und Anheftung des Apparats an sein verticales Brett befestigt man die Röhre $F'G'H'$ in der gehörigen Lage. Zu dem Ende misst man mittelst des Kathetometers das Niveau des Visirpunkts α auf der Röhre FGH und dreht das Fernrohr gegen die Röhre $F'G'H'$. Wenn diese letzte Röhre sich in der gehörigen Lage befindet, so muss das Fadenkreuz des Fernrohrs auf den Punkt zeigen, der [**62**] dem Volum v' entspricht. Folglich muss sich der Strich α' in einer Höhe d darüber oder darunter befinden. Man versichert sich mit dem Instrumente, ob dies wirklich der Fall sei, d. h. man hebt oder senkt das Fernrohr um die Grösse d und stellt die Röhre $F'G'H'$ so, dass der Strich α' vom Horizontalfaden des Fernrohrs in seiner neuen Lage gedeckt werde; darauf kittet man die Röhre fest.

Um zu sehen, ob der Differentialapparat zweckmässig aufgestellt sei, macht man zuvörderst einen Versuch mit trockner Luft, mit welcher man beide Ballons füllt. Man verschliesst die beiden Seitenröhren, wenn die Ballons im schmelzenden Eise liegen und das Quecksilber an α auf der Röhre FGH getreten ist. Die drei Quecksilbersäulen sind dann in gleichem Niveau. Man bringt das Wasser im Gefäss zum Sieden und führt das Niveau des Quecksilbers auf α zurück. Ist der Apparat wohl eingerichtet, so muss das Quecksilber sich in der Röhre $F'G'H'$ auf genau gleicher Höhe befinden.

Die nach dieser Methode erhaltenen Resultate macht man noch einleuchtender, wenn man einen zweiten Versuch anstellt, bei welchem man in den Ballon, der zuvor die Luft einschloss, das auf seine Ausdehnung zu vergleichende Gas einschliesst, und dagegen den Ballon, der beim ersten Versuch das Gas enthielt, mit atmosphärischer Luft füllt.

Für die Ausdehnung des Gases in diesem Apparat hat man, wenn man die Bezeichnungen der S. 114 beibehält, die Formel:

$$1 + \alpha T = \frac{(H''' + h''')(1 + \delta T)}{H'' - \frac{v}{V}\left(\frac{1}{1 + \alpha t}\right)(H''' + h''' - H'')}.$$

Differentiirt man in Bezug auf α und h''', beachtend, dass der Factor

$$\frac{v}{V} \cdot \frac{1}{1 + \alpha t} \cdot (H''' + h''' - H'')$$

wegen seiner Kleinheit als constant und als gleich k gesetzt werden kann, so kommt

$$d\alpha = \frac{(1 + \alpha T)\, dh''}{H'' - k},$$

[63] weshalb man einfach setzen kann:

$$\varDelta\alpha = \frac{\varDelta h'''}{H''},$$

d. h. der Unterschied der Ausdehnungscoëfficienten beider Gase ist gleich dem Niveauunterschiede der Quecksilbersäulen in den beiden Röhren FGH und $F'G'H'$, dividirt durch den Barometerstand zur Zeit, als bei Umgebung der Ballons mit Eis die beiden Röhren verschlossen wurden.

Dies Resultat ist indess nicht ganz richtig, weil man die Veränderung des Verhältnisses $\frac{v}{V}$ vernachlässigt, das, für das Gas, welches sich nicht so wie die Luft ausdehnt, nicht gleich ist bei 100° und bei 0°. Wenn aber der Unterschied der Ausdehnungen sehr gering ist, entsteht aus dieser Vernachlässigung kein beachtenswerther Fehler. Es ist übrigens leicht, ihn in Rechnung zu ziehen.

Ein nach dieser Methode angestellter vergleichender Versuch mit Kohlensäure und mit atmosphärischer Luft gab:

$$\varDelta h''' = 1^{\mathrm{mm}},48 \text{ und } H'' = 757^{\mathrm{mm}},20,$$

folglich:

$$\varDelta \alpha = \frac{1,48}{757,20} = 0,002 \text{ ungefähr},$$

d. h. der Ausdehnungscoëfficient des kohlensauren Gases ist um 0,002 grösser als der der Luft; dies bringt ihn auf 0,3685, eine Zahl, die wirklich früher (S. 128) gefunden wurde.

Um die Genauigkeit des Differentialapparats zu prüfen, füllte ich beide Apparate mit trockner Luft. Ich fand dann:

$$\varDelta h''' = 0^{\mathrm{mm}},08.$$

Dieser Unterschied, wahrscheinlich daraus entsprungen, dass die Röhren nicht ganz genau adjustirt waren, ist gänzlich zu vernachlässigen.

[52]

Untersuchungen über die Ausdehnung der Gase

von

V. Regnault.

Zweite Abhandlung.

In meiner ersten Abhandlung beschäftigte ich mich mit der Bestimmung der Ausdehnungscoëfficienten der Luft und einiger anderen Gase, zwischen den festen Thermometerpunkten und unter Drucken, die wenig von dem der Atmosphäre verschieden waren. Die ziemlich mannigfaltigen Verfahrungsarten hatten im Ganzen das gemein, dass die Ausdehnungen nicht geradezu gemessen, sondern aus den Aenderungen der Spannkraft berechnet wurden. In dieser zweiten Abhandlung beabsichtige ich:

1) Diese ersten Untersuchungen zu vervollständigen und die Ausdehnung der Gase zwischen denselben Temperaturgrenzen, aber unter sehr verschiedenen Drucken zu studiren, und zwar durch analoge, d. h. solche Methoden, die gegründet sind auf die Aenderungen der Spannkraft eines und desselben Gasvolums bei Erhöhung der Temperatur von 0° auf 100°

2) Denselben Gegenstand direct zu behandeln, mittelst einer ganz anderen Methode, bei welcher die Volumsvergrösserung einer und derselben Gasmasse unter constantem Druck für einen Temperaturunterschied von 0° bis 100° unmittelbar gemessen wird.

[53]

Erster Theil.

Von der Ausdehnung der Gase unter verschiedenen Drucken, berechnet aus der Aenderung der Spannkräfte.

Gemeiniglich nehmen die Physiker an, dass, zwischen gleichen Temperaturgrenzen, die Ausdehnung der Gase constant sei, welchem Druck sie auch unterworfen sein mögen; dass sie folglich ganz unabhängig sei von der ursprünglichen Dichte. Es ist indess schwierig, recht bündige Versuche anzuführen, auf welche sich dieses Gesetz stütze. Mehre Beobachter, die unter verschiedenem barometrischen Druck einen gleichen Werth für den Ausdehnungscoëfficienten der Luft erhielten, schlossen daraus, der Coëfficient der Gase bleibe für alle Drucke gleich. Allein die Barometerschwankungen an einem und demselben Ort bleiben zwischen zu engen Grenzen, als dass es erlaubt wäre, aus dieser Beobachtung einen so allgemeinen Schluss zu ziehen. Sie beweist nur, dass die Aenderungen des Ausdehnungscoëfficienten der Luft für sehr schwache Druckänderungen unmerklich sind.

H. Davy ist der einzige Physiker, der die Ausdehnung der Luft unter sehr verschiedenen Drucken studirt hat*). Er giebt an, bei Luft von den Dichten $\frac{1}{6}$, $\frac{1}{3}$, $\frac{1}{2}$, 1 und 2 die nämliche Ausdehnung gefunden zu haben. Allein die Versuche wurden nicht nach einem so feinen Verfahren angestellt, dass man ihre Resultate als hinreichend genau betrachten könnte.

Ich habe die Versuche mit der Luft sowohl unter schwächerem als unter weit stärkerem Druck als der atmosphärische angestellt.

Versuche unter schwächeren Drucken als der gewöhnliche barometrische.

Diese Versuche wurden nach dem Verfahren No. IV (S. 111) ausgeführt und mittelst des [**54**] Apparats Fig. 10 und 11 daselbst; nur war der Röhre FGH eine grössere Höhe gegeben, etwa 770 Millimet. von der Tubulatur H an bis zum Zeichen α.

Nachdem der Ballon in den Dampf des siedenden Wassers gebracht und einerseits mittelst des Seitenrohrs op mit

---

*) Philosoph. Transact. 1823, T. II p. 204.

dem Trockenapparat, andererseits mit dem an seine Kupfertubulatur *n* gekitteten Rohr *FGH* verbunden worden, wurde er vielmals ausgepumpt und die Luft jedesmal langsam wieder hineingelassen. Die Röhren *FH* und *IJ* enthielten eine solche Menge Quecksilber, dass der Ballon luftleer gemacht werden konnte, ohne dass das Quecksilber in der Röhre *FH* über *F* stieg. Nach vollständiger Austrocknung des Apparats liess man die zum Versuch erforderliche Luftmenge eintreten, bestimmte deren Dichte aus dem Niveauunterschiede der beiden Quecksilbersäulen, schloss das Seitenrohr *op* vor der Lampe und nahm den Trockenapparat fort.

Durch Eingiessen von Quecksilber in die Röhre *IJ* brachte man das Niveau in der Röhre *FH* an den Strich

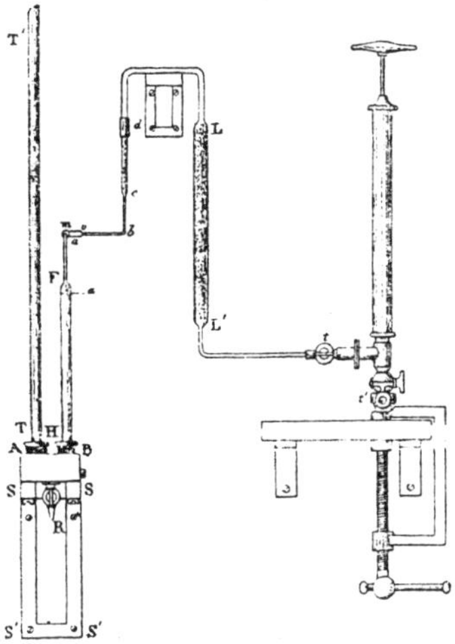

Fig. 1.

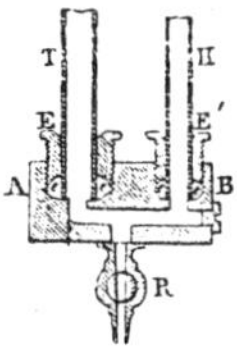

Fig. 2.

α, während der Ballon immer im Dampf des siedenden Wassers sich befand. Man nahm mit dem Kathetometer den Niveauunterschied beider Säulen und zeichnete zugleich den Barometerstand auf.

Hierauf nahm man den Ofen *O* fort, liess das heisse Wasser zum Gefäss *M* herauslaufen, und, wenn dieses vollständig erkaltet war, umgab man den Ballon mit zerstossenem Eise. Durch Oeffnen des Hahns *K* liess man Quecksilber abfliessen, um das Niveau desselben auf dem Strich *α* in der Röhre *FH* zu erhalten. Nachdem das Temperaturgleichgewicht wiederum hergestellt worden, maass man den Niveauunterschied der Quecksilbersäule und die Barometerhöhe.

Solchergestalt machte man mit einer selben Luftmasse mehre Versuche, indem man den Ballon abwechselnd mit

Dampf von siedendem Wasser und mit Eis umgab. Zuweilen wurden sie in Zwischenräumen von mehren Tagen angestellt, und sonach war leicht zu erkennen, ob der Apparat vollkommen gasdicht hielt.

[**55**] Die unter schwächerem Druck als der atmosphärische angestellten Versuche stelle ich in einer einzigen Tafel zusammen; diejenigen von ihnen, die mit einer selben Luftmasse ausgeführt wurden, sind in einer selben Reihe befindlich.

Ich bediente mich des zu meinen ersten Versuchen angewandten Ballons (S. 111); allein die Röhre FH des älteren Apparats war bei den Versuchen II, III, IV und V durch eine andere von grösserer Höhe ersetzt.

Für die Reihe I hat man:

$$\frac{v}{V} = \frac{26{,}85}{9889{,}9} = 0{,}00272;$$

für die Reihen II, III, IV und V:

$$\frac{v}{V} = \frac{29{,}0}{9889{,}9} = 0{,}00293\,.$$

Zur Berechnung der Versuche diente die folgende Formel: Es sei, für die Zeit, da der Ballon im Wasserdampf steht, H' der Barometerstand, T die Temperatur des Wasserdampfs, h' der Niveauunterschied der Quecksilbersäulen, t' die Temperatur des kleinen Luftvolums v; ferner für die Zeit, da der Ballon mit Eis umgeben ist, H, h, t die entsprechenden Grössen. Dann hat man:

$$1 + \alpha T = \frac{(H' - h')\,(1 + \delta T)}{(H - h) - \frac{v}{V} \cdot \frac{1}{1 + \alpha t}\,[H' - h' - H + h]}$$

Man setzte $t' = t$, und reducirte die Höhen H, h, H' h' auf 0°.

[56]

Nummer der Versuchsreihe	H	t	h	$H-h$	H'	T'
	mm		mm	mm	mm	
I.	763,68	9,4°	388,48	375,20	763,94	100°,14
	763,63	11,4	338,36	375,27	763,54	100,13
II.	764,79	11,9	390,12	374,67	764,89	100,18
	764,79	11,9	390,12	374,67	767,79	100,29
III.	757,47	8,2	491,32	266,15	757,52	99,90
	756,88	9,3	490,91	265,97	756,53	99,87
IV.	756,13	9,3	581,70	174,43	756,13	99,85
	756,13	9,3	581,70	174,43	756,04	99,85
	760,56	6,6	586,35	174,21	760,91	100,04
V.	761,14	8,3	651,50	109,64	761,14	100,04
	761,19	7,6	651,49	109,70	760,92	100,03
	761,18	8,8	651,55	109,63	761,09	100,04
	761,24	8,6	651,61	109,63	761,14	100,04
	765,87	8,8	656,08	109,79	765,57	100,21
	765,82	9,2	656,07	109,75	765,64	100,21
	765,87	8,8	656,08	109,79	765,64	100,21
	765,82	9,2	656,07	109,75	765,57	100,21
	765,87	8,8	656,08	109,79	765,64	100,21
	765,82	9,2	656,07	109,75	765,64	100,21

Nummer der Versuchsreihe	t'	h'	$H'-h'$	$1+100\alpha$	Mittel
		mm	mm		
I.	13,5°	252,89	511,05	1,36605	
	12,5	252,65	510,89	1,36540	1,36572
II.	12,8	254,53	510,36	1,36609	
	9,4	257,44	510,35	1,36566	1,36587
III.	8,8	395,47	362,05	1,36525	
	10,7	394,66	361,87	1,36560	1,36542
IV.	10,4	518,98	237,15	1,36469	
	10,0	518,86	237,18	1,36487	
	7,8	523,74	237,17	1,36583	1,36513
V.	8,6	611,81	149,33	1,36639	
	9,5	611,71	149,21	1,36459	
	9,9	611,89	149,20	1,36535	
	9,9	611,92	149,21	1,36554	
	9,0	616,18	149,39	1,36448	
	9,6	616,33	149,31	1,36425	
	9,6	616,33	149,31	1,36376	
	9,0	616,18	149,39	1,36498	
	11,9	616,28	149,36	1,36421	
	11,9	616,28	149,36	1,36471	1,36482

[57] Bei Berechnung der Versuche combinirte man oft die nämliche Bestimmung im schmelzenden Eise mit mehreren vor- und nachher im Wasserdampf gemachten Bestimmungen, um die extremen Werthe zu erhalten.

Die Tafel zeigt deutlich, dass der Ausdehnungscoëfficient der Luft mit dem Druck ein abnehmender ist.

Es ist gut zu bemerken, dass bei den partiellen, mit einer selben Luftmasse angestellten Versuchen grössere Unterschiede vorkommen, als bei denen, die unter atmosphärischem Druck gemacht sind. So in der Reihe V, welche die unter dem schwächsten Druck gemachten Versuche einschliesst, sind die Extreme 1,36376 und 1,36639, also deren Unterschied 0,00263. Der Grund hievon ist einfach; ein gleicher Fehler in einer der Höhen H, H', h oder h' bewirkt nothwendig desto beträchtlichere Unterschiede in dem Endresultate als die Drucke schwächer sind. Nur durch eine grosse Zahl von Bestimmungen, so combinirt, dass sie die äussersten Werthe ergeben müssen, war es möglich das genannte Gesetz zur Deutlichkeit zu bringen.

Versuche unter stärkerem Druck als der gewöhnliche barometrische.

Der Apparat Fig. 10 und 11, S. 111 eignet sich sehr gut zu Versuchen unter stärkerem Druck als der atmosphärische Druck, wenn man ihn folgendermaassen abändert.

Die Röhre *IJ* wird ersetzt durch eine viel längere, die an einer festen Wand angeheftet ist. Statt der geraden Seitenröhre *op* kittet man in die Tubulatur *o* eine Röhre von der Form Fig. 1, S. 137, bestehend aus einer gekrümmten Haarröhre *abc* (deren Theil *ab* eine horizontale Lage einnimmt), und einer daran geschmolzenen [**58**] weiteren Röhre *cd*, die senkrecht steht. Diese letztere wird in Verbindung gesetzt mit einer dicken Röhre *LL'*, die Bimstein, getränkt mit concentrirter Schwefelsäure, enthält: zu dem Ende vereinigt man die beiden Enden der Röhren unter einer selben kleinen Hülse von Kupfer, die man ganz mit Kitt bekleidet. Die Röhre *LL'* kann mittelst Kautschuk mit einer kleinen Saugpumpe verbunden oder in die Tubulatur *t* einer Druckpumpe eingekittet werden. — In die Röhre *cd* brachte man mehre Mastix-(Siegellack-) kügelchen.

Ist nun hierauf der Ballon im Dampf des siedenden Wassers befindlich, so pumpt man ihn vielmals aus, um den

Apparat vollständig zu trocknen, ersetzt dann die Saugpumpe durch eine Druckpumpe, und treibt langsam trockne Luft in den Ballon, während man zugleich Quecksilber in die Röhre *IJ* giesst. Zwischen je zwei Kolbenstössen lässt man mehre Minuten verstreichen, damit die Luft, ehe sie in den Ballon tritt, einige Zeit mit dem schwefelsauren Bimstein in Berührung bleibe*). Sieht man aus dem Höhenunterschied der Quecksilbersäulen, dass die Luft in dem Ballon die beabsichtigte Dichte besitzt, so schmilzt man vor der Weingeistlampe die kleinen in der Röhre *cd* befindlichen Mastixkügelchen; zugleich öffnet man den Hahn *K* ein wenig; das ausfliessende Quecksilber vermindert den Druck im Innern genugsam, damit eine kleine Säule des geschmolzenen Mastix in das Haarröhrchen *cb* trete und daselbst gestehe. Zu demselben Resultat gelangt man offenbar, wenn man mit der Druckpumpe eine neue Menge Luft hineintreibt. Nach Erkaltung des Mastix ist der Apparat [**59**] bei *c* hermetisch verschlossen; dann kann man die Röhre *LL'* und die Compressionspumpe fortnehmen.

Der Versuch macht sich wie gewöhnlich. Nur kann man, da die zu messenden Säulen sehr lang sind, nicht mit einem einzigen Kathetometer ausreichen. Ich habe zu diesen Versuchen zwei Kathetometer zugleich angewandt, jedes von 1 Meter Lauf. Das eine dieser Instrumente diente zur Bestimmung der Tiefe des Meniskus in der Röhre *FH* unterhalb eines Punktes *r*, der auf der Röhre *IJ* etwa 800 Millimeter über dem Strich *α* befindlich war. Das andere Kathetometer, auf einer sehr festen Unterlage stehend, welche der Beobachter nicht betrat, diente zur Messung der Entfernung des Meniskus in der Röhre *IJ* von einem anderen, auf derselben Röhre befindlichen Merkpunkt *r'*. War der Abstand *rr'* grösser als 1 Meter, so brachte man in dem Zwischenraum auf derselben Röhre andere Merkpunkte, etwa in Abständen von 900 Millimeter an. Alle diese Abstände wurden mittelst der Kathetometer mit grösster Sorgfalt bestimmt, erst vor Anfang jedes Versuchs und dann nach Beendigung desselben.

---

*) Für die Versuche unter hohem Druck ist es noch nöthiger als für die unter schwachem, dass die in den Ballon getriebene Luft vollkommen trocken sei. Um dies mit Sicherheit zu erreichen, hatte man an die Tubulatur *t'* der Druckpumpe ein zweites Rohr mit schwefelsaurem Bimstein angelegt, so dass die eingesogene Luft schon recht trocken in der Pumpe anlangte.

Der Meniskus in der Röhre FH wurde bei jedem Versuch beinahe mit dem Strich α auf dieser Röhre in Niveau gebracht, doch, da es schwieriger ist so lange Quecksilbersäulen zu ajustiren, doch nicht vollkommen, sondern nur angenähert, und dabei zog ich, nach der Lage des Meniskus gegen den Strich α, die kleine Aenderung des Volums v in Rechnung, was durch eine vorherige Aichung der Röhre leicht gethan war.

Die Quecksilbersäule war durch eine Wand von mehrfachen Brettern vor der Strahlung des Ofens geschützt, und man bestimmte ihre Temperatur mittelst drei an verschiedenen Punkten ihrer Höhe angebrachter Thermometer mit sehr grossen Behältern. Das Mittel der Angaben dieser Thermometer wurde als Temperatur der Quecksilbersäule angenommen.

[60] Mittelst des so eingerichteten Apparats konnte ich Versuche bis zum Druck von etwa vier Atmosphären anstellen. Der Ballon war nicht mehr der, welcher zu den früheren Beobachtungen diente, da dieser zu dünn in Glas war, und vermuthlich so beträchtlichen Drucken nicht widerstanden haben würde. Ich wählte einen Ballon von etwas dickerem Glase und einem kleineren Durchmesser; er fasste 6786,5 g Quecksilber bei 0°.

Für Beobachtungen unter bedeutenderen Drucken bedurfte es einer neuen Einrichtung. Glasröhren aus einem einzigen Stück konnte ich mir nicht länger als 3 Meter verschaffen, und es war überdies zu fürchten, dass eine Glasröhre von grösserer Länge nicht mehr den Druck aushalten, sondern unten bersten würde. Ich nahm zum folgenden Apparat (Fig. 1 S. 137) meine Zuflucht.

Ein eisernes Rohr TT', etwa 3 Meter lang, ist eingelassen in die Tubulatur A eines eisernen Hahnstückes (Fig. 1, 2)*), und darin befestigt mittelst einer Bekleidung von eingefetteter Leinwand, die rings um die Röhre in den ringförmigen Raum *ee* durch eine hohle Schraube E eingezwängt wird.

*) Die Fig. 2 stellt das Stück ABR im senkrechten Durchschnitt vor, im doppelten Maassstab von Fig. 1. Alle Figuren der früheren Abhandlung haben $\frac{3}{40}$ der wirklichen Grösse; dasselbe gilt von den Figuren dieser, mit Ausnahme der Fig. 2 und 8, die $\frac{3}{20}$ haben.

Auf dieselbe Weise befestigt man in der zweiten Tubulatur *B* die Glasröhre *FH*. Das Eisenstück *ABR* ist wohl befestigt auf einem Stativ *SS'* an einer senkrechten Mauer. Die Eisenröhre ist vollkommen senkrecht aufgestellt; sie endigt oben in einer Tubulatur mit Schraube, in welche eine Glasröhre von etwa zwei Metern Länge eingelassen ist, mittelst einer Bekleidung von eingefetteter Leinwand und einer Schraubenmutter. Die Eisendrähte und die darauf stehende Glasröhre haben einen inneren Durchmesser von 14 bis 15 Millimetern.

[**61**] Der Ballon und das ihn einschliessende Gefäss befinden sich in einem Nebenzimmer, das von dem ersten getrennt ist durch die Wand, an welcher die senkrechte Eisenröhre aufgestellt ist. Diese Wand hat ein Loch, durch welches man das Haarröhrchen des Ballons steckt, ehe es in der dreiarmigen Kupfertubulatur *mno* festgekittet wird. Die Seitentubulatur *mo* trägt das kleine gekrümmte Rohr *abcd*, welches das Mastixkügelchen enthält, und durch das mit schwefelsaurem Bimstein gefüllte Rohr *LL'* mit der Compressionspumpe in Gemeinschaft steht.

Der Versuch wird übrigens genau so wie mit dem ersten Apparat angestellt: man misst die beiden Menisken mit den beiden Kathetometern. Das Instrument, welches den Meniskus in der langen Säule vorfolgt, befindet sich in einem oberen Stockwerk, durch dessen Fussboden die Eisenröhre geht.

Die Röhren tragen in gewissen Abständen Merkzeichen, die mit grösster Sorgfalt mittelst eines der Kathetometer bestimmt werden. Dieses ist zu dem Ende so fest wie möglich auf hohen Gestellen befestigt, die der Beobachter nicht besteigt. Die äusserst empfindliche Libelle des Kathetometers erlaubt überdies mit Leichtigkeit zu erkennen, ob die Bedingung der Festigkeit hinreichend erfüllt sei.

Quecksilberthermometer mit grossen Behältern sind längs der Quecksilbersäule angebracht, und zeigen deren Temperaturen an.

Der zu diesen Versuchen dienende Ballon war von Krystallglas, und aus der Glashütte von Choisy-le-Roi. Seine Wanddicke betrug 3 Millimeter, und war an allen Stellen ziemlich gleich. Der Ausdehnungscoëfficient dieses Ballons ward bestimmt an einem anderen kleineren Ballon, der gleichzeitig aus demselben Material geblasen worden, und nahezu dieselbe [62] Glasdicke besass. Er fand sich von 0° bis 100° = 0,002130*).

Der zu den Versuchen über die Ausdehnung des Glases angewandte Ballon, ohne den capillaren Stiel, fasste 5864,45 g Quecksilber bei 0°.

Eine letzte Angabe, die man kennen muss, um die Ausdehnung der Luft aus den Versuchen zu berechnen, ist die Zunahme der Capacität des Ballons durch den Unterschied der Drucke, denen das Gas bei 0° und 100° ausgesetzt ist. Diese Zunahme würde auf eine vollkommen genaue Weise sehr schwierig zu bestimmen gewesen sein; allein eine genäherte Schätzung ist leicht.

Zu dem Ende wurde der Ballon mit Wasser gefüllt, bis zu einem kleinen Abstande von dem Ende seines capillaren Stiels, und dieses Ende ward an eine krumme Glasröhre gekittet, deren langer aufrechter Arm offen war. Wenn man die Volumsänderungen unter schwachen Drucken beobachten wollte, so goss man Quecksilber in den offnen Arm. Die in dem zweiten Arm comprimirte Luft übte ihren Druck auf die Oberfläche des Wassers in dem Haarröhrchen. Man beurtheilte die Zunahme der Capacität des Ballons aus dem Gange des Wassermeniskus in dem Haarröhrchen und den Druck aus der Niveaudifferenz der Quecksilbersäulen. Der Ballon wurde eingetaucht erhalten in ein Gefäss voll Wasser von der gewöhnlichen Temperatur, um die aus den Temperaturvariationen entspringenden Volumsänderungen unmerklich zu machen.

Folgendes sind einige Zahlen, erhalten mit dem Ballon, der zu den Versuchen S. 139 und denen der ersten Abhandlung S. 115 diente.

[63]

Unter einem Druck von:		nahm die Capacität zu:
222,7 mm	Quecksilber	0,000054
436,5	-	0,000103
687,8	-	0,000160.

Man sieht, die Capacität wuchs proportional dem Druck; aber dieser Anwuchs ist so schwach, dass man ihn bei den

---

*) Die Data dieses Versuches waren

$P = 1265{,}647$ g $\qquad H_{,} = 763{,}50$ mm
$p = 19{,}783 \qquad T' = 100{,}13^{\circ}$.

Versuchen, die unter dem atmosphärischen Druck über die Ausdehnung der Gase gemacht sind, vollständig vernachlässigen kann. In Wahrheit ist die Raumänderung des Ballons noch unbedeutender als sie angenommen ward, da bei dem eben beschriebenen Versuch die scheinbare Aenderung zusammengesetzt ist aus der Zunahme der Capacität des Ballons und der Compression des Wassers. Diese letztere habe ich vernachlässigt, und die beobachteten Resultate ganz der Volumsänderung des Ballons zugeschrieben.

Um die Zunahme der Capacität des Ballons unter beträchtlicheren Drucken zu studiren, liess ich an einem Ballon von Krystallglas, ähnlich dem der Versuche S. 143, ein Capillarrohr von etwas starkem Kaliber schmelzen. Dieser Ballon wurde gänzlich mit Wasser gefüllt, und verbunden mit der Compressionspumpe und einem kleinen Luftmanometer. So fand ich folgende Zahlen:

Unter einer Druckzunahme von:	änderte sich die Capacität:	Unter einer Druckzunahme von 1 Meter
0,715 m	0,0000740	0,0001035
1,814	0,0001940	0,0001069
3,035	0,0003288	0,0001083
4,178	0,0004538	0,0001086

Wir werden 0,000108 für eine Druckzunahme von 1 Meter Quecksilber annehmen.

Um die Volumsvergrösserung des Ballons zu haben, muss man den Betrag der Compression des Wassers unter [64] 1 Meter Druck davon abziehen, nämlich, nach den HH. *Calladon* und *Sturm*, etwa 0,000064. Es bleibt also 0,000044 für die Vergrösserung des Ballons unter einer Druckzunahme von 1 Meter Quecksilber.

Um also die Berichtigung an unseren Versuchen zu vollziehen, genügt es dem Coëfficienten δT der Wärmeausdehnung des Ballons, die durch die Druckzunahme entstehende Ausdehnung hinzuzufügen, nämlich:

$$0{,}000044 \,.\, \frac{H' + h' - H - h}{1000} \,.$$

In den vorstehenden Versuchen bestimmte man die durch Druckzunahme erfolgende Volumsänderung des Ballons bei gewöhnlicher Temperatur; allein wir bedürfen derselben, um sie bei unseren Versuchen über die Ausdehnung der Gase in Rechnung zu ziehen, eigentlich bei der Temperatur 100°, und man kann einwerfen, dass diese Aenderung bei 100° eine andere sei. Man wird indess bemerken, dass es sich hier um eine sehr kleine Berichtigung handelt, die sogar vernachlässigt werden kann, weil sie kaum die vierte Decimale des Ausdehnungscoëfficienten abändert. Mithin kann man, ohne Nachtheil, annehmen, dass die Zusammendrückbarkeit des Glases bei 100° dieselbe wie bei gewöhnlicher Temperatur sei.

Die Formel, nach welcher die Versuche berechnet wurden, ist demnach die folgende: $1 + \alpha T =$

$$\frac{(H'+h')\left\{1+\delta T+0{,}000044\,\frac{H'+h-H-h}{10\,000}\right\}}{H+h+\frac{v}{V}\cdot\frac{1}{1+at}(H+h)-\frac{v'}{V}\cdot\frac{1}{1+at'}(H'+h')}.$$

Die folgende Tafel enthält die mit beiden Apparaten erlangten Resultate: [65]

o	H	t	h	$\frac{v}{V}$	$H+h$	H'	T'
				Apparat No. 1.			
	mm	Grade	mm		mm	mm	Grade
1	755,31	12,4	923,13	0,00369	1678,44	755,23	99,82
2	755,46	12,5	922,90	0,00367	1678,36	755,45	99,83
3	756,67	12,8	935,87	0,00380	1692,54	756,61	99,87
4	756,67	12,8	935,87	0,00380	1692,54	756,84	99,88
5	756,89	13,6	955,50	0,00380	1692,39	757,09	99,89
6	756,98	13,2	935,65	0,00383	1692,63	757,13	99,89
7	759,21	15,4	1385,04	0,00372	2144,25	759,21	99,97
8	759,23	15,1	1384,87	0,00372	2144,10	759,17	99,97

No.	t'	h'	$H'+h'$	$\frac{v'}{V}$	$1+100\,\alpha$	Mittel
	Grade	mm	mm			
1	15,0	1530,60	2285,83	0,00360	1,36734	1,36760
2	16,1	1530,89	2286,34	0,00371	1,36786	
3	15,6	1549,10	2305,71	0,00380	1,36777	
4	15,5	1549,64	2306,48	0,00371	1,36803	1,36800
5	15,4	1549,30	2306,39	0,00380	1,36824	
6	15,7	1549,21	2306,34	0,00380	1,36795	
7	17,3	2164,61	2923,82	0,00380	1,36880	1,36894
8	17,7	2165,09	2924,26	0,00380	1,36907	

No.	H	t	h	$\frac{v}{V}$	$H+h$	H'	T'
				Apparat No. 2.			
	mm	Grade	mm		mm	mm	Grade
1	748,26	9,2	2907,39	0,00183	3655,65	748,62	99,57
2	748,13	9,2	2907,37	0,00184	3655,50	748,65	99,57
3	748,30	9,2	2907,27	0,00183	3655,57	748,70	99,58
4	748,42	9,3	2907,09	0,00185	3655,51	748,76	99,58

No.	t'	h'	$H'+h'$	$\frac{v'}{V}$	$1+100\alpha$	Mittel
	Grade	mm	mm		mm	
1	9,8	4242,03	4990,65	0,00184	1,37068	
2	9,7	4243,58	4992,23	0,00184	1,37116	1,37091
3	9,8	4243,50	4992,20	0,00164	1,37074	
4	9,8	4244,52	4993,28	0,00165	1,37104	

[66] Diese Tafel zeigt, dass der Ausdehnungs-Coëfficient der trockenen Luft in sehr merklicher Weise mit dem Drucke steigt, und sie bestätigt demnach das schon S. 139, in den Versuchen unter schwächerem Druck als der atmosphärische, erhaltene Resultat.

Zusammengefasst haben wir für den Ausdehnungs-Coëfficienten der Luft unter verschiedenem Druck folgende Zahlen erhalten:

Druck bei 0°	Druck bei 100°	Dichte der Luft bei 0° die der Luft bei 0° und $760^{mm}=1$	$1+100\alpha$
mm	mm		
109,72	149,31	0,1444	1,36482
174,36	237,17	0,2294	1,36513
266,06	395,07	0,3501	1,36542
374,67	510,35	0,4930	1,36587
375,23	510,97	0,4937	1,36572
760,00	......	1,0000	1,36650
1678,40	2286,09	2,2084	1,36760
1692,53	2306,23	2,2270	1,36800
2144,18	2924,04	2,8213	1,36894
3655,56	4992,09	4,8100	1,37091

Die dritte Spalte der Tafel enthält die Dichtigkeit des Gases bei der Temperatur des schmelzenden Eises. Man sieht, dass diese Dichtigkeiten von 0,144 bis 4,8100, d. h. von 1 bis 33,3 gingen, und dass bei einer so bedeutenden Änderung der Dichtigkeit der Ausdehnungs-Coëfficient des Gases sich nur von 0,3648—0,3709 änderte.

Die vorstehenden Resultate zeigen demnach, dass das von den Physikern angenommene Gesetz, dass die Luft sich bei jeglicher Dichtigkeit um denselben Bruchtheil seines Volums bei 0° ausdehne, [67] nicht richtig ist; vielmehr dehnt sich die Luft, zwischen denselben Temperaturgrenzen, um desto beträchtlichere Grössen aus, als die Dichte des Gases grösser ist, oder, mit anderen Worten, als seine Theilchen näher zusammenliegen.

Ähnliche Versuche mit *Kohlensäure* mittelst der beiden soeben beschriebenen Apparate angestellt, gaben folgende Resultate:

	Apparat No. 1.		Apparat No. 2.	
H	759,94mm	760,03mm	757,69mm	757,79mm
t	14,5°	13,9°	11,3°	11,2°
h	982,75	982,74	2831,37	2831,19
$\frac{v}{V}$	0,00361	0,00362	0,00190	0,00190
$H + h$	1742,69mm	1742,77mm	3589,06mm	3588,98mm
H'	759,86	759,83	758,11	758,41
T'	100,0°	90,99°	99,93°	97,94°
t'	15,8°	15,6°	11,3°	11,4°
h'	1627,81	1627,95	4200,50	4201,05
$H' + h'$	2387,67	2387,78	4958,61	4959,46
$\frac{v'}{V}$	0,00366	0,00367	0,00190	0,00190
$1 + 100\alpha$	1,37520	1,37525	1,38586	1,38609

Fügt man diese Resultate zu denen, welche in der ersten Abhandlung (S. 128 und 130) für die Kohlensäure erhalten wurden, so hat man:

Druck bei 0°	Druck bei 100°	Dichte der Kohlensäure bei 0°	$1 + 100\alpha$
mm	mm		
758,47	1034,54	1,0000	1,36856
901,09	1230,37	1,1879	1,36943
1742,73	2387,72	2,2976	1,37523
3598,07	4759,03	4,7318	1,38598

[68] Man sieht, dass die Ausdehnung der Kohlensäure weit rascher wächst mit dem Druck als die der atmosphärischen Luft.

Zweiter Theil.

Versuche zur Bestimmung der Ausdehnung der Gase unter constantem Druck.

Bei allen bisher beschriebenen Versuchen wurde die Ausdehnung der Gase nur indirekt bestimmt. Direkt maassen wir die Zunahme der Spannkraft, welche das Gas, zurückgeführt auf ein constantes Volum, in Folge der Temperatur-Erhöhung empfing, und daraus leiteten wir, gestützt auf das *Mariotte*'sche Gesetz, die Ausdehnung her. Allein man kann einwerfen, die vollkommene Richtigkeit dieses Gesetzes sei selbst für die Luft nicht erwiesen, und die bei der Ausdehnung unter verschiedenem Druck gefundenen Unterschiede rühren demnach alleinig davon her, dass das *Mariotte*'sche Gesetz nicht strenge richtig sei.

Dieser Einwurf scheint mir indess aus mehren Gründen nichtig zu sein. Denn die HH. *Dulong* und *Arago* haben bei ihren schönen Versuchen keine constante Anomalie gefunden, selbst nicht unter Drucken, die bis 27 Atmosphären stiegen, und dies beweist zum wenigsten, dass zwischen den Druckgrenzen von 1 bis 27 Atmosphären das *Mariotte*'sche Gesetz beinahe richtig ist. Daraus kann man folgern, dass es für so kleine Druckunterschiede, wie wir in unseren Versuchen an demselben Gase bei 0° und 100° beobachteten, strenge richtig sein muss. Wenn schon für so schwache Druckunterschiede eine in den Ausdehnungsversuchen sichtbare Anomalie vorhanden wäre, so würde dieselbe offenbar für grössere Druckunterschiede bei den Versuchen, die von den eben erwähnten berühmten Physikern mit so vieler Sorgfalt angestellt wurden, in weit entschiedenerem Maasse hervorgetreten sein.

Ich muss noch bemerken, dass meine Versuche gerade [69] unter den für die Richtigkeit des *Mariotte*'schen Gesetzes günstigsten Umständen angestellt wurden, weil das Gas erhitzt bis 100°, d. h. am entferntesten von seinem Liquefactionspunkte, dem stärksten Druck ausgesetzt wurde.

Endlich ist noch zu erwägen, dass man bei den vergleichenden Versuchen über die Zusammendrückbarkeit der verschiedenen Gase unter gleichem Druck gefunden hat, dass die Gase, welche nicht dem *Mariotte*'schen Gesetze folgen, eine Volumsverringerung zeigen grösser als die, welche nach diesem Gesetze stattfinden müsste. So müsste bei meinen Versuchen, wenn man die in Folge der Temperaturdifferenz eingetretenen Veränderungen der Molecularkräfte vernachlässigt, das Volum des Gases bei 100° kleiner sein als dasjenige, welches genau dem *Mariotte*'schen Gesetze folgen würde, so dass die Anomalie in diesem Gesetze den Ausdehnungs-Coëfficienten mit dem Druck vermindern würde, statt zu vergrössern, wie wir es bei unseren Versuchen fanden.

Um übrigens über diesen wichtigen Punkt der mechanischen Theorie der Gase keinen Zweifel stehen zu lassen, habe ich eine neue Reihe von Versuchen gemacht mittelst eines Verfahrens, bei welchem das Gas bei 0° und bei 100° nahezu unter gleichem Drucke bleibt und seine Volumsvergrösserung direkt gemessen wird. Diese Methode ist offenbar die einzige, die man auf Gase anwenden kann, welche schon bei schwachen Druckänderungen nicht dem *Mariotte*'schen Gesetze folgen.

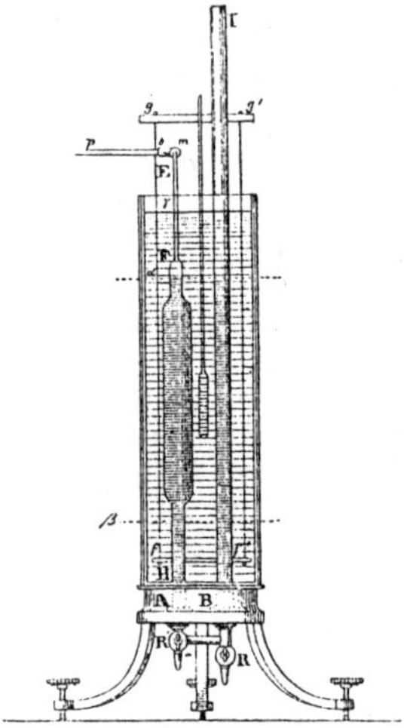

Fig. 3.

Ich will mit einigen Worten den zu diesen Versuchen gebrauchten Apparat beschreiben. Er beruht auf gleichem Princip wie Hrn. *Pouillet*'s Luftpyrometer, und ist in Fig. 3 abgebildet.

Ein Glasballon, angeschmolzen an ein Haarröhrchen, steht in einem Blechgefäss *MN* (Fig. 10, S. 111). Die Röhre ist eingekittet in ein kleines Stück mit drei Tubulaturen *mno*. In die Seitentubulatur *o* kittet man ein kleines gerades Haarröhrchen ein oder eine Röhre von der Form *abcd* in Fig. 1 S, 137, und [70] einige Mastixkügelchen einschliessend, je nachdem man unter geringeren oder grösseren Drucken als der atmosphärische operiren will. In die dritte Tubulatur *n* ist eingekittet ein gekrümmtes Haarröhrchen *EF* und dieses verbunden mit der Röhre *FH*, in welcher man die Volumsvergrösserung der Luft misst. Man gab dieser Röhre eine solche Einrichtung, dass das Luftvolum sich bei α befand, wenn der Ballon im schmelzenden Eise war. Es nimmt, wenn der Ballon im siedenden Wasser ist, den weiteren Theil ein bis zu einem Punkt β auf der unteren engeren Röhre. Die Röhre FH ist eingekittet in die Tubulatur A eines eisernen Hahnstücks. In der zweiten Tubulatur B befindet sich eingekittet ein Glasrohr BI von 1 Meter Länge bei den unter atmosphärischem Druck gemachten Versuchen. Dieses Rohr wird durch ein anderes von drei Meter Länge ersetzt, wenn man unter stärkerem Druck experimentirt.

Das Eisenstück hat zwei Hähne R und R'. Der erstere ist nur einmal durchbohrt, und dient dazu, eine Portion Quecksilber aus dem Apparat abzulassen. Der letztere hat unter rechtem Winkel zwei Durchbohrungen, um, je nach seiner Stellung, die Röhre FH entweder mit der Barometerröhre BI oder mit dem Äussern in Gemeinschaft zu setzen. Diese Einrichtung ist leicht aus den Figuren 4 zu begreifen; sie stellen einen senkrechten Schnitt des Stücks mit den beiden Stellungen (a) und (b) des Hahns R' vor. Dies Stück ist befestigt auf einem mit Stellschrauben versehenen gusseisernen Dreifuss, und trägt seinerseits einen Glasstaucher, den man mit Wasser füllt, um den Ausdehnungsbehälter in einer constanten Temperatur zu erhalten. Dieser Staucher besteht aus einem rechteckigen Kasten, an dem zwei gegenüberstehende Seiten von Spiegelglas sind.

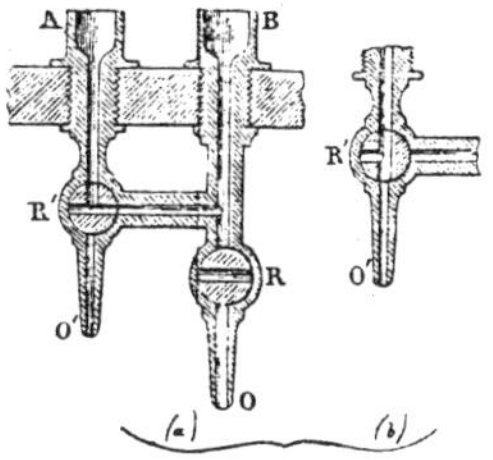

Fig. 4.

Die Anstellungsweise des Versuchs ist folgende. Nachdem der Ballon mit schmelzendem Eise umgeben, die Röhre op geöffnet und mit dem Apparat, der zuvor zur Austrocknung der Luft gedient hat, in Verbindung gesetzt worden ist, giesst man Quecksilber in die Röhre BI, bis das Niveau bei α anlangt. Da der Hahn R' sich [71] in der Stellung (a) befindet, so steigt das Quecksilber in beiden communicirenden Röhren nothwendig gleich hoch. Man schliesst vor der Lampe die Röhre op und merkt sich den Barometerstand und die Temperatur des im Staucher befindlichen Wassers, welches man sorgfältig von Zeit zu Zeit durch den Umrührer $ff'gg'$ bewegt, indem man diesen auf- und abführt, so, dass er alle Schichten der Flüssigkeit durchläuft.

Nach Fortnahme des Eises bringt man das Wasser des Gefässes M zum Sieden. Um die beiden Quecksilbersäulen beinahe in gleichem Niveau zu halten, ist man genöthigt, durch Öffnung des Hahns R, Quecksilber herauszulassen. Ein Theil der Luft des Ballons tritt sonach in die Röhre FH, man bringt die beiden Säulen nahezu in gleiches Niveau β, und misst den Höhenunterschied genau mit dem Kathetometer*), zugleich zeichnet man den Barometerstand und die Temperatur des Stauchers auf. Das in letzterem enthaltene Wasser wurde vor Beginn der Beobachtung wenigstens eine Viertelstunde lang unaufhörlich umgerührt, um ihm eine gleichförmige Temperatur zu geben, und zwar dieselbe, welche die Luft in der Röhre FH besass.

Um aus diesem Versuch den Ausdehnungs-Coëfficienten der Luft herleiten zu können, muss man kennen: die Capacität des Ballons, das Volum v der Luft in der Röhre FH von E bis α, wenn der Ballon im schmelzenden Eise steht, und das Volum v' von E bis β, welches die Luft einnimmt, wenn der Ballon sich im siedenden Wasser befindet. Die erstere Capacität bestimmt sich leicht, [**72**] wenn man den Ballon mit Quecksilber von 0° füllt, nachdem man ihn im Apparat wohl ausgekocht hat. (Siehe S. 97.)

Die beiden Volume v und v' bestimmen sich folgendermaassen:

Man bricht die ausgezogene Spitze der Röhre op ab, um die innere Luft mit der äusseren in Gemeinschaft zu setzen**),

---

*) Es stand zu fürchten, dass der mit Wasser gefüllte Staucher durch Refractionswirkungen eine Verschiebung der von den Menisken ausgehenden Lichtstrahlen veranlassen könnte. Eine sehr einfache Beobachtung zeigte mir indess, dass dies, wenigstens in den Regionen, wo die Beobachtungen stattfanden, nicht merklich der Fall war. Bei Offensein der Röhre op führte man successiv den Quecksilbermeniskus an alle Stellen der Röhre FH. Es zeigte sich mittelst des Fernrohrs am Kathetometer, dass in allen diesen Stellungen die Menisken im Niveau waren in den beiden Röhren FH und BI.

**) Um das Eintreten feuchter Luft in den Apparat zu verhüten, traf man die Vorsicht, die Röhre op zuvor durch Kautschuck mit den Trockenapparaten in Verbindung zu setzen. Bei mehren Versuchen, hauptsächlich denen, die mit anderen Gasen als die atmosphärische Luft angestellt wurden, brach man die Spitze der Röhre op nicht ab. Den Ballon im siedenden Wasser lassend, goss man Quecksilber in die Röhre BI, so viel, dass dasselbe bis in den capillaren Theil EF der Röhre FH stieg; dann aichte man die Volume v und v' wie gewöhnlich.

und giesst Quecksilber in die Röhre BI, bis dasselbe die Röhre FH gänzlich füllt, bis γ im Haarröhrchen. Dann dreht man den Hahn R' in die Lage (b). Es findet nun zwischen den Röhren FH und BI keine Gemeinschaft mehr statt, aber das Quecksilber von FH fliesst durch die Tubulatur O' ab. Man sammelt das Quecksilber in einer Flasche und lässt so viel abfliessen, bis sein Meniskus genau die Lage bei α einnimmt, die er in der ersten Periode des Versuchs hatte; hiervon überzeugt man sich mit vieler Genauigkeit mittelst des Kathetometers*). Man wägt das ausgeflossene Quecksilber und leitet daraus das Volum v ab.

Nun lässt man das Quecksilber abfliessen, bis der Meniskus in β anlangt. Das ausgeflossene Gewicht Quecksilber, hinzugefügt zu dem, welches das Volum v gab, giebt das Volum v'. Offenbar ist hier wegen der Temperatur eine Berichtigung zu machen. Sind p und p' die Gewichte des ausgeflossenen Quecksilbers und t die Temperatur des Wassers im Staucher zur Zeit der Aichung, so werden die Gewichte Quecksilber von 0°, welche die Volume v und v' füllen [73] würden und also wirklich diese Volume vorstellen, sein:

$$p\left(1+\frac{t}{5550}\right) \text{ und } p'\left(1+\frac{t}{5550}\right).$$

Zu diesen Volumen v und v' ist hinzuzufügen die kleine Capacität der Capillarröhren ausserhalb des Gefässes, in welchem das Wasser siedet. Diese Capacität war durch eine vorherige Aichung bekannt. Übrigens ist es, da die Temperatur der in diese Röhren eingeschlossenen Luft etwas unsicher ist, zweckmässig, dass diese Capacität äusserst klein sei. Bei meinem Apparat stieg sie nie über $\frac{1}{2000}$ der Capacität des Ballons.

Um denselben Apparat zur Messung der Ausdehnung der Luft unter stärkeren Drucken anwendbar zu machen, braucht man nur das Seitenrohr op durch das gekrümmte Rohr $abcd$ der Fig. 1 S. 137 zu ersetzen, und trockne Luft in den Ballon zu pumpen, während man Quecksilber in die Röhre BI giesst. Ist der gehörige Druck in dem Ballon erreicht, so schmilzt man den Mastix der Röhre $abcd$, um

---

*) Man macht durch zweckmässiges Drehen des Hahns das Ausfliessen des Quecksilbers so langsam wie möglich; auf solche Weise ist es leicht den Meniskus bis auf $\frac{1}{50}$ Millimeter einzustellen.

den Apparat hermetisch zu verschliessen. Man umgiebt den Ballon mit schmelzenden Eise, und stellt den Meniskus, mit Hülfe des ersten Kathetometers, auf den Merkpunkt α ein. Mit einem zweiten Kathetometer bestimmt man den Meniskus in der Röhre BI. Übrigens befolgt man bei diesen Messungen genau die S. 141 angezeigten Vorsichtsmaassregeln.

Nach Fortnahme des Eises bringt man das Wasser des Gefässes zum Sieden und lässt Quecksilber ausfliessen, um sein Niveau auf β zu bringen. Man misst die Höhe der gehobenen Quecksilbersäule; sie ist nahe dieselbe wie in der ersten Periode des Versuchs.

Sind H und H' die Barometerstände zur Zeit der Beobachtungen im schmelzenden Eise und siedenden Wasser, h und h' die Niveau-Unterschiede der Menisken in den Röhren des Apparats, so hat man offenbar die Beziehung:

$$\left(V \cdot \frac{1+\delta T}{1+aT} + v' \frac{1}{1+at'}\right)(H'+h') = \left(V + v \frac{1}{1+at}\right)(H+h)$$

[74] woraus:

$$1+\alpha T = \frac{(H'+h')(1+\delta T)}{(H+h) + \frac{v}{V} \cdot \frac{H+h}{1+\alpha t} - \frac{v'}{V} \cdot \frac{H'+h'}{1+\alpha t'}}.$$

Die Grösse α kommt zwar im Nenner des zweiten Gliedes vor; allein da sie nur sehr wenig Einfluss ausübt, so wendet man die Methoden der successiven Approximationen an, d. h. man setzt für α einen genäherten Werth, zieht damit einen Werth für α im ersten Gliede, substituirt diesen wieder in dem zweiten Glied, und erhält so einen definitiven Werth von $1+\alpha T$.

Die grösste Sorgfalt bei diesem Verfahren muss man auf die Bestimmung der Volume V, v, und v' verwenden, ferner auf die Bestimmung der Temperatur t'. Ein anderer sehr wichtiger Punkt ist die vollständige Austrocknung der Röhre FH. Diese Röhre hat eine grosse Capacität, und vermöge der Einrichtung des Apparats kann sie während des Auspumpens nicht erhitzt werden. Bei meinen Versuchen war diese Röhre heiss ausgetrocknet worden, ehe sie in ihre Fassung eingekittet wurde, und nach vollständiger Zusammensetzung des Apparats goss man eine kleine Menge Quecksilber in die communicirenden Röhren. Man drehte den Hahn R' in eine mittlere Lage zwischen (*a*) und (*b*), und pumpte den Ballon aus, während er im Dampf des siedenden Wassers befindlich war. Indem man ihn abwechselnd sehr oft auspumpte und langsam wieder mit trockner Luft sich füllen liess, musste man die Feuchtigkeit nicht bloss aus dem Ballon, sondern auch aus der Röhre, in welcher man die Ausdehnung maass, vollständig entfernen.

Die folgende Tafel enthält die mittelst dieses Verfahrens erlangten Resultate, und zwar im ersten Theil die unter dem atmosphärischen Druck mit Luft, Wasserstoff, Kohlensäure, Stickstoffoxydul, Kohlenoxyd, schwefliger Säure und Cyan erhaltenen; im zweiten Theil befinden sich die unter stärkerem Druck mit Luft, Wasserstoff und Kohlensäure erhaltenen.

[75]

H. mm.	t.	h. mm.	ν. grm.	H+h. mm.	H'. mm.	T.	t'.	h'. mm.	H'+h'. mm.	ν'. grm.	1+100 α	Mittel.
Versuche unter atmosphärischem Druck.												
Atmosphärische Luft.												
757,29	14,27°	0	28,40	757,29	756,76	99,09°	14,58°	— 4,33	752,43	1716,08	1,36693	
754,85	16,00	0	47,57	754,85	754,68	99,81	16,69	— 1,25	753,53	1718,22	1,36698	
756,33	14,10	0	42,06	756,33	756,03	99,86	14,78	— 2,70	753,33	1716,06	1,36714	
754,75	17,64	+ 2,97	30,08	757,72	754,70	99,81	17,52	0	754,70	1719,13	1,36718	1,36706
Wasserstoffgas.												
755,71	18,21°	+ 3,07	29,13	758,78	755,68	99,84°	18,25°	0	755,68	1724,79	1,36642	
755,65	18,46	0	27,43	755,65	755,30	99,82	19,29	— 2,49	752,81	1722,08	1,36610	
755,63	20,21	+ 1,83	27,22	757,46	755,29	99,82	20,48	0	755,29	1722,19	1,36586	1,36613
Kohlensaures Gas.												
756,31	17,19°	+ 0,30	48,81	756,61	756,36	99,86°	16,62°	0	756,36	1722,59	1,37048	
756,14	17,64	0	22,40	756,14	755,79	99,85	19,23	— 0,86	754,93	1720,16	1,37088	
756,13	18,88	+ 0,86	30,95	756,99	756,57	99,87	18,69	0	756,57	1721,02	1,37100	
755,52	19,82	+ 1,92	30,90	757,44	756,10	99,85	19,47	0	756,10	1731,75	1,37094	
755,46	19,88	0	30,28	755,46	755,43	99,84	20,58	— 1,47	753,96	1741,48	1,37164	1,37099
Stickstoffoxydulgas.												
764,90	15,85°	0	30,40	764,90	764,79	100,18°	16,44°	— 2,34	762,45	1731,02	1,37223	
754,45	19,40	0	26,37	754,45	754,32	99,80	19,83	— 0,34	753,98	1723,80	1,37167	1,37195
Kohlenoxydgas.												
756,29	18,42°	0	27,50	756,29	756,14	99,86°	19,59	— 2,23	753,91	1724,20	1,36720	
754,75	16,11	+ 1,92	25,30	756,67	754,70	99,81	16,86	— 2,66	752,05	1722,07	1,36654	1,36688

Schwefligsaures Gas.

759,58	18,38°	0	21,44	759,58	759,40	99,98°	19,67°	+ 2,67	762,07	1763,28	1,39094	
760,41	19,61	— 1,54	25,79	758,87	760,66	100,03	19,88	+ 0,72	761,38	1768,20	1,38987	
762,46	17,63	— 3,34	22,40	759,12	762,04	100,08	18,63	+ 0,06	762,10	1754,26	1,39004	1,39028

Cyangas.

763,18	20,30°	+ 0,25	22,80	763,43	763,14	100,12°	21,24°	+ 0,70	763,84	1785,37	1,38766	
764,19	18,56	— 1,44	25,62	762,75	764,08	100,15	19,72	+ 0,78	764,86	1764,23	1,38768	1,38767

Versuche unter hohen Drucken.

Atmosphärische Luft I.

7524,2	18,61°	1770,40	29,72	2524,62	754,37	99,80°	19,38°	1763,34	2517,71	1727,68	1,36924	
7564,7	18,57	1773,56	20,17	2528,23	754,53	99,80	19,08	1761,90	2516,43	1731,00	1,36963	1,36944

Atmosphärische Luft II.

757,74	16,86°	1805,75	23,28	2623,49	757,65	99,91°	18,03°	1855,05	2612,70	1720,70	1,36941	
757,04	17,04	1863,36	30,80	2620,40	756,83	99,89	17,94	1858,88	2615,71	1718,77	1,36987	1,36964

Wasserstoffgas.

747,58	18,31°	1798,05	25,69	2545,63	747,62	99,54°	19,00°	1782,96	2530,58	1728,00	1,36615	
748,40	17,44	1792,11	37,72	2540,51	747,91	99,55	18,33	1786,16	2534,07	1816,39	1,36628	
750,40	16,67	1795,07	26,46	2545,47	749,92	99,62	16,44	1770,39	2520,31	1740,27	1,36605	1,36616

Kohlensäure.

747,43	18,67°	1777,08	30,63	2524,51	747,17	99,52°	18,55°	1786,54	2533,71	1736,40	1,38467	
750,38	16,34	1772,07	35,15	2522,45	750,76	99,65	17,03	1769,75	2520,51	1761,36	1,38443	1,38455

[**76**] Die atmosphärische Luft gab mir Zahlen, die das Mittel aus den vorherigen Versuchen etwas übertrafen. Der Unterschied ist jedoch unmerklich, und kann davon herrühren, dass die Luft nicht genau dem *Mariotte*'schen Gesetze folgt.

Meine früheren Versuche gaben für den Wasserstoff und für die atmosphärische Luft einen gleichen Ausdehnungs-Coëfficienten; die neueren würden für den Wasserstoff einen etwas kleineren Coëfficienten wie für die Luft ergeben. Zu einem ähnlichen Resultat ist Hr. *Magnus* gelangt[1]; allein die Unterschiede sind so gering, dass die Entscheidung der Frage schwierig ist; sie liegen in den Gränzen der Beobachtungsfehler. In der That findet man in Hrn. *Magnns*'s Versuchen über die Luft mehre Zahlen, die noch kleiner sind als die, welche er für den Wasserstoff erhalten hat, so dass die Aufgabe mir nicht gelöst zu sein scheint. Man wird weiterhin sehen, dass die unter grossen Drucken über die Ausdehnung gemachten Versuche sie in sehr netter Weise entscheiden.

Der Wasserstoff war mittelst sehr reinen Zinks dargestellt; er ging durch eine Waschflasche mit Wasser, zwei Röhren von 1 Meter Länge, voll Bimstein, getränkt mit einer concentrirten Kalilauge, eine Röhre von derselben Länge gefüllt mit Bimstein, der mit einer Lösung von schwefelsaurem Silberoxyd befeuchtet war. Hinter der Luftpumpe befanden sich zwei Röhren von 1 Meter Länge, gefüllt mit schwefelsaurem Bimstein, und eine Röhre, gefüllt mit Aetzkali in kleinen Stücken. Dies letzte bezweckte die kleine Menge schwefliger Säure zurückzuhalten, die sich in Berührung des Wasserstoffs und des schwefelsauren Bimsteins gebildet haben konnte. Diese Vorsicht war bei den Versuchen der ersten Abhandlung vernachlässigt worden; allein ich hatte mich durch den Geruch überzeugt, dass bei keinem dieser Versuche schweflige Säure anwesend war.

Das Kohlenoxydgas gab dieselbe Zahl wie bei den früheren Versuchen (S. 125).

Bei der Kohlensäure und dem Stickstoffoxydul sind die nach diesem Verfahren bestimmten Ausdehnungs-Coëfficienten etwas grösser [**77**] als die nach den früheren Methoden erhaltenen (S. 126, 130, 131). Dies rührt ohne Zweifel davon her, dass diese Gase nicht genau dem *Mariotte*'schen Gesetze folgen, dass also ihre Volume bei 100°, unter dem stärkeren

1) Poggendorff's Annalen, Bd. LV, S. 20.

Druck, welchem sie nach den früheren Methoden bei dieser Temperatur unterworfen wurden, kleiner waren als sie nach erwähntem Gesetze sein müssten. Wir müssen erwarten, ähnliche Resultate für alle stärker als die Luft zusammendrückbaren Gase zu finden.

Schweflige Säure und Cyan haben weit grössere Ausdehnungs-Coëfficienten als die übrigen Gase. Meine früheren Versuche hatten dagegen für diese Gase Werthe ergeben, die den Coëfficienten der atmosphärischen Luft sehr wenig übertrafen. Die Unterschiede könnten davon herrühren, dass das schwefligsaure Cyan-Gas weit zusammendrückbarer als die Luft wären, ihr Volum bei 100°, berechnet aus der Aenderung der Spannkraft, also viel zu klein wäre, und mithin einen zu kleinen Ausdehnungs-Coëfficienten ergäbe. Mich bemühend diese Vermuthung durch directe Versuche zu bewahrheiten, habe ich nach vielen Versuchen erkannt, dass meine früheren Versuche über die schweflige Säure und das Cyan einen sehr bedeutenden Fehler einschliessen.

Ich fürchtete immer die Schwierigkeit der vollständigen Austrocknung des schwefligsauren Gases, da die Gegenwart einer kleinen Menge Wasserdampf in diesem so leicht löslichen Gase weit stärkere Störungen als bei den übrigen Gasen verursachen konnte. Meine ersten Versuche hatten für die schweflige Säure Zahlen gegeben, weit grösser als diejenigen, bei welchen ich in meiner ersten Arbeit stehen blieb; allein ich fand, dass diese Zahlen desto kleiner wurden als das Gas langsamer in den Ballon hineingelassen wurde, was ich natürlich einer vollständigeren Austrocknung zuschrieb, und erst nachdem ich das Gas ausserordentlich langsam eintreten liess, es zwang, lange Zeit in den Röhren mit schwefelsaurem Bimstein zu verweilen, bevor es in den [78] Ballon überging, glückte es mir, constante Zahlen zu erhalten. Bei dieser Verfahrungsweise stellte sich eine Fehlerquelle ein, die mir anfangs entging. Offenbar trat mit dem schwefligsauren Gase zugleich trockne Luft in den Ballon, in desto grösserem Verhältniss, je langsamer das Gas hineingelassen ward. Allein die Gegenwart einer kleinen Menge trockner Luft reicht hin, den Ausdehnungs-Coëfficienten der schwefligen Säure bedeutend zu verringern, weil dieses Gas sich dann ausdehnt, wie wenn es sich unter einem geringeren Druck befindet, und der Ausdehnungs-Coëfficient desselben nimmt sehr rasch mit dem Druck ab.

Ich glaubte anfangs, das Eindringen der Luft rühre davon

her, dass die Apparate (vielleicht die Hähne der Pumpe unter dem Einfluss des sauren Gases) während der langen Zeit der Hineinlassung des Gases das Vacuum nicht völlig gehalten hätten. Ich wage nicht zu behaupten, dass dem wirklich so war; allein ich kann sagen, dass die Apparate, jedesmal vor Beginn einer Versuchsreihe mit einem neuen Gase, auf's sorgfältigste geprüft wurden.

Es giebt aber eine andere Fehlerquelle, gegen welche ich mich bei meinen früheren Versuchen nicht genug in Acht genommen hatte. Sie entspringt aus der ungemeinen Schwierigkeit, den mit Schwefelsäure getränkten Bimstein von der eingeschlossenen oder absorbirten Luft vollständig zu befreien. So hatte ich bei meinen früheren Versuchen mit der schwefligen Säure gesehen, dass, nachdem der Apparat vier Mal hinter einander, wenigstens bis etwa auf 1 oder 2 Centimeter, ausgepumpt, und das schwefligsaure Gas jedesmal wieder hineingelassen worden war, doch das in dem Ballon enthaltene Gas bei der Probe sich noch mit einer beträchtlichen Menge Luft vermengt erwies. Bei den gewöhnlichen Versuchen mit anderen Gasen als die atmosphärische Luft evacuirte ich wenigstens 10 bis 12 Mal; bei den Versuchen mit der schwefligen Säure begnügte ich mich, wegen der sehr langsamen Einführung dieses Gases, mit 3- bis 4maligem Auspumpen. Bei den Versuchen mit dem Cyan [79] pumpte ich nur zwei Mal aus, wegen der Schwierigkeit, dies Gas im Zustande der Reinheit in bedeutender Menge darzustellen.

Bei den neuen Versuchen bereitete ich die schweflige Säure durch Reaction des Quecksilbers auf Schwefelsäure. Das Gas ging durch eine lange U-förmige Röhre, gefüllt mit concentrirter Schwefelsäure, welche die Gasblasen sehr langsam durchstrichen. Von da gelangte es in den Ballon, mittelst einer Röhre, an welche die kleine Luftpumpe angesetzt war. Diese Einrichtung erlaubte das Vacuum nicht bloss in dem Ballon, sondern auch in dem Entwicklungsapparat herzustellen. Es war übrigens leicht sich mittelst der gemeinschaftenden Röhren *FH* und *BI* zu versichern, dass der Apparat vollkommen das Vacuum hielt.

So wurde der Apparat mit vollkommen reinem schwefligsaurem Gase gefüllt. Davon habe ich mich am Schlusse der Versuche überzeugt, indem ich die Spitze des Seitenrohrs *op* unter Quecksilber abbrach, und ein Theil des Gases, durch Einschüttung von Quecksilber in die Röhre *BI*, austreten liess. Das Gas wurde von einer Kalilauge vollständig absorbirt [1]).

Eine ähnliche Vorkehrung wurde beim Versuch mit dem Cyan befolgt. Dies Gas wurde durch Erhitzung aus Cyanquecksilber bereitet; und es durchstrich eine lange Säule concentrirter Schwefelsäure.

Nimmt man die durch diese letzte Methode gefundenen Zahlen an, eine Methode, die bei Gasen, welche nicht dem *Mariotte*'schen Gesetze folgen, alleinig vergleichbare Resultate über die Ausdehnung zu geben vermag, so sieht man, dass die verschiedenen Gase sehr ungleiche Ausdehnungs-Coëfficienten darbieten. Wir haben nämlich für diese Coëfficienten:

[80]	Wasserstoff	0,36613
	Atmosphärische Luft	0,36706
	Kohlenoxyd	0,36688
	Kohlensäure	0,37099
	Stickstoffoxydul	0,37195
	Cyan	0,38767
	Schweflige Säure	0,39028.

Schon vorhin habe ich bemerkt, dass die Ausdehnungs-Coëfficienten des kohlensauren und des Stickstoffoxydul-Gases sich, nach der letzten Methode bestimmt, grösser ergeben, als wenn man sie aus den Aenderungen der Spannkraft berechnet. Weit grösser sind die Unterschiede für sehr compressible Gase, wie das Cyan und die schweflige Säure, was man aus den folgenden Resultaten ersehen kann, die in derselben Versuchsreihe, wie die in vorstehender Tafel angeführten Zahlen, erhalten sind. In der That genügt es, um mit dem Apparat, Fig. 3 S. 150, bei ungeändertem Volum des Gases, die Aenderungen seiner Spannkraft, wenn es aus der Temperatur des schmelzenden Eises in die des siedenden Wassers gebracht wird, zu bekommen, das Niveau des Quecksilbers in der Röhre FH auf α zu halten, während der Ballon im siedenden Wasser ist, und den Niveau-Unterschied zwischen α und dem Menis-

1) Es bleibt noch zu wissen, ob das schwefligsaure Gas durch die concentrirte Schwefelsäure vollständig getrocknet worden sei, und ob es nicht kleine Portionen von dieser mit fortgerissen habe. Dies scheint mir schwierig durch directe Versuche zu entscheiden. Vielleicht wird der Ausdehnungs-Coëfficient durch eine unwägbare Menge Dampf merklich geändert.

kus des in der Röhre BI gehobenen Quecksilbers zu messen. Diese Bestimmungen wurden wirklich gemacht bei den drei Versuchen mit der schwefligen Säure und den beiden mit dem Cyan. Man braucht nur den Werthen H, t, h, ν und $H+h$ in der vorherigen Tafel die folgenden hinzuzufügen:

	Schweflige Säure			Cyan	
	I.	II.	III.	I.	II.
	mm	mm	mm	mm	mm
H'	759,31	760,71	762,13	763,07	764,07
h'	288,62	286,19	284,30	289,23	287,62
$H'+h'$	1047,93	1046,90	1046,43	1052,30	1051,69
T'	98,98°	100,03°	100,08°	100,12°	100,15°
t'	19,29	19,88	18,42	20,94	19,16
ν'	21,44grm	25,79grm	28,20grm	22,80grm	25,62grm
$1+100\,\alpha$	1,38439	1,38451	1,38470	1,38282	1,38299

[**81**] Mithin haben wir erhalten:

	Durch directe Messung der Ausdehnung	Berechnet aus der Aenderung der Spannkraft
	für die schweflige Säure	
	0,3898	0,38439
	0,39097	0,38451
	0,39004	0,38470
Mittel	0,39028	0,38453 [1])
	für das Cyan	
	0,38766	0,38282
	0,38768	0,38298
Mittel	0,38767	0,38290.

Ich habe vorhin angeführt, dass der Ausdehnungs-Coëfficient der schwefligen Säure sehr rasch mit dem Drucke zunehme; dies kann man aus dem folgenden Versuch ersehen, bei welchem der durch Eis erkaltete Ballon und die Ausdehnungsröhre FH bis β mit schwefliger Säure gefüllt ward. Die Röhre op wurde darauf vor der Lampe verschlossen, und nun das die Röhre füllende Gas, durch Einschüttung von Quecksilber in die Röhre BI, in den Ballon getrieben.

1) Diese Zahlen weichen wenig von dem Mittel ab, das Hr. Magnus angenommen hat, aber nach drei Versuchen, die zu divergirende Zahlen gaben, nämlich 0,3897, 3839 und 3832.

Uebrigens wurde der Versuch ausgeführt, wie im Bd. LV S. 562 angegeben ist. Man hatte:

H	$= 761{,}33^{mm}$	H'	$= 761{,}08^{mm}$
t	$= 18{,}83^{0}$	T'	$= 100{,}04^{0}$
h	$= 221{,}40^{mm}$	t'	$= 19{,}10^{0}$
ν	$= 25{,}36^{grm}$	h'	$= 226{,}56^{mm}$
$H+h$	$= 982{,}73^{mm}$	$H'+h'$	$= 987{,}64^{mm}$
ν'	$= 1780{,}44^{grm}$	$1+100\,\alpha$	$= 1{,}39804.$

[**82**] Für eine so geringe Druckänderung, wie die von 760^{mm} auf 980^{mm} änderte sich demnach der Ausdehnungs-Coëfficient der schwefligen Säure von 0,3902 auf 0,3980 und das Gas ist unter 980^{mm} noch nicht bei 0^{0} seinem Liquefactionspunkt sehr nahe.

Hienach ist es wahrscheinlich, dass die Dämpfe in geringer Entfernung von ihrem Liquefactionspunkt, mithin unter Umständen, in welche wir sie bei unsern Versuchen zur Bestimmung ihrer Dichte für gewöhnlich versetzen, Ausdehnungs-Coëfficienten besitzen, die von dem der Luft sehr verschieden sind.

Beschäftigen wir uns nun mit dem zweiten Theil der Tafel, welche die unter dem Druck von 2530^{mm} (etwa 3.33 Atmosphären) mit drei Gasen, Luft, Wasserstoff und Kohlensäure, angestellten Versuche enthält. Man erblickt darin das merkwürdige Resultat, dass der Wasserstoff beinahe denselben Ausdehnungs-Coëfficienten behält wie unter dem atmosphärischen Druck; während die Luft und besonders die Kohlensäure eine sehr merkliche Zunahme ihres Coëfficienten darbieten.

Der Unterschied in der Ausdehnung der atmosphärischen Luft und der Kohlensäure ist weit beträchtlicher in den Versuchen, in welchen der Druck bei 0^{0} und 100^{0} derselbe ist, als in denen, wo die Ausdehnungen aus den Aenderungen der Spannkraft berechnet wurden.

Zu gleicher Zeit sieht man, dass, je beträchtlicher der Druck ist, unter welchem man die Gase untersucht, desto grössere Unterschiede zwischen ihren Ausdehnungs-Coëfficienten gefunden werden. Wasserstoff und atmosphärische Luft, die unter dem gewöhnlichen barometrischen Druck eine beinahe gleiche Ausdehnung besitzen, zeigen unter drei bis vier Mal stärkerem Drucke sehr beträchtliche Unterschiede.

Schlüsse.

Zusammengefasst bestätigen meine Versuche nicht die [**83**] bisher von allen Physikern angenommenen Grundgesetze der Theorie der Gase, nämlich;

1) dass alle Gase sich zwischen gleichen Temperaturgränzen gleich viel ausdehnen;

2) dass die Ausdehnung eines selben Gases zwischen denselben Temperaturgränzen unabhängig ist von dessen anfänglicher Dichte.

Müssen diese Gesetze von nun an aus der Wissenschaft verbannt werden? Ich glaube nicht. Ich glaube, dass diese Gesetze, wie alle bisher bei den Gasen aufgefundenen, z. B. das Gesetz der Volume u. s. w. *an der Gränze* richtig sind, d. h. dass sie den Resultaten der Beobachtung desto näher genügen, als man die Gase im Zustande grösserer Verdünnung nimmt.

Diese Gesetze gelten für einen vollkommenen Gaszustand, dem sich die Gase, welche uns die Natur darbietet, mehr oder weniger nähern, je nach ihrer chemischen Natur, nach der Temperatur, unter welcher man sie betrachtet, und welche für jedes von ihnen mehr oder weniger von den Punkten des Uebergangs in einen andern Aggregatzustand entfernt sein kann; endlich, und vor allem, nach dem Grade ihrer Zusammendrückung.

[83]

Ueber den Vergleich des Luftthermometers mit dem Quecksilberthermometer

von

V. Regnault.

(*Ann. de chim. et de phys.* Ser. III. T. V. p. 83.)

Die von *Dulong* und *Petit* gegebene Tafel über den vergleichenden Gang des Luft- und des Quecksilberthermometers kann nicht mehr zugelassen werden, da sie nach einem unrichtigen Ausdehnungs-Coëfficienten der Luft berechnet ist. Im ersten Augenblick könnte man glauben, es sei nichts einfacher als an deren Resultaten die von der Aenderung des Coëfficienten bedingte Berichtigung anzubringen, und wirklich wäre dem so, wenn diese berühmten Physiker uns alle Data ihrer Versuche überliefert hätten. Allein unglücklicherweise giebt ihre Abhandlung*) nur [84] die folgende Tafel, welche einige mittelst einer Interpolationsformel aus ihren Versuchen berechnete Zahlen enthält, Zahlen, die aber ganz ungenügend sind.

Temperaturen vom Quecksilberthermometer angegeben	Entsprechende Volume einer selben Luftmasse	Temperaturen vom Luftthermometer angegeben u. berichtigt wegen der Ausdehnung des Glases
— 36° C.	0,8650	— 36° C.
0	1,0000	0
+ 100	1,3750	+ 100
150	1,5576	148,70
200	1,7389	197,05
250	1,9189	245,05
300	2,0976	292,70
360	2,3125	350,00

*) *Ann. de chim. et de phys.* T. VII. p. 120.

Neue Versuche sind nöthig, um die Frage zu entscheiden. — Ich habe mich auch hiezu des Verfahrens No. IV (Ann. S. 111) bedient.

Der mit trockner Luft gefüllte Ballon (derselbe der zu den Versuchen a. a. O. S. 115 diente) wurde mittelst Kupferdrähte auf einem Messinggestell $ss's''tt't''$ (Fig. 5 u. 6) befestigt. Das rechtwinklig gekrümmte Thermometerrohr war, wie gewöhnlich, in der Tubulatur des dreiarmigen Stücks *mno*

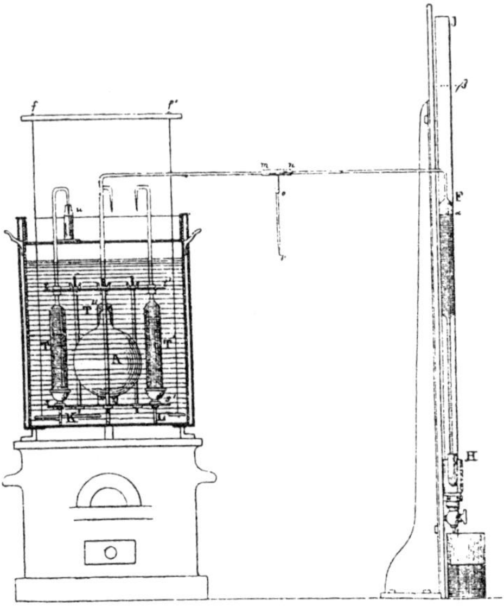

Fig. 5.

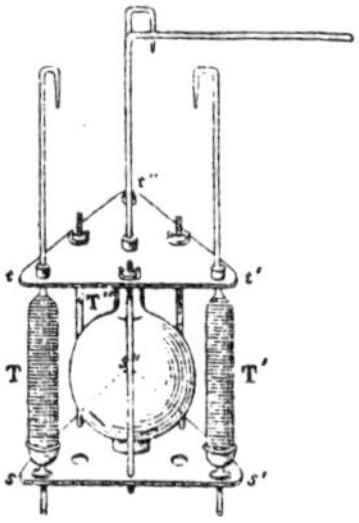

Fig. 6.

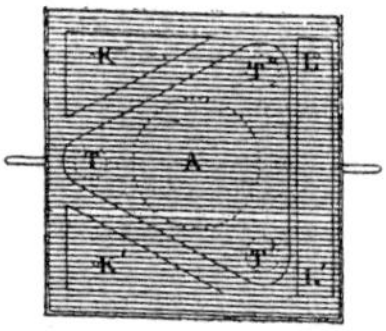

Fig. 7.

festgekittet. Auf demselben Gestelle und symmetrisch um den Ballon geordnet, befanden sich drei Ausflussthermometer $TT'T''$. Das Gestell stand in einem rechtwinkligen kupfernen Kasten [**85**] von 28 Centim. Seite und 32 Centim. Höhe, der, je nach der beabsichtigten Temperatur, mit Wasser oder Oel gefüllt war. Die Umrührer K, K' und LL' (Fig. 5 u. 7) bewegten sich in den Ecken des Kastens und dienten dazu, die verschiedenen Schichten der Flüssigkeit beständig durch einander zu mengen. *)

*) Die Umrührer K und K' bestehen aus dreiseitigen Messingplatten, der Umrührer LL' aus einer vierseitigen Platte; sie sitzen

Der Kasten stand auf einem Ofen. Um die Erkaltung durch die Berührung mit der äusseren Luft zu verlangsamen, hatte man den Kupferkasten in einen Blechkasten gestellt, dessen Boden zum grossen Theil fortgenommen war, damit der Kupferkasten unmittelbar die Wirkung des unter ihm befindlichen Herdes empfing, aber an den Seitenwänden von einer eingeschlossenen Luftschicht von einigen Millimetern Dicke umgeben war. Oben war der Kasten verschlossen durch einen Deckel mit mehreren Löchern, um die Stiele des Thermometers durchzulassen.

Die Quecksilberthermometer waren bei der Temperatur des schmelzenden Eises gefüllt, darauf in den Apparat Fig. 10, S. 111 gebracht und darin in Dampf von siedendem Wasser erhitzt. Das bei der Siedhitze unter einem bekannten Barometerstand ausgeflossene Gewicht Quecksilber diente zur Berechnung des Abstandes zwischen den festen Punkten des Thermometers.

Der Ballon war wie gewöhnlich getrocknet und man schloss, während das Wasser im Gefäss siedete, die Röhre *op* vor der Lampe; sonach befanden sich die Quecksilbersäulen im Niveau bei der Temperatur 100° C. Nun liess man die Temperatur sinken, während die gekrümmten Stiele das Quecksilberthermometer in kleine Röhren wie *u* tauchten. Letztere enthielten eine zuvor gewägte Menge Quecksilber und überdies die während des Steigens der Temperatur [**86**] vom Frostpunkte bis zur Siedhitze aus den Thermometern geflossene. Hierauf nahm man das Wasser aus dem Gefässe und ersetzte es durch zerstossenes Eis. Das Niveau des Quecksilbers war wie gewöhnlich an den Strich *a* gebracht. Man maass den Höhenunterschied beider Quecksilbersäulen und las den Barometerstand ab. Diese Beobachtung gab den Nullpunkt des Luftthermometers und diente zum Ausgangspunkt für alle übrigen.

Das vergleichende Studium des Ganges des Luft- und des Quecksilberthermometers bietet für Temperaturen zwischen 0° und 100° keine grossen Schwierigkeiten dar. Das Gefäss ist dann mit Wasser gefüllt und man erhält leicht lange stillstehende Temperaturen, die nach Musse die Beobachtungen

---

an eisernen Leisten, die oben an einem selben Holzrahmen *ff* befestigt sind, wodurch man sie alle auf einmal in dem Kasten bewegen kann.

anzustellen erlauben. Anders ist es mit hohen Temperaturen. Alsdann ist das Gefäss mit Oel gefüllt, die Erkaltung geschieht sehr rasch und es bedarf eigener Vorsichtsmaassregeln, um zuverlässige Beobachtungen zu machen.

Ich werde in einigen Worten sagen, wie ich den Versuch ausführte. — Zunächst wurde das Oel erhitzt bis nahe zu der beabsichtigten Temperatur; dann mässigte man die Hitze, entweder durch Fortnahme eines Theils der Kohlen, wenn man sich nicht auf einer sehr hohen Temperatur befand, oder indem man die Klappen des Ofens immer mehr schloss und so den Luftzug allmählig minderte. Zugleich wurde die Flüssigkeit mittelst der Umrührer beständig bewegt. Bald trat ein Zeitpunkt ein, wo das Gefäss genau so viel Wärme vom Herde erhielt, als es in derselben Zeit an die Luft verlor. Dann war die Temperatur auf ihrem Maximum angelangt, sie blieb stillstehend, mehr oder weniger lange, je nach dem Punkt der Thermometerskale, auf welchen man gelangt war. Diesen Maximum-Punkt bestimmte man mit grosser Genauigkeit [**87**] an dem Luftthermometer, indem man die zwei Quecksilbermenisken zugleich mit den Fernröhren der beiden Kathetometer verfolgte und deren Horizontalfäden beständig die Gipfel der Menisken berühren liess. So beobachtete man mit grosser Schärfe die Maximum-Lage des Meniskus β in der Röhre JI und die Minimum-Lage des Meniskus α in der Röhre FH. Es ist kaum nöthig zu sagen, dass man das Quecksilber zuvor nahe auf den Strich α einstellte.

Damit diese Beobachtungen mit grosser Genauigkeit zu machen seien, ist wichtig, dass in den letzten Momenten, wo man sich dem Maximum nähert, die Temperatur langsam steige. Die ungemein verschiedene Gestalt, welche die Menisken in den Fernröhren darbieten, je nachdem die eine oder andere Säule im Steigen oder Fallen ist, erlaubt überdies mit grösster Leichtigkeit zu erkennen, ob das Maximum streng erreicht oder überschritten ist. Der Meniskus hat im Steigen immer eine weit stärkere Krümmung und plattet sich sehr merklich ab im Moment, da die Bewegung der Säulen ihre Richtung ändert. Ehe die Lage der Menisken bestimmt wurde, traf man die Vorsicht, dem Gestell, an dem die communicirenden Röhren befestigt sind, einige leichte Stösse zu geben, um die Anhaftung des Quecksilbers zu zerstören und den beiden Menisken gleiche Form zu verleihen.

Somit gab die Beobachtung das Maximum des Luftthermometers. Die Quecksilberthermometer gaben schon von selbst das Maximum, da es Ausflussthermometer waren. Es blieb nur noch zu ermitteln, ob diese Maxima sich auf die nämliche Temperatur beziehen.

Man erkennt leicht bei dem Versuche selbst, dass die Quecksilberthermometer sehr nahe dasselbe Maximum wie das Luftthermometer geben müssen. Denn für Temperaturen, die nicht 200 bis 250° C. übersteigen, sieht man, dass der Moment, da das Luftthermometer sein Maximum zeigt, [88] fast genau mit dem zusammenfällt, da das Quecksilber am capillaren Ende der Thermometerröhren stillsteht. Bei sehr hohen Temperaturen erreicht das Luftthermometer sein Maximum nur einige Secunden früher als das Quecksilberthermometer.*) Diese beiden Momente liegen so nahe zusammen, dass es unmöglich ist, dass die Maxima nicht derselben Temperatur entprechen. Offenbar wird übrigens diese Bedingung desto besser erfüllt, als die Erhitzung bei Annäherung an das Maximum langsamer ist.

Man nimmt mit dem ersten Kathetometer den Abstand der Minimum-Lage des Meniskus A vom Striche α, und mit dem zweiten Kathetometer den Abstand der Maximum-Lage des Meniskus in der Röhre B von demselben Striche α. Durch Addition oder Subtraction dieser Abstände, je nach den Fällen, bekommt man den Höhenunterschied der beiden Quecksilbersäulen, welcher, hinzugefügt zum Barometerstand, die vom Luftthermometer angezeigte Temperatur berechnen lässt.

Es seien, wenn der Ballon im schmelzenden Eise ist, H der Barometerstand, — h der Niveau-Unterschied beider Quecksilbersäulen, — v das kleine Volumen äusserer Luft, — t dessen Temperatur; — ferner wenn der Ballon in der unbekannten Temperatur ϑ des Luftthermometers oder der Temperatur T des Quecksilberthermometers befindlich ist, seien H', H', v' und t' die entsprechenden Grössen; endlich sei δT die Volumsvergrösserung des Ballons in Folge der Aus-

---

*) Sobald der Beobachter, der mittelst der Fernröhre den Gang der Menisken verfolgte, den Wechsel im Sinne der Bewegung der Quecksilbersäulen gewahrte, gab er dem Gehülfen einen Wink, dass er die Umrührer unaufhörlich bewegte. Dieser konnte dann erkennen, dass einige Secunden hernach das Quecksilbertröpfchen am Ende der Haarröhrchen der Quecksilberthermometer stehen blieb, und dass, nach seiner Absonderung, die Säule nicht säumte, in die Röhre wieder einzutreten.

dehnung des Glases vom Punkte des schmelzenden Eises an bis zur Temperatur T, so hat man: [**89**]

$$1+0,003665\,\vartheta=\frac{(H'+h')(1+\delta T)}{(H-h)+\frac{v}{V}\cdot\frac{1}{1+\alpha t}(H-h)-\frac{v'}{V}\cdot\frac{1}{1+\alpha t'}(H'+h')}$$

woraus sich ϑ ergiebt.

Die Temperaturen T der Quecksilberthermometer sind aus dem ausgeflossenen Gewicht Quecksilber hergeleitet. Ist P das bei 0° das Thermometer füllende Gewicht Quecksilber; π das von 0° bis 100° ausfliessende und p das von 0° bis T ausfliessende, so hat man

$$T=100\,\frac{p}{\pi}\cdot\frac{P-\pi}{P-p}.$$

Die Formel, die zur Berechnung der Temperatur des Luftthermometers dient, schliesst einen Factor ein, nämlich $(1+\delta T)$, der etwas unsicher bleibt. δT ist die Ausdehnung der Volumseinheit des Glases von 0° bis T. Diese Grösse musste durch directe Versuche bestimmt werden. Und dies habe ich wirklich zu thun versucht, wie man weiterhin sehen wird; allein die Beobachtung giebt die Ausdehnung des Glases in Function der absoluten Ausdehnung des Quecksilbers, die man als bekannt voraussetzt. Dies ist aber gerade der zweifelhafte Punkt der Aufgabe. Es bedürfen nämlich die Zahlen, welche die Physiker nach den Versuchen von *Dulong* und *Petit* angenommen haben, einer Abänderung, weil sie, in Bezug auf das Luftthermometer berechnet mit dem Coëfficienten 0,375, erhalten worden sind; allein auch hier kann die Umwandlung nicht mit einiger Sicherheit geschehen, da die Angaben fehlen.

Dulong und *Petit* haben uns nur folgende Resultate überliefert.

Temperaturen. aus der Ausdehnung der Luft hergeleitet	Absolute Ausdehnungen des Quecksilbers im Mittel
0°	0
100	$\frac{1}{5550}$
200	$\frac{1}{5425}$
300	$\frac{1}{5300}$

[90] Wenn man diese Resultate mit der wegen Aenderung des Ausdehnungs-Coëfficienten der Luft erforderlichen Berichtigung versieht, unter der Voraussetzung, dass das Luftthermometer von *Dulong* und *Petit* von Null aus graduirt war, so findet man für die in der ersteren Spalte enthaltenen Temperaturen:

$$0^\circ,\ 102^\circ{,}3;\ 204^\circ{,}6;\ 306^\circ{,}9$$

und die obige Tafel wird:

0°	100°	200°	300°
0	$\frac{1}{5677}$	$\frac{1}{5550}$	$\frac{1}{5423}$

Nur neue Versuche können entscheiden, ob die so abgeänderte Tafel angenommen werden darf.

Der Factor $(1 + \delta T)$ bietet also in seiner numerischen Bestimmung einige Unsicherheit dar; allein ich glaube nicht, dass der daraus entspringende Fehler sich auf zwei bis drei Zehntel eines Grades erhebe. Uebrigens habe ich in den folgenden Tafeln die bei jedem Versuch angenommenen Werthe von $1 + \delta T$ angegeben. Sobald neue Versuche die Werthe des Coëfficienten der wahren Ausdehnung des Quecksilbers festgestellt haben werden, lassen sich in meinen Versuchen sehr leicht die erforderlichen Berichtigungen anbringen, wenn man sich erinnert, dass T die Temperatur des Quecksilberthermometers bezeichnet, und man die körperliche Ausdehnung des Glases nach den von mir gegebenen Tafeln berechnet.

Zu diesem Behufe machte man Versuche mit einem Ausfluss-Quecksilberthermometer, gebildet aus einem Glasballon von derselben Glashütte wie der, welcher bei den vorhergehenden Versuchen zum Luftthermometer gedient hatte, und in seinem Gange mit denen der beiden Quecksilberthermometer verglichen worden war. Das dritte Thermometer war [91] durch einen Unfall ausser Dienst gesetzt. Das ganze System stand auf dem Gestell Fig. 5 u. 6 und der Versuch wurde durchaus ebenso geleitet, wie wenn es sich darum handelte, den Gang des Luft- und Quecksilberthermometers zu vergleichen.

Der Ballon fasste 4122,88 Grm. Quecksilber von 0°. Folgende Tafel enthält die erlangten Resultate, mittelst deren man die Ausdehnung des Glases für hohe Temperaturen berechnen kann, wenn man die cubische Ausdehnung des Quecksilbers mit Sicherheit kennt.

Temperaturen der Quecksilberthermometer I.	II.	Mittel	Kugel-Thermometer, ausgeflossenes Quecksilber von 0° an
0°	0°	0°	0
100	100	100	63,508grm
147,80	147,77	147,78	93,149
208,23	208,33	208,13	130,141
254,06	254,20	254,13	158,343
282,72	382,98	282,85	175,570.

Folgende Tafeln enthalten den vergleichenden Gang des Luft- und des Quecksilberthermometers: [**92**]

No. d. Vers.*)	H'	h'	t'	δT	ϑ	T	$T-\vartheta$
			Erste Reihe				
		$H = 746{,}52$; $h = -200{,}98$; $\nu = \nu' = 0{,}00290\ V$; $t = 10°$					
1. W.	745,90	— 101,68	12,0°	0,00115	49,88°	50,17°	+ 0,29
2. W.	745,96	— 100,64	11,9	0,00116	50,44	50,63	+ 0,19
3. W.	745,84	— 99,73	11,6	0,00117	50,84	51,01	+ 0,20
4. W.	745,92	— 78,82	11,5	0,00142	61,48	61,75	+ 0,27
5. W.	747,75	— 64,20	11,7	0,00161	69,82	70,06	+ 0,24
6. W.	748,39	— 5,91	12,3	0,00230	99,73	99,89	+ 0,16
7. O.	749,35	+ 113,85	12,2	0,00390	161,32	161,18	— 0,14
8. O.	749,81	+ 211,01	12,3	0,00527	211,26	211,22	— 0,02

Zweite Reihe

berechnet aus dem Werth bei 100°. Der Druck bei 0° berechnet aus dem im siedenden Wasser gemachten Versuch No. 9.

$H = 746{,}52$; $H - h = 559{,}19$; $t = 14{,}9°$; $\nu = \nu' = 0{,}00275\ V$

1. W.	761,62	— 133,90	12,9°	0,00078	33,78°	34,10°	+ 0,32
2. W.	761,50	— 131,54	12,9	0,00081	34,85	35,11	+ 0,26
3. W.	760,44	— 118,88	12,8	0,00094	40,61	40,83	+ 0,28
4. W.	759,44	— 106,23	13,2	0,00107	46,36	46,54	+ 0,18
5. W.	759,01	— 100,32	13,3	0,00113	49,07	49,25	+ 0,18
6. W.	758,62	— 99,79	12,7	0,00114	49,14	49,42	+ 0,28
7. W.	758,59	— 97,23	12,0	0,00117	50,39	50,66	+ 0,27
8. W.	758,44	— 86,90	12,9	0,00128	55,51	55,76	+ 0,25
9. W.	760,52	+ 1,84	14,9	0,00230	100,34	100,34	0,00

*) Die Buchstaben W und O in dieser Spalte zeigen an, ob die Versuche in Wasser oder Oel angestellt sind.

[93]

No. d. Vers.	H'	h'	t'	δT	ϑ	T	$T-\vartheta$
			Dritte Reihe				
	$H = 760,56$; $h = -196,60$; $t = 11,2°$; $\nu = \nu' = 0,00280\ V$						
1. W.	754,65	0	10,4°	0,00230	100,06°	*)	
2. W.	754,03	— 146,97	10,4	0,00061	26,42	26,52°	+ 0,10
3. W.	753,83	— 136,53	12,0	0,00073	31,51	31,62	+ 0,11
4. W.	753,33	— 132,51	12,0	0,00077	33,36	33,50	+ 0,14
5. W.	753,18	— 130,90	11,9	0,00078	34,00	34,12	+ 0,12
6. W.	752,63	— 113,37	11,5	0,00098	42,46	42,64	+ 0,18
7. W.	749,67	— 95,38	12,6	0,00115	49,95	50,13	+ 0,18
8. W.	749,55	— 92,71	12,9	0,00118	51,22	51,39	+ 0,17
9. W.	749,38	— 84,27	12,9	0,00127	55,35	55,59	+ 0,24
10. W.	749,16	— 72,66	13,4	0,00141	61,02	61,18	+ 0,16
11. W.	748,91	— 51,58	13,3	0,00164	71,42	71,59	+ 0,17
12. W.	749,03	— 25,58	12,5	0,00188	81,96	82,06	+ 0,10
13. W.	748,81	+ 5,53	13,0	0,00230	99,92	99,91	— 0,01
14. O.	756,14	+ 1,80	13,5	0,00233	101,71	101,68	— 0,03
15. O.	755,59	+ 57,86	13,5	0,00303	129,53	129,31	— 0,22
16. O.	755,57	+ 86,05	15,1	0,00336	143,66	143,39	— 0,27
17. O.	755,41	+ 105,54	15,6	0,00352	153,33		
18. O.	754,63	+ 129,19	12,5	0,00389	164,86		
19. O.	749,25	+ 153,00	14,6	0,00417	174,15	173,76	— 0,39
20. O.	751,43	+ 206,91	16,7	0,00485	202,40	202,19	— 0,21
21. O.	752,06	+ 213,84	14,7	0,00494	216,20	205,96	— 0,24
22. O.	755,48	+ 234,95	13,9	0,00546	218,67	218,32	— 0,35
23. O.	755,79	+ 290,46	14,9	0,00622	246,91	246,77	— 0,14
24. O.	756,71	+ 331,61	15,5	0,00678	268,21	268,61	+ 0,40
25. O.	757,16	+ 365,94	15,7	0,00732	285,90	286,74	+ 0,84
26. O.	758,02	+ 413,78	16,1	0,00795	310,63	312,32	+ 1,69
27. O.	765,10	+ 139,25	14,0	0,00420	175,21	175,29	+ 0,08
28. O.	764,61	+ 238,38	12,1	0,00551	225,04	225,10	+ 0,06

[94]

No. d. Vers.	H'	h'	$\frac{\nu'}{V}$	t'	δT	ϑ	T
			Vierte Reihe				
	$H = 750,56$; $H - h = 546,70$; $\nu = 0,00280\ V$; $t = 11,2°$						
1. O.	762,20	+ 15,06	0,00280	14,9°	0,00271	116,58	116,71°
2. O.	762,16	+ 82,69	0,00294	14,5	0,00356	151,02	150,93
3. O.	762,14	+ 135,26	0,00284	13,3	0,00426	177,75	177,50
4. O.	762,33	+ 215,15	0,00283	13,2	0,00523	218,62	218,46
5. O.	762,52	+ 283,47	0,00283	12,8	0,00622	253,78	253,90
6. O.	762,41	+ 340,00	0,00322	13,8	0,00710	283,24	283,96

*) Der Nullpunkt wurde durch einen directen Versuch in schmelzendem Eise bestimmt.

No. d. Vers.	H'	h'	$\frac{\nu'}{V}$	t'	δT	ϑ	T
			Fünfte Reihe				
			$H = 750{,}56$; $H - h = 546{,}10$; $\nu = 0{,}00270\ V$; $t = 14{,}5^0$				
1.*)	761,65	+ 117,45	0,00268	14,7°	0,00405	168,79°	168,79°
2. O.	761,62	+ 162,88	0,00280	14,4	0,00461	192,05	191,82
3. O.	761,80	+ 217,99	0,00286	14,0	0,00532	220,39	220,26
4. O.	761,98	+ 279,20	0,00293	13,2	0,00617	251,98	252,02
5. O.	762,57	+ 341,42	0,00304	13,0	0,00701	284,40	284,98
6. O.	763,23	+ 376,97	0,00302	12,3	0,00760	303,11	304,01
7. O.	767,52	+ 119,31	0,00305	10,6	0,00415	173,02	173,12
8. O.	767,62	+ 256,90	0,00280	11,6	0,00596	243,38	243,57
9. O.	767,67	+ 353,51	0,00281	12,4	0,00735	293,09	293,97
10. O.	767,60	+ 404,10	0,00292	12,0	0,00807	319,29	320,73
11. O.	767,72	+ 417,19	0,00279	12,4	0,00836	326,01	327,73
12. O.	767,54	+ 465,70	0,00316	12,1	0,00904	351,51	354,48

[95] Tafel der Resultate mit dem Quecksilberthermometer.

No.	p_1	p_2	p_3	T_1	T_2	T_3	T
			Erste Reihe				
	Grm.						
1.	8,6550	**)	10,7625	50,16°		50,18°	50,17°
2.	8,7345		10,8605	50,62		50,64	50,63
3.	8,8040		10,9460	51,03		51,04	51,04
4.	10,6255		13,2325	61,69		61,81	61,75
5.	12,0340		15,0010	69,96		70,16	70,06
6.	17,0920		21,2755	99,82		99,96	99,89
7.	27,3255		33,9935	161,06		161,29	161,18
8.	35,5645		44,2180	211,21		211,24	211,22
			Zweite Reihe				
1.	4,626	7,382	5,908	34,06°	34,14°	34,10°	34,10°
2.	4,766	7,590	6,085	35,09	35,11	35,12	35,11
3.	5,548	8,834	7,077	40,89	40,90	40,88	40,89
4.	6,309	10,042	8,052	46,55	46,50	46,56	46,54
5.	6,674	10,619	8,513	49,25	49,27	49,25	49,25
6.	6,695	10,656	8,543	49,41	49,40	49,43	49,42
7.	6,862	10,926	8,759	50,65	50,66	50,68	50,66
8.	7,546	12,015	9,632	55,74	55,76	55,78	55,76
9.	13,489	21,473	17,217	100,32	100,32	100,38	100,34

*) Der Nullpunkt nach dem Versuch No. 1 zu 168,79° berechnet.
**) Das Thermometer No. II sprang beim Versuch.

No.	p_1	p_2	p_3	T_1	T_2	T_3	T
			Dritte Reihe				
1.	13,455	13,131	17,173	100,06°	100,20°	100,13°	100,13°
2.	3,606	-	-	26,52	-	-	26,52
3.	4,296	-	-	31,62	-	-	31,62
4.	4,551	-	-	33,50	-	-	33,50
5.	4,635	-	-	34,12	-	-	34,12
6.	5,784	-	-	42,64	-	50,15	42,64
7.	6,790	-	8,668	50,11	-	51,42	50,13
8.	6,958	-	8,884	51,36	-	55,58	51,39
9.	7,517	7,345	9,597	55,53	55,67	-	55,59
10.	8,266	8,074	-	61,11	61,25	-	61,18
11.	9,655	9,432	-	71,49	71,67	-	71,59
12.	11,052	10,792	-	81,97	82,13	-	82,06
13.	13,424	13,100	-	99,85	99,97	-	99,91
14.	13,658	13,338	-	101,58	101,78	-	101,68
15.	17,296	16,883	-	129,20	129,41	-	129,31
16.	19,124	18,682	-	143,16	143,59	-	143,38
17.	20,385	-	-	152,82	$\frac{0}{0}$	-	-
18.	21,895	-	-	164,43	$\frac{0}{0}$	-	-
19.	23,086	22,535	-	173,62	173,99	-	173,76
20.	26,742	26,120	-	201,96	202,43	-	202,19
21.	27,216	26,598	-	205,66	206,25	-	205,96
22.	28,816	28,124	-	218,15	218,49	-	218,32
23.	32,429	31,659	-	246,55	246,99	-	246,77
24.	35,181	34,352	-	268,34	268,87	-	268,61
25.	37,441	36,587	-	286,34	287,14	-	286,74
26.	40,641	39,689	-	311,98	312,65	-	312,32
27.	23,285	22,727	-	175,15	175,42	-	175,29
28.	29,681	28,969	-	224,93	225,27	-	225,10
[96]			Vierte Reihe				
1.	15,641	15,262	15,645	116,62	116,76	116,75	116,71
2.	20,129	19,636	20,120	150,86	151,00	150,93	150,93
3.	23,580	23,003	23,560	177,43	177,61	177,44	177,50
4.	28,848	28,141	28,815	218,41	218,62	218,36	218,46
5.	33,360	32,538	33,299	253,90	254,11	253,67	253,90
6.	37,149	36,218	37,078	284,03	284,12	283,72	283,96
			Fünfte Reihe				
1.	22,451	21,906	22,432	168,71	168,92	168,79	168,81
2.	25,430	24,816	25,396	191,76	192,02	191,68	191,82
3.	29,080	28,369	29,037	220,22	220,45	220,10	220,26
4.	33,116	32,306	33,069	251,97	252,23	251,85	252,02
5.	37,261	36,357	37,212	284,90	285,25	284,79	284,98
6.	39,650	38,673	39,574	304,02	304,28	303,72	304,01
7.	23,018	22,455	22,988	173,09	173,26	173,02	173,12
8.	32,046	31,261	32,000	243,53	243,77	243,41	243,57
9.	38,403	37,447	38,325	294,03	294,19	293,70	293,97
10.	41,734	40,682	41,662	320,79	320,87	320,54	320,73
11.	42,593	41,541	42,521	327,73	327,99	327,47	327,73
12.	45,883	44,731	45,843	354,43	354,55	354,46	354,48

[97]

Angaben der zu vorstehenden Reihen angewandten Quecksilberthermometer.

	Thermometer		
	I	II	III
	Reihe I		
$P =$	1126,932 grm		1406,592 grm
$p =$	17,185		21,362
$H =$	769 68 mm		769,53 mm
$T =$	100,36°		100,36°
$\pi =$	17,1233		21,2853
	Reihe II		
$P =$	885,121 grm	1407,781 grm	1126,904 grm
$p =$	13,458	21,403	17,168
$H =$	762,56 mm	762,92 mm	762,84 mm
$T =$	100,09°	100,11°	100,10°
$\pi =$	139,446 grm	21,379 grm	17,151 grm
	Reihe III		
$P =$	885,121	862,732	1126,904
$p =$	13,458	13,085	17,168
$H =$	762,56	755.83	762,84
$T =$	100,09°	99,85	100,10°
$\pi =$	43,446	13,104	17,151
	Reihe IV u. V		
$P =$	885,121	862,732	882,694
$p =$	13,458	13,085	13,445
$H =$	762,56	755,83	762,14
$T =$	100,09°	99,85	100,08°
$\pi =$	13,446	13,104	13,434

Aus diesen Versuchen ersieht man, dass zwischen 0° und 100° C. das Luftthermometer beinahe genau mit dem Quecksilberthermometer übereinstimmt, was die älteren Beobachtungen des Hrn. *Gay-Lussac* bestätigt. Es ist jedoch zu bemerken, dass bei meinen Versuchen das Luftthermometer gegen die Mitte seiner Skale beständig um etwa 0,2° hinter [98] dem Quecksilberthermometer zurückblieb. Dies scheint anzuzeigen, dass in dem Gange beider Thermometer wirklich ein kleiner Unterschied vorhanden ist, aber ein zu kleiner, als dass es nöthig wäre, darauf Rücksicht zu nehmen. Er fällt überdies zwischen die Unsicherheits-Grenzen, welche von der Verrückung des Nullpunkts am Quecksilberthermometer abhängen.

Oberhalb 100° ist der Gang des Quecksilberthermometers ziemlich im Einklang mit dem des Luftthermometers bis etwa zur Temperatur 250°. Von diesem Punkte an eilt das Quecksilberthermometer dem Luftthermometer voraus; bei 300° beträgt der Unterschied 1°, bei 325° steigt er auf 1,75°, und endlich bei 350° sogar auf ungefähr 3°.

Die in obigen Tafeln angeführten Angaben der Quecksilberthermometer sind etwas zu gering; sie bedürfen einer sehr kleinen Berichtigung, die aber schwer auf eine genaue Weise zu bestimmen ist. Man suchte die Menge des Quecksilbers in den nicht in Oel eingetauchten Theilen der Thermometerstiele so klein wie möglich zu machen, konnte sie aber nicht unmerklich machen. Bei den angewandten Thermometern entsprachen die nicht eingetauchten Stielstücke etwa 7° für jedes dieser Thermometer, so dass, wenn man mit τ die Temperatur dieser Stielstücke bezeichnet, man zu jeder Temperatur T der Quecksilberthermometer hinzufügen muss

$$\Delta T = 7^{\circ} \frac{T - \tau}{6280}.$$

Die scheinbare Ausdehnung des Quecksilbers im Glase ist hier als constant vorausgesetzt. Nimmt man $\tau = 50^{\circ}$, so findet man für

$T = 150^{\circ}$	$\Delta T = 0{,}11^{\circ}$
$T = 200$	$\Delta T = 0{,}16$
$T = 250$	$\Delta T = 0{,}22$
$T = 300$	$\Delta T = 0{,}27$
$T = 350$	$\Delta T = 0{,}33.$

[99] Man wird bemerken, dass diese Addition beinahe den Zeichenwechsel vernichtet, den man beständig in der Columne der Unterschiede zwischen den Punkten 100° und etwa 250° antrifft. Diese Berichtigung gemacht, ergiebt sich aus meinen Versuchen der zusammengehörige Gang beider Thermometer folgendermaassen:

Luftthermometer	Quecksilberthermometer	Unterschiede
0°	0	0
50	50,2	+ 0,2
100	100,0	0
150	150,0	0
200	200,0	0
250	250,3	+ 0,3
300	301,2	+ 1,2
325	326,9	+ 1,9
350	353,3	+ 3,3.

Gegen 150° scheinen meine Versuche einen kleinen negativen Unterschied anzuzeigen. Die kleinen Unregelmässigkeiten übrigens, die man in dem vergleichenden Gang der beiderlei Thermometer bemerkt, müssen offenbar den Unregelmässigkeiten in der Ausdehnung des Glases zugeschrieben werden, die eine desto beträchtlichere momentane Verschiebung des Nullpunkts veranlassen, als der Apparat auf eine höhere Temperatur gebracht wird. Diese Ungleichheiten in der Ausdehnung des Glases werden immer verhindern, dass die Anzeigen eines selben Quecksilberthermometers unter sich vollkommen vergleichbar sind. Schon in meiner ersten Arbeit (A. ch. ph. **4**, 65) habe ich bemerklich gemacht, dass mehrere Versuche, die hintereinander zur Bestimmung der Ausdehnung eines selben Glasapparats zwischen denselben Temperaturgrenzen und unter identischen Umständen angestellt werden, sehr selten ganz übereinstimmende Resultate geben, und die Unterschiede zu gross sind, als dass sie einzig den Beobachtungsfehlern zugeschrieben werden könnten. Bei den Vergleichungen, die ich in den vorhergehenden Versuchen mit Ausflussthermometer vorgenommen, habe ich Gelegenheit gehabt, diese Thatsache mehrmals zu bestätigen.

[**100**] Es ist wichtig zu bemerken, dass die vorstehenden Resultate nur gelten für den vergleichenden Gang des Luftthermometers, berichtigt wegen der Ausdehnung des Glases, und eines Quecksilberthermometers, construirt aus Röhren von französischem Glase, mit einem Wort, aus genau denselben, die zu meinen Versuchen dienten. Die Berichtigungstafeln könnten ganz anders ausfallen, wenn die Quecksilberthermometer mit Gläsern von anderer Natur construirt wären.

Insgemein nimmt man an, dass zwei Quecksilberthermometer, die bei 0° und 100° übereinstimmen, es auch bei allen übrigen Punkten der Skale thun. Nichts ist aber unrichtiger als diese Annahme. Wenn die beiden Thermometer nicht genau aus derselben Glasart construirt sind, so können in hohen Temperaturen Unterschiede von mehreren Graden vorkommen.

Um diese Thatsache festzustellen brauche ich mich nur auf die kleine Tafel S. 172 zu berufen, aus welcher sich der vergleichende Gang der zu meinen Versuchen angewandten Quecksilberthermometer und eines aus einem Ballon von gemeinem pariser Glase verfertigten Quecksilberthermometers herleiten lässt, wie folgt:

Mittel aus I u. II	Kugelthermometer	Unterschied
0°	0°	0
100	100	0
147,78	147,75	— 0,03
208,13	208,34	+ 0,21
254,13	255,29	+ 1,16
282,85	284,31	+ 1,46.

[101] Das aus dem Ballon construirte Thermometer eilte den aus Röhren verfertigten von 200° ab voraus, und bei 285° betrug der Unterschied etwa $1,5^{\circ}$ *).

Noch deutlicher ergaben sich die Gang-Unterschiede durch Versuche mit drei Ausfluss-Quecksilberthermometern, gebildet das erste aus einem kleinen Glasballon und daran geschmolzenen Haarröhrchen, das zweite von einer aus einem Haarröhrchen geblasenen Kugel von gemeinem Glase und das dritte von einer Kugel, aus einer Röhre von Krystallglas. Alle Kugeln hatten nahezu gleichen Durchmesser, die Röhren gleiches Kaliber und gleiche Länge, mit einem Worte: die drei Thermometer waren so ähnlich wie möglich. Sie wurden auf ein kleines Messinggestell (Fig. 7) gebracht, welches seinerseits in einem rechteckigen Kasten voll Oel stand.

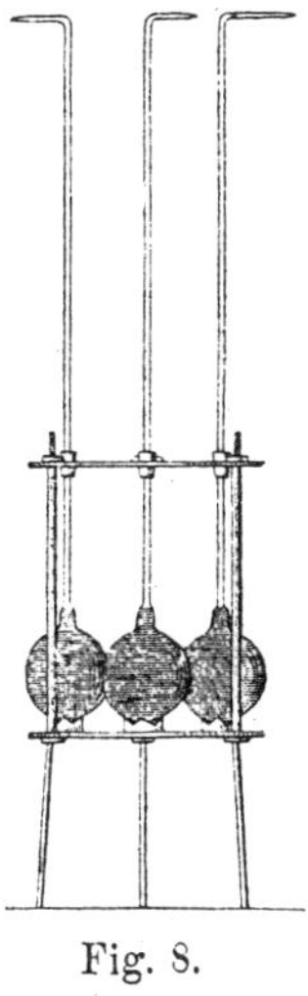

Fig. 8.

*) Diese Gangverschiedenheiten der Quecksilberthermometer in hohen Temperaturen gehen auch sehr gut aus den Tafeln S. 95 und 96 [174 und 175 dieser Ausgabe] hervor. Das Thermometer No. II gab beständig eine etwas höhere Temperatur, als die beiden anderen.

Die Thermometer waren zuvor von Luft und Feuchtigkeit wohl gereinigt, und durch einen directen Versuch hatte man das Gewicht Quecksilber, welches von 0° bis 100° aus diesen Instrumenten austrat, sorgfältig bestimmt. Ein dicker, am Messinggestell sitzender Kupferdraht erlaubte den Apparat in dem Bade zu drehen und jedem Thermometer alle möglichen Lagen zu geben, so dass man nicht die angegebenen Unterschiede von einer etwaigen Verschiedenheit der Temperatur in den verschiedenen Theilen des Kastens ableiten kann. Das Oel wurde überdies durch die Umrührer beständig bewegt. [**102**]

I Röhre von gemeinem Glase, zur Kugel ausgeblasen	II Kleiner Ballon von gemeinem Glase	III Röhre von Krystallglas, zur Kugel ausgeblasen	Unterschied zwischen I u. III
0°	0°	0°	0°
100	100	100	0
190,51	190,84	191,66	+ 1,15
246,68	247,02	249,36	+ 2,68
251,87	252,06	254,57	+ 2,70
279,08	279,31	282,50	+ 3,42
310,69	311,14	315,28	+ 4,59
333,72	333,76	340,07	+ 6,35

Die Thermometer I und II gingen beinahe übereinstimmend, indess war No. II immer dem No. I etwas voraus. Das Thermometer III, mit Behälter aus Krystallglas, zeigte dagegen einen weit rascheren Gang als die beiden ersten; es war bei 330° über 6° gegen das Thermometer aus gemeinem Glase voraus. Am Schlusse der Versuche überzeugte ich mich, durch Vergleichung der Apparate mit dem darin gebliebenen Quecksilber, dass bei keinem der drei Thermometer ein Verlust an Quecksilber stattgefunden hatte. Das Gewicht, hinzugefügt zum Gewichte des ausgeflossenen Quecksilbers, gab genau das Gewicht, welches vor dem Versuch gefunden ward*).

*) Ich behaupte nicht, dass die Gangverschiedenheiten zwischen den Thermometern mit Behältern von gemeinem und von Krystallglas immer so bedeutend seien, als sie hier gefunden wurden. So zeigten zwei andere Thermometer mit Behältern von gemeinem Glas und Krystallglas (geblasen aus anderen Röhren, als die zu den übrigen Versuchen angewandten) nur einen Unterschied von 3° bei der Temperatur von 300°; aber der Unterschied lag in gleichem Sinne.

Mithin haben die drei Glassorten nicht bloss im Ganzen verschiedene Ausdehnungs-Coëfficienten, sondern sie folgen auch in ihrer Ausdehnung verschiedenen Gesetzen. Die Gläser, welche den kleinsten Ausdehnungs-Coëfficienten besitzen, scheinen mit der Temperatur einen weniger raschen Anwuchs ihrer Ausdehnung zu erfahren.

Diese Resultate sind, glaube ich, hinreichend, zu zeigen, dass man in [**103**] Zukunft die zu genauen Versuchen angewandten Quecksilberthermometer nicht bloss an den beiden festen Punkten der Skale, sondern auch in höheren Temperaturen vergleichen müsse, indem man bei Vernachlässigung dieser Vorsicht beträchtliche Fehler begehen kann. Man sieht auch daraus, wie sehr die absoluten Angaben der Quecksilberthermometer in den hohen Temperaturen, entfernt von den festen Punkten, unsicher sind und welche Schwierigkeit es hat, dass die unter dergleichen Umständen von verschiedenen Beobachtern erhaltenen Resultate streng vergleichbar seien. Es ist daher zu wünschen, dass man sich bei genauen Versuchen unmittelbar des Luftthermometers bediene, da dessen Angaben, wegen der Grösse der Ausdehnung der Luft, welche die Unregelmässigkeiten in der Ausdehnung der Hülle unmerklich macht, immer vergleichbar sind.

Das zu meinen Versuchen angewandte Luftthermometer gründet sich auf die Messung der Aenderungen der Spannkraft des Gases, bei ungeändertem Volum. Ich gab dieser Methode den Vorzug vor der, wo man die Volumsvergrösserung direct misst. Diese letztere ist umständlicher und bietet überdies den sehr grossen Uebelstand dar, dass sie, je höher die Temperatur, desto unempfindlicher in ihren Angaben ist.

Die so einfachen Gesetze, die bisher über die Ausdehnungen der Gase angenommen worden, haben die Physiker verleitet, das Luftthermometer als ein Normalthermometer anzusehen, dessen Angaben den Anwüchsen der Wärmemengen wirklich proportional seien. Nachdem diese Gesetze als unrichtig erkannt sind, sieht man, dass das Luftthermometer zurückfällt in die Klasse aller übrigen Thermometer, deren Gang eine mehr oder weniger complicirte Function der Wärme-Anwüchse ist. Man begreift darnach, wie weit wir noch davon entfernt [**104**] sind, Mittel zur Messung absoluter Wärmemengen zu besitzen, und wie gering beim gegenwärtigen Zustande unserer Kenntnisse die Hoffnung ist, in den von diesen Grössen abhängigen Erscheinungen einfache Gesetze durch Versuche aufzufinden.

[177]

Ueber die Ausdehnung der atmosphärischen Luft in höheren Temperaturen

von

Gustav Magnus.

Pogg. Ann. LVII, p. 177—218.

In einer früheren Abhandlung[1]) habe ich den Ausdehnungs-Coëfficienten der atmosphärischen Luft, so wie einiger anderer Gasarten zwischen 0° und 100° zu bestimmen gesucht. Das Resultat dieser Untersuchung war, dass dieser Coëfficient für atmosphärische Luft zwischen dem Eispunkt des Wassers und der Temperatur, bei welcher dasselbe unter einem Drucke von 28 Zoll Par. kocht, gleich 0,366 ist. Für die übrigen Gasarten fand ich andere Coëfficienten. Unter diesen dehnt sich das Wasserstoffgas etwas geringer aus als die atmosphärische Luft, die Kohlensäure etwas stärker, die schweflige Säure aber bedeutend mehr, so dass der Ausdehnungs-Coëfficient dieser letzteren gleich 0,385 ist.

Diese Resultate wurden unmittelbar nachdem ich sie hier mitgetheilt hatte, durch eine sehr ausführliche Untersuchung von Herrn Regnault[2]) in Paris im allgemeinen bestätigt, nur hatte derselbe den Coëfficienten für Wasserstoffgas etwas grösser gefunden als den für atmosphärische Luft, und von der schwefligen Säure behauptet er, dass sie sich wenig mehr ausdehne als diese, nämlich nur um 0,3669.

---

1) *Poggendorff*'s Annalen Bd. LV S. 1. (Diese Ausgabe, S. 67.)
2) *Annales de Chim. et de Phys.* Ser. III T. IV p. 1 und *Pogg.* Annalen LV S. 141. (Diese Ausgabe, S. 88.)

Eine so grosse Verschiedenheit in den Ausdehnungs-Coëfficienten liess mich befürchten, dass die von mir angewandte schweflige Säure vielleicht nicht hinreichend getrocknet [178] war, um so mehr als dies durch geschmolzenes Chlorcalcium geschehen war, während Hr. Regnault sich mit Schwefelsäure befeuchteter Bimsteinstücke bedient hatte. Ich habe deshalb den Ausdehnungs-Coëfficienten der schwefligen Säure von neuem bestimmt, und dieselbe ganz, wie es Herr Regnault angiebt, durch concentrirte Schwefelsäure getrocknet. Das Resultat war dasselbe als früher. Da aber Herr Regnault bei seinen Versuchen eine grosse Glaskugel angewandt hatte, ich hingegen eine Glasröhre von viel geringerem Inhalte, so könnte man glauben, dass eine Verdichtung an der Wand des Gefässes die Verschiedenheit in den Resultaten hervorgebracht hätte. Es wurden deshalb einige Versuche mit einer Glaskugel von 996 Kub. Cent. Inhalt angestellt, aber auch diese lieferten denselben Ausdehnungs-Coëfficienten, so dass über die Richtigkeit desselben wohl kein Zweifel obwalten kann. *)

In den vier hier folgenden Versuchen sind I. und II mit einer Röhre von 80 Kub. Cent. Inhalt; III. und IV. mit der oben erwähnten Kugel angestellt.

I.	0,3847
II.	0,3839
III.	0,3849
IV.	0,3842
Mittel	0,3844.

In der gegenwärtigen Arbeit habe ich mich mit der Ausdehnung der atmosphärischen Luft für höhere Temperaturen beschäftigt, oder vielmehr mit einer Vergleichung der Ausdehnung der Luft und des Quecksilbers.

Diese Untersuchung schien nothwendig, da man jetzt [179] weiss, dass der Coëfficient für die Ausdehnung der Luft zwischen 0° und 100° um $\frac{1}{37}$ kleiner ist als der, welchen man

*) Seitdem hat auch Herr *Regnault* in einer Fortsetzung seiner Untersuchung seine früheren Resultate zurückgenommen und sowohl die geringere Ausdehnung des Wasserstoffgases bestätigt, als auch für die schweflige Säure genau denselben Ausdehnungs-Coëfficienten gefunden als ich. *Annales de Chim. et de Phys.* Ser. III Tom V p. 76 und 81, oder das vorhergehende Heft der Annalen. (S. 135 dieser Ausgabe.)

früher allgemein für richtig annahm, und der bei den älteren Untersuchungen der Ausdehnung in höheren Temperaturen, namentlich bei der der Herren *Dulong* und *Petit* zu Grunde gelegt ist. Hätten diese Herren, in ihrer stets klassisch bleibenden Abhandlung über die Ausdehnung der Körper, es nicht für unwerth gehalten, die Originalzahlen, welche sie gefunden hatten, mitzutheilen, so würde es gegenwärtig leicht sein, die Berichtigungen vorzunehmen, welche durch die Veränderung des Coëfficienten nöthig geworden sein möchten. Allein diese Originalzahlen fehlen überall und scheinen sich nicht einmal in den nachgelassenen Papieren jener Herren gefunden zu haben. Es war daher eine neue Arbeit unerlässlich, wenn man nicht über dieses Verhältniss der Ausdehnung, das in so vielfacher Beziehung von Wichtigkeit ist, ungewiss bleiben sollte.

Eine solche Arbeit ist wesentlich verschieden von der früheren über die Ausdehnung der Gase zwischen 0° und 100°; denn die Temperaturen, welche bei jener in Anwendung kamen, nämlich der Eispunkt und der Kochpunkt des Wassers, sind feste, stets leicht hervorzubringende Temperaturen, von denen nur die des kochenden Wassers kleinen Veränderungen durch die Verschiedenheit im Luftdrucke unterliegt, welche indess einer einfachen Correction fähig sind. Es war deshalb die ganze Untersuchung ohne Anwendung irgend eines Thermometers auszuführen möglich. Ganz anders verhält es sich bei der Bestimmung der Ausdehnung für höhere Temperaturen. Diese sind nur durch die Ausdehnung eines anderen Körpers zu bestimmen und zu messen möglich, weshalb man nur eine Vergleichung zwischen der Ausdehnung des zu untersuchenden und der eines anderen, als Maass dienenden Körpers vorzunehmen vermag.

[**180**] Für den letzteren, den als Maass dienenden Körper, ist hier das Quecksilber benutzt, und zwar, da wir diese Substanz gewöhnlich in Glasgefässen anwenden, und die Ausdehnung, welche sie in diesen zeigt, das ist die Differenz der Ausdehnung der Quecksilbers und des Glases oder die anscheinende Ausdehnung, als thermisches Maass benutzen, so ist auch dieses hier angewandt worden.

Man könnte erwarten, dass bei einer solchen Vergleichung der Ausdehnung, auch zugleich die absolute Ausdehnung des Quecksilbers bestimmt würde, so dass durch Einen Versuch die Ausdehnung der Luft, so wie die absolute und die anscheinende Ausdehnung des Quecksilbers, oder was dasselbe ist, die Ausdehnung der Luft, des Quecksilbers und des Glases mit einander verglichen würden. Aber eine solche gleichzeitige Bestimmung dieser drei erfordert so viele praktische Erfahrungen für die Messung jeder einzelnen, dass es kaum wahrscheinlich ist, den Grad der Genauigkeit, um welchen es sich hier handelt, bei der gleichzeitigen Bestimmung zu erhalten, wenn nicht vorher eine vergleichende Bestimmung zwischen der Ausdehnung der Luft und der des Quecksilbers stattgefunden hat.

Die Herren *Dulong* und *Petit* haben zwar bei ihrer Messung der absoluten Ausdehnung des Quecksilbers gleichzeitig Luft- und Quecksilber-Thermometer angewendet, so dass dadurch die gleichzeitige Vergleichung aller drei Ausdehnungen, des Quecksilbers, der Luft und des Glases gegeben war, und es bleibt zu bedauern, dass sie die gefundenen Zahlen, die diese Vergleichung noch jetzt gestatten würden, nicht mitgetheilt haben; aber sie wandten diese verschiedenen Thermometer nur zur grösseren Controlle an, denn die Vergleichung der Luft- und Quecksilber-Thermometer hatten sie schon früher vorgenommen; wäre dies nicht der Fall gewesen, so würden sie, bei vorkommenden Abweichungen in den Resultaten, nicht gewusst haben, wo sie den Grund für dieselben **[181]** zu suchen hätten. Abgesehen aber hiervon ist die Aufgabe, nicht allein eine Vergleichung der Ausdehnung der atmosphärischen Luft und des Quecksilbers anzustellen, sondern auch der verschiedenen Luftarten, sowohl mit dem Quecksilber, als unter sich, und für diese ist die Vergleichung der atmosphärischen Luft und des Quecksilbers der Ausgangspunkt.

Wenn man die Vergleichung der Ausdehnung zweier Körper vornehmen will, kömmt es besonders darauf an, dass man beide genau derselben Temperatur aussetzt, und dafür sorgt, dass auch wirklich beide diese Temperatur angenommen haben, bevor die Beobachtung vorgenommen wird. Die Herren *Dulong* und *Petit* haben dies dadurch zu erreichen gesucht, dass sie ein Oelbad anwandten, dasselbe durch Kohlfeuer bis zu einer bestimmten Temperatur erwärmten, darauf alle Züge des Ofens verschlossen, und so das Oelbad langsam erkalten liessen. Es tritt dann eine Constanz der Temperatur dadurch ein, dass das Oelbad während einer gewissen Zeit eben so viel Wärme abgiebt, als es von dem Kohlfeuer erhält. Während dieser Constanz der Temperatur stellten sie die Beobachtung an. Allein dieselbe kann, wie mir scheint, nur annähernd stattfinden, denn das Oelbad kühlt sich fortwährend ab, und das Kohlfeuer ändert seine Temperatur, selbst bei abgeschlossenem Luftzuge, fortwährend. Annähernd wird sie bei sehr grossen Oelmassen allerdings während einiger Zeit vorhanden sein, allein es bleibt immer noch übrig zu wissen, ob diese Zeit auch hinreichend ist, damit die in dem Oelbade befindlichen Körper vollständig die Temperatur desselben annehmen. Ohne besondere Vorsichtsmaassregeln wird man hierüber stets in Ungewissheit bleiben.

Ich habe deshalb eine ganz andere Methode angewandt. Da es mir aus früheren Versuchen bekannt ist, dass eine Spirituslampe mit doppeltem Luftzuge, während einer ziemlich bedeutenden Zeit, oft Stunden lang, dieselbe [**182**] Wärme liefert, so wandte ich dergleichen zum Heizen an, und es ist mir gelungen, mittelst derselben selbst die Temperaturen, welche bis zum Kochpunkte des Quecksilbers hinauf gehen, während längerer Zeit ganz constant zu erhalten.

Bevor ich die Vorrichtung beschreibe, deren ich mich nach mancherlei Abänderungen hierzu bediente, muss ich erwähnen, auf welche Weise die Ausdehnung der Luft und des Quecksilbers bestimmt wurden. Was die erstere anbetrifft, so geschah dies ganz so, wie bei der Untersuchung der Ausdehnung der Gase zwischen 0° und 100°. Es wurde auch bei diesen Versuchen nicht eigentlich die Ausdehnung, sondern die Elasticität der Luft gemessen und daraus die Ausdehnung berechnet. Hierzu wandte ich denselben Apparat an als früher; er ist in *ABCDE* Taf. II Fig. 1 abgebildet. Nur die Röhre *DE* musste verlängert werden. Ebenso geschah das Trocknen der Röhre *LK*, welche die Luft enthielt, so wie das Füllen derselben mit trockner Luft, ganz so wie in den früheren Versuchen; denn es kann wohl nicht als eine Verschiedenheit betrachtet werden, wenn statt des Chlorcalciums, das früher zum Trocknen angewendet worden, jetzt Schwefelsäure benutzt wurde, womit kleine Bimsteinstücke befeuchtet waren.

Die Ausdehnung des Quecksilbers wurde mittelst sogenannter Ausfluss-Thermometer bestimmt, von denen entweder zwei oder vier gleichzeitig derselben Temperatur ausgesetzt wurden als der Laft. Gewöhnliche Thermometer anzuwenden, schien mir weniger geeignet. Denn wenn dieselben noch die Unterabtheilung eines Grades zu beobachten gestatten sollen, so fällt ihre Skale ausserordentlich lang aus, weil sie bis zur Temperatur des kochenden Quecksilbers hinaufreichen muss, und es wird dadurch sehr schwierig, stets die ganze Länge dieser Skale derselben Temperatur auszusetzen als die angewandte Luft. Dieser Uebelstand findet bei den Ausfluss-Thermometern [**183**] nicht statt, ausserdem kann man dieselben von jeder beliebigen Grösse anwenden und dadurch die Schärfe der Anzeigen vermehren. Aber sie bieten eine andere Schwierigkeit dar, indem es sehr mühsam ist, sie vollständig auszukochen, das Auskochen selbst ist zwar leicht, aber die Gewissheit zu erlangen, dass jede Spur von Luft oder Feuchtigkeit daraus entfernt sei, ist nicht ebenso leicht, und oft findet man dergleichen, selbst nachdem man ein Thermometer vier- oder fünfmal hinter einander ausgekocht hat.

Es schien mir vortheilhaft die Spitze der Ausfluss-Thermometer nicht zu biegen, wie man es gewöhnlich zu thun pflegt, weil dadurch der aus dem erwärmten Raum hervorragende Theil des Thermometers länger wird. Ich habe statt dessen ein kleines Glasgefäss an jedes Thermometer mittelst eines Korks befestigt, wie es die Abbildung zeigt. Dasselbe war mit Quecksilber gefüllt, während das Thermometer ausgekocht wurde, und blieb damit gefüllt, so lange die Temperatur, der es ausgesetzt werden sollte, noch schwankte. War diese aber constant geworden, so wurde dieses Gefäss abgenommen. Wenn alsdann der Apparat abgekühlt wurde, so blieb alles Quecksilber in den Thermometern, wurde derselbe aber noch erwärmt, wie zum Beispiel wenn die Thermometer in Eis gelegt waren und darauf der Temperatur des kochenden Wassers ausgesetzt werden sollten, so wurde das Glasgefäss wohl gereinigt wieder an das Thermometer befestigt. Es diente nun zur Aufnahme des Quecksilbers, das bei der Erwärmung heraustrat und das nachher in diesem Glasgefässe selbst gewogen werden konnte.

Um die Ausdehnung, welche die Thermometer zeigen, in Graden irgend einer Skale ausdrücken zu können, muss man für jedes die Ausdehnung innerhalb des Fundamentalabstandes der Temperatur, das ist vom Schmelzpunkt des Eises bis zum Kochpunkte des Wassers [**184**] ermitteln. Dies bewerkstelligte ich ganz auf dieselbe Weise und in demselben Kasten, als in der früheren Abhandlung über die Ausdehnung der Gase zwischen 0° und 100°. Um dann aber die Thermometer und die Luft bei höheren Temperaturen mit einander vergleichen zu können, wurden sie in dem schon vorhin erwähnten Apparate einer constanten Temperatur ausgesetzt.

Derselbe besteht aus einem Kasten von schwarzem Eisenblech *OP* Fig. 1 und 2, der durch einen übergreifenden Deckel *OR* verschlossen wird. Er ist von drei anderen Kasten von ganz ähnlicher Beschaffenheit so umschlossen, dass jeder

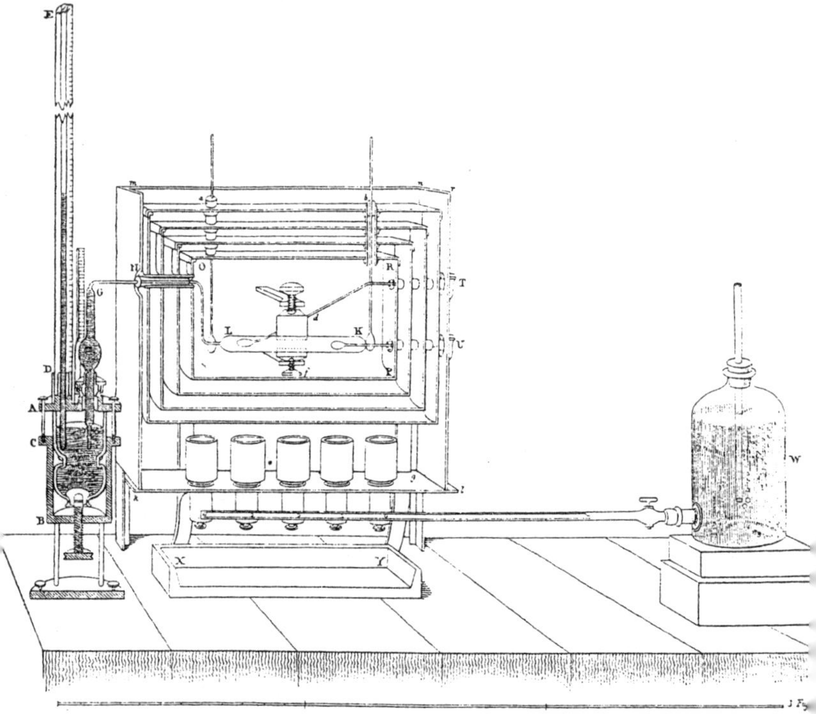

Fig. 1.

derselben von dem anderen $\frac{5}{8}$ Zoll entfernt ist, und daher zwischen je zwei Kasten eine Luftschicht von dieser Stärke, sowohl oben als unten, als auf jeder Seite vorhanden ist. Die Kasten hängen in einander, auf eisernen Lappen, die in der Höhe von *T* angebracht sind; so dass namentlich in den unteren Theilen derselben ein metallischer Zusammenhang ganz vermieden ist. In dem inneren Kasten *OPR* befinden sich die

Ausfluss-Thermometer und die Röhre *LK*, welche die Luft enthält. An den Stellen, wo diese aus dem Kasten hervortreten, bei *N*, *U* und *T*, ist eine etwas conische Hülse von Eisen durch alle vier Kasten durchgesteckt. Aehnliche drei Hülsen, wovon zwei in Fig. 1 mit *a* und *b* bezeichnet sind, gehen durch die Deckel und dienen dazu, gewöhnliche Thermometer einführen zu können. Der Raum, welcher bei sämmtlichen Hülsen neben den Thermometer-Röhren bleibt, ist mit Kork ausgefüllt.

Um nicht die Hülse für die Röhre *LK* so weit zu machen, dass diese Röhre hindurch geführt werden konnte, wurde die Hülse *N* oben aufgeschlitzt, ebenso wurden sämmtliche 4 Kasten von oben bis auf die Hülse durchgeschlitzt, so dass man das enge Rohr *GL* von oben herunter lassen konnte. Die Schlitze

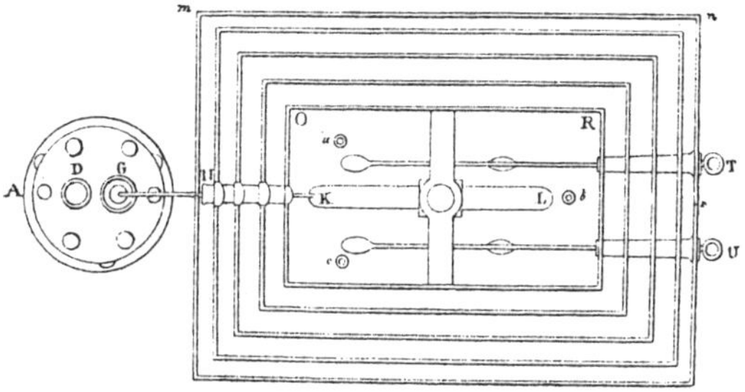

Fig. 2.

in den einzelnen Kasten wurden durch Schieber wieder verschlossen und der der conischen Hülse *N* durch einen Kork, der die [**185**] ganze Länge derselben ausfüllte. Aehnliche Vorrichtungen waren auf der gegenüber liegenden Seite des Kastens bei *T* angebracht, um die Thermometer einlegen zu können.

Unter diesen Kasten befanden sich 10 Spirituslampen mit doppeltem Luftzuge, die sämmtlich aus einem Reservoir *W* mit Spiritus versehen wurden. Nur für ganz hohe Temperaturen waren alle 10 Lampen erforderlich, für die niedrigeren genügten 4 oder 6. Wenn alle 10 Lampen im vollem Feuer waren, wurde die Hitze so gross, dass der Spiritus in den Lampen kochte, und dadurch die Feuerung unregelmässig machte. Diesem Uebelstand habe ich nach mehreren vergeblichen Versuchen dadurch abgeholfen, dass ein Schirm aus starkem schwarzen Eisenblech *gkl* horizontal, unmittelbar unter den Flammen der Lampen, angebracht wurde. Derselbe hat für den Cylinder einer jeden Lampe einen Ausschnitt, der so weit ist, dass rund um diesen Cylinder ein Raum von $\frac{1}{4}$ Zoll Breite bleibt. Dadurch musste die ganze Menge der zum Verbrennen nöthigen Luft, theils durch den eben erwähnten Zwischenraum, theils durch den inneren Cylinder hindurch, und hierdurch wurden die Cylinder selbst beständig kalt erhalten. Ausserdem hält dieser Schirm die Wirkung der strahlenden Wärme nach unten ab, und um den Raum unter demselben noch kälter zu erhalten, wurde ein grosser Kasten *xy* mit kaltem Wasser, das beständig erneut wurde, unter die Lampen gestellt. Zur Vermeidung jeder zufälligen Abkühlung bei dieser Art der Feuerung war ein Schirm *gklmnr* aus Zinkblech so angebracht, dass er auf dem horizontalen Schirm *gkl* ruhte und den Raum über diesem Schirm bis an den oberen Deckel der zu erwärmenden Kasten vollständig umschloss. Nur für die Ausfluss-Thermometer und die Röhre *GL* waren Ausschnitte in ihm angebracht.

Durch die dreifache Hülle fand die Erwärmung in dem inneren Kasten ausserordentlich langsam statt, ebenso äusserte sich jede kleine Temperatur-Veränderung nur [**186**] sehr allmählich und unbedeutend. Ich habe versucht ein Bad von leichtflüssigem Metall in dem inneren Kasten anzuwenden und zu dem Ende die Röhre *LK* durch zwei mit Kork versehene Schrauben *df* festgeklemmt, allein der Erfolg war nicht günstiger, als wenn ein Luftbad angewendet wurde. Die Temperatur wird an jeder einzelnen Stelle des Kastens bald, d. h. nach $1\frac{1}{2}$ bis 2 Stunden, constant, aber sie ist alsdann noch nicht an allen Punkten dieselbe, und man muss deshalb die Lampen so lange hinauf und herunter schrauben, bis dies erreicht ist. Die Thermometer *abc* dienen dazu, in dieser Beziehung Gewissheit zu erlangen.

Trotz aller angewandten Vorsicht finden sich Verschiedenheiten in den Angaben der Ausfluss-Thermometer, die bisweilen, besonders bei höheren Temperaturen, ziemlich bedeutend sind. Es wurde deshalb stets das Mittel aus diesen Angaben genommen. Dies kann wohl um so mehr als die Temperatur der Luft in der Röhre *LK* betrachtet werden, als die Ausfluss-Thermometer stets symmetrisch um diese Röhre angebracht waren.

Die Art der Beobachtung war folgende: Sobald die durch

die Deckel gesteckten gewöhnlichen Thermometer *abc* anzeigten, dass die Temperatur in dem Kasten *OPR* constant und überall dieselbe sei, suchte ich mich hiervon durch die unveränderte Ausdehnung der Luft, als das empfindlichste Mittel zu überzeugen. Es wurde deshalb das Quecksilber in der Röhre *GM* bis *G* hinaufgeschraubt und beobachtet, ob während wenigstens 5 Minuten die Elasticität der Luft unverändert blieb. Hierfür war es nicht genug, dass das Quecksilber in der Röhre *DE* seinen Stand unverändert beibehielt, es musste vielmehr von Zeit zu Zeit heruntergelassen und wieder hinaufgeschraubt werden, weil durch kleine Veränderungen in der Ausdehnung der Luft die ruhende Quecksilbersäule nicht verändert wird, und diese sich nur zu erkennen geben, indem man die Quecksilbersäule bewegt.

[**187**] Wenn die Luft unverändert während dieser Zeit dieselbe Temperatur zeigte, so konnte angenommen werden, dass diese auch in dem ganzen Kasten *OPR* unverändert geblieben war, weil die Röhre *LK*, welche die Luft enthielt, durch die ganze Länge dieses Kastens sich erstreckte. Alsdann wurde der Stand des Quecksilbers in der Röhre *DE*, so wie die Temperatur dieser Röhre abgelesen. Hierauf wurden die kleinen mit Quecksilber gefüllten Gefässe von den Spitzen der Ausfluss-Thermometer abgenommen, der Stand des Barometers verzeichnet und dann das Feuer der Lampen ausgelöscht und die Kasten abgekühlt; wenn dies vollständig geschehen war, wurden die Ausfluss-Thermometer herausgenommen und gewogen.

Die Art der Berechnung der anscheinenden Ausdehnung des Quecksilbers war dieselbe, als in der früheren Abhandlung. Wenn wie dort

$p + \pi$ das Gewicht des Quecksilbers bedeutet, welches ein Ausfluss-Thermometer bei 0° füllt,

π das Gewicht des bei irgend einer Temperatur ausgeflossenen und

p das des zurückgebliebenen Quecksilbers, so ist die anscheinende Ausdehnung desselben von 0° bis zu der angewandten Temperatur gleich $\frac{\pi}{p}$.

Wenn ferner

$\frac{\pi'}{p'}$ die Ausdehnung von 0° bis 100° bezeichnet, so ist dieselbe für jeden Grad der hunderttheiligen Skale gleich $\frac{\pi'}{100\,p'}$; und folglich ist die Ausdehnung bei irgend einer Temperatur, ausgedrückt in Graden der hunderttheiligen Skale $T = \frac{100\,\pi p'}{\pi' p}$.

Eine Correction für diesen Werth ist noch angebracht worden, wiewohl derselbe sich dadurch höchstens [**188**] um 0,05° C. änderte. Es war nämlich zwar dafür gesorgt worden, dass der aus dem Kasten hervorragende Theil der Ausfluss-Thermometer so kurz als möglich war, aber weder dieser noch der in dem Korke der Hülse U und T befindliche Theil derselben konnten die Temperatur des inneren Kastens annehmen. Hierfür bedurfte es einer Correction, bei der ich davon ausging, dass die in dem Kork und ausserhalb der Kasten befindlichen Theile der Thermometer die Temperatur der umgebenden Luft hätten. Da diese letztere nur unbedeutend schwankt, so glaube ich keinen erheblichen Fehler zu begehen, wenn ich sie als constant betrachte. Dann aber dehnt sich das in diesen Theilen enthaltene Quecksilber nicht aus und man braucht daher dasselbe nur ein für alle Mal von dem Gewichte des zurückbleibenden Quecksilbers p in Abzug zu bringen. Bezeichnet daher

ψ das Gewicht des Quecksilbers, welches bei der Temperatur der umgebenden Luft diese Theile füllt, so ist die anscheinende Ausdehnung des Quecksilbers, ausgedrückt in Graden der hunderttheiligen Skale

$$T = \frac{100\,\pi\,(p' - \psi)}{\pi'\,(p - \psi)}.$$

Nach dieser Formel sind die Temperaturen der Ausfluss-Thermometer berechnet. Um die Werthe von $\pi + p$ und $\frac{\pi'}{p' - \psi}$ zu erhalten, wurden die Thermometer zunächst in schmelzendes Eis und sodann in die Dämpfe von kochendem Wasser gebracht. Dies geschah mit jedem Thermometer mehrere Male, so dass die in der beifolgenden Tabelle I für diese Grössen mitgetheilten Werthe die Mittel aus mehreren, gewöhnlich fünf, Versuchen sind.

(Siehe Tabelle I.)

Die Luft und das Quecksilber, deren Ausdehnungen hier verglichen werden sollen, sind beide in Glasgefässen eingeschlossen; nimmt man an, dass die Ansdehnung des Glases bei beiden dieselbe ist, so geben die Versuche [189] eine directe Vergleichung zwischen den anscheinenden Ausdehnungen dieser beiden Substanzen. Diese Vergleichung ist es, auf die es mir besonders bei dieser Untersuchung ankam. Bezeichnet

T die anscheinende Ausdehnung des Quecksilbers und
τ die der Luft, beide ausgedrückt in Graden der hundertheiligen Skale, d. h. bei beiden die anscheinende Ausdehnung für 1° C. als Einheit angenommen;
α die absolute Ausdehnung der Luft von 0 bis 100° gleich 0,3665;
λ die anscheinende Ausdehnung derselben für die gleiche Temperatur-Differenz;
$h + H$ die Elasticität der angewandten Luft bei 0°;
h' den Barometerstand zu der Zeit, wo die Beobachtung vorgenommen wurde;
H' den Höhenunterschied des Quecksilbers in den Röhren GF und DE, sämmtlich reducirt auf 0°;
e die Capillar-Depression und
δ die Ausdehnung des Glases für einen Grad der hundertheiligen Skale; so ist:

$$\tau = \left[\frac{H' + h' - e}{H + h - e} - 1\right]\frac{100}{\lambda}.$$

Die Herren *Dulong* und *Petit* haben bei ihrer Untersuchung über diesen Gegenstand die Ausdehnung der Luft noch corrigirt durch die des Glases, sie haben somit eine Vergleichung zwischen der anscheinenden Ausdehnung des Quecksilbers und der absoluten Ausdehnung der Luft geliefert, ohne die anscheinende Ausdehnung der Luft zu berücksichtigen, oder nur die Zahlen mitzutheilen, aus denen man die Vergleichung zwischen den anscheinenden Ausdehnungen beider Substanzen finden könnte. Um daher ihre Resultate mit den meinigen vergleichen zu können, habe ich gleichfalls die absolute Ausdehnung der Luft berechnet. Für dieselbe muss man die Ausdehnung des angewandten Glases kennen. Wenn [190] die anscheinende und die absolute Ausdehnung des Quecksilbers beide bekannt sind, so kann man aus diesen die des Glases finden. Allein es müssten alsdann alle drei Ausdehnungen gleichzeitig bestimmt sein, und da dieselben nicht

Tabelle I.

1. Reihe.

No.	Thermometer No. 8 $\pi + p = 87,469$ grm $\psi = 0,126$ » $\frac{\pi'}{p' - \psi} = 0,0153594$ p	T_8	Thermometer No. 9 $\pi + p = 91,9133$ grm $\psi = 0,1360$ » $\frac{\pi'}{p' - \psi} = 0,0153594$ p	T_9	Mittel T
I	85,5255	148,17	89,892	146,62	147,62
II	85,4620	153,12	89,8005	153,41	153,26
III	85,2355	170,86	89,5575	171,52	171,19
IV	85,20125	173,55	89,52025	174,31	173,93
V	85,1570	177,025	89,4580	178,96	177,99
VI	85,0950	182,25	89,4220	181,66	181,95
VII	85,0350	186,68	89,3540	186,76	186,72
VIII	85,0145	188,26	89,3180	189,47	188,86
IX	84,9840	190,66	89,2960	191,12	190,89
X	84,9245	195,36	89,2280	196,24	195,80
XI	84,8280	203,00	89,1240	204,07	203,53
XII	84,2645	247,97	88,5135	250,46	249,21
XIII	84,1670	255,81	88,4460	255,62	255,71
XIV	84,0795	262,86	88,3350	264,14	263,50
XV	83,7045	293,25	87,9550	293,45	293,35
XVI	83,2520	330,22	87,5460	325,29	327,75
XVII	83,2290	332,18	87,4940	329,36	330,77

2. Reihe.

No.	Thermometer No. 11 $\pi + p = 99{,}3107$ grm $\psi = 0{,}1285$ » $\frac{\pi'}{p' - \psi} = 0{,}015443$		Thermometer No. 12 $\pi + p = 91{,}45187$ grm $\psi = 0{,}10600$ » $\frac{\pi'}{p' - \psi} = 0{,}15443$		Thermometer No. 13 $\pi + p = 99{,}7382$ grm $\psi = 0{,}1350$ » $\frac{\pi'}{p' - \psi} = 0{,}015443$		Thermometer No. 14 $\pi + p = 96{,}0727$ grm $\psi = 0{,}1120$ » $\frac{\pi'}{p' - \psi} = 0{,}015443$		Mittel
	p	T_{11}	p	T_{12}	p	T_{13}	p	T_{14}	T
XVIII	96,8565	164,29	89,19675	163,91	97,2725	164,37	93,6889	165,02	164,40
XIX	96,6150	180,91	88,97325	180,61	97,0300	180,98	93,4605	181,21	180,93
XX	96,5780	183,47	88,94225	182,93	96,9880	183,87	93,4325	183,20	183,37
XXI	96,4860	189,83	88,85275	189,65	96,8885	190,72	93,3245	190,91	190,28
XXII	95,9600	226,41	88,37075	226,04	96,3605	227,30	92,8275	226,65	226,59

3. Reihe.

Die Thermometer waren dieselben wie in der 2. Reihe.

XXIII	96,9975	154,63	89,32525	154,35			93,8310	154,89	154,62
XXIV	96,0405	220,79	88,43975	220,80	96,4665	219,92	92,9270	219,46	220,24
XXV	95,9795	225,05	88,38425	225,01	96,3635	227,09	92,8205	227,14	226,07
XXVI	95,5405	255,88	87,96875	256,70	95,9460	256,29	92,4250	255,87	256,17
XXVII	94,7665	310,93	87,26275	311,21	95,1220	314,69	91,6195	315,14	312,99
XXVIII	94,7375	313,00	87,24275	312,79			91,5975	316,75	314,19

proportional sind, so müssten sie streng genommen für jede Temperatur gleichzeitig bestimmt sein.

In Ermanglung dieser gleichzeitigen Bestimmung habe ich mich genöthigt gesehen, eine mangelhaftere Correction für das Glas vorzunehmen. Sollte es mir möglich sein, auch noch die absolute Ausdehnung des Quecksilbers zu untersuchen, wie ich es beabsichtige, so werde ich nicht unterlassen, damit auch gleichzeitig die Bestimmung der anscheinenden Ausdehnung der Luft und des Quecksilbers zu verbinden, und dann würde sich die jetzige Correction leicht berichtigen lassen, zumal wenn bei jener Untersuchung dasselbe Glas angewendet wird, wie in der vorliegenden Arbeit.

Wenn q die absolute und $\frac{\pi}{p}$ die anscheinende Ausdehnung des Quecksilbers, so wie δ die Ausdehnung des Glases für dieselbe Differenz der Temperatur bedeuten, so ist

$$1 + \delta = \frac{1 + q}{1 + \frac{\pi}{p}}.$$

Nimmt man an, dass die absolute Ausdehnung des Quecksilbers bei 100° durch die Herren *Dulong* und *Petit* richtig bestimmt sei, so kennt man, da die Temperatur von 100° stets dieselbe ist, für diese Temperatur q und $\frac{\pi}{p}$ und folglich auch δ. Für die höheren Temperaturen habe ich gleichfalls die Angaben der Herren *Dulong* und *Petit* zu Grunde gelegt, wiewohl sich ihre Zahlen nicht genau auf die von mir angewandten Temperaturen beziehen, denn sie haben nur die *mittlere* absolute Ausdehnung mitgetheilt, nämlich:

[191]

von	mittlere Ausdehnung des Quecksilbers
0° bis 100°	$\frac{1}{5550} = 0{,}0180180$
0 - 200	$\frac{1}{5425} = 0{,}0184331$
0 - 300 *)	$\frac{1}{5300} = 0{,}0188679.$

*) Diese Temperaturen sind nach der Ausdehnung der Luft bestimmt, wahrscheinlich nach der absoluten Ausdehnung derselben

Um daher δ mittelst dieser Werthe zu erhalten, wurde $q = 0{,}0180180$ gesetzt für alle Temperaturen von 0° bis 100°; $q' = 0{,}0184331$ für alle Temperaturen zwischen 100° und 200° und $q'' = 0{,}0188679$ für alle Temperaturen zwischen 200° und 300°. Ich habe die dadurch erhaltenen Werthe respective mit δ', δ'' und δ''' bezeichnet und in der beifolgenden Tabelle II bei jeder Reihe von Versuchen besonders angeführt.

Bezeichnet Θ die absolute Ausdehnung der Luft, ausgedrückt in Graden der hunderttheiligen Skale, d. h. auf die absolute Ausdehnung derselben für 1° C. als Einheit bezogen, so hat man

$$\Theta = \left[\frac{H' + h' - e}{H + h - e}(1 + \delta T) - 1\right]\frac{100}{\alpha}.$$

Ich habe noch sowohl für Θ als für τ eine Correction angebracht, wegen der Luft, die in dem Stück GN der engen Röhre GL enthalten ist, weil diese die Temperatur der übrigen Luft nicht annehmen kann. Eine ähnliche Correction hielt ich bei der Berechnung der Ausdehnung von 0° bis 100° in meiner früheren Abhandlung für überflüssig, weil die Röhre GL so eng gewählt war, dass das Stück GN nur einen sehr kleinen Theil, [192] nämlich $\frac{1}{1600}$ der ganzen Luftmasse GLK ausmachte.

Wiewohl man bei diesen Versuchen dieselbe Weite der angewandten Röhren beibehalten hat, so kommen doch dabei so viel höhere Temperaturen und Druckverhältnisse in Anwendung, dass ich die Correction hier vorgenommen habe, wiewohl dieselbe nicht genau auszuführen möglich ist, und ausserdem die Veränderungen, welche sie hervorbringt, noch innerhalb der Grenzen der Beobachtungsfehler fallen. Bezeichnet

- v das Volumen der Luft in dem Stücke GN bei der Temperatur 0°,
- V das Volumen NLK bei derselben Temperatur,
- t die Temperatur der Luft in dem Stücke GN, wenn LK in schmelzendem Eise sich befindet, und t' die

(wiewohl das nicht bestimmt gesagt ist). Ich habe in dem Folgenden die Temperaturen auf die anscheinende Ausdehnung des Quecksilbers bezogen, die dadurch entstehende Verschiedenheit ist zu gering, um in Betracht zu kommen.

Temperatur derselben Luftmasse, wenn LK bis zu der Temperatur erwärmt ist, bei welcher die Beobachtung stattfindet, so hat man:

$$\left[V + \nu \cdot \frac{1}{1 + \alpha\tau}\right](H + h - e)$$
$$= \left[V \frac{1}{1 + \frac{\lambda\tau}{100}} + \nu \frac{1}{1 + \alpha t'}\right](H' + h' - e)$$

und ebenso:

$$\left[V + \nu \cdot \frac{1}{1 + \alpha t}\right](H + h - e)$$
$$= \left[V(1 + \delta T) \frac{1}{1 + \frac{\alpha\Theta}{100}} + \nu \cdot \frac{1}{1 + \alpha t'}\right](\mathrm{H}' + h' - e).$$

Nimmt man für t und t' die Temperaturen der umgebenden Luft, und setzt $t = t'$ wegen der geringen Verschiedenheit derselben, und des kleinen Werthes, um den es sich hier handelt, so erhält man:

$$1 + \frac{\lambda\tau}{100} = \frac{H' + h' - e}{H + h - e - \frac{\nu}{V} \cdot \frac{1}{1 + \alpha t}(H' + h' - H - h)}$$

[**193**] und

$$1 + \frac{\alpha\Theta}{100} = \frac{(H' + h' - e)(1 + \delta T)}{H + h - e - \frac{\nu}{V} \cdot \frac{1}{1 + \alpha t}(H' + h' - H - h)}.$$

Setzt man zur Abkürzung:

$$\frac{\nu}{V} \cdot \frac{1}{1 + \alpha t}(H' + h' - H - h) = \gamma,$$

so ist

$$\tau = \left[\frac{H' + h' - e}{H + h - e - \gamma} - 1\right]\frac{100}{\alpha}$$

und

$$\Theta = \left[\left(\frac{H' + h' - e}{H + h - e - \gamma}\right)(1 + \delta T) - 1\right]\frac{100}{\alpha}.$$

Da durch den Druck, der für höhere Temperaturen in Anwendung kommt, die Röhre *LK*, welche die Luft enthält, erweitert wird, und man glauben könnte, dass diese Erweiterung einen merklichen Einfluss auf die Beobachtung habe, zumal das Glas dieser Röhre sehr dünn war, so habe ich Versuche angestellt, um zu ermitteln wie beträchtlich diese Erweiterung sei.

Zu dem Ende wurde die Röhre *LK* mit Wasser vollständig gefüllt, das offene Ende derselben bei *G* an eine U-förmig gebogene Glasröhre befestigt und in den offenen Schenkel der letzteren Quecksilber gegossen. Hierdurch rückte das Wasser in der engen Röhre *GL* vor. Da die ganze Röhre *GLK* in einem grossen Kasten mit Wasser sich befand, so änderte sich ihre Temperatur während des Versuchs nicht. Sieht man ab von der Zusammendrückung des Wassers, so konnte das Vorrücken desselben nur davon herrühren, dass das Glas der Röhre *LK* sich erweiterte. Diese Erweiterung nahm ziemlich gleichförmig mit dem Drucke zu und betrug etwa für jeden Zoll Druck 0,000027 vom Volumen der Röhre *LK*.

Da nun der stärkste Druck, der überhaupt bei diesen Versuchen angewendet wurde, nur um 31 Zoll stärker ist als der der Atmosphäre, so beträgt für diesen die [**194**] Erweiterung der Röhre 0,000837. Also zu wenig, um in Betracht gezogen zu werden, zumal dieselbe nur bei der höchsten Temperatur so bedeutend, bei allen übrigen aber um Vieles geringer ist.

In der beifolgenden Tabelle II sind die für T, τ und Θ erhaltenen Werthe zusammengestellt. Zur besseren Controlle habe ich auch die bei den Beobachtungen unmittelbar erhaltenen Zahlen mitgetheilt. Die gleichzeitigen Angaben der Ausfluss-Thermometer finden sich in Tabelle I.

(Siehe Tabelle II.)

Ich habe durch Interpolation die Werthe von τ und Θ berechnet, für $T = 150^\circ$, 200° und alle um 50° steigenden Temperaturen. Dieselben sind in der folgenden Tabelle zusammengestellt, und zur Vergleichung sind auch die von den Herren *Dulong* und *Petit* für Θ gefundenen Zahlen beigefügt.

T a

$\delta' = 0\ 00002618$ $\delta'' = 0,00$

No.	H'	h'	e	$H+h-e$	$H+h-e-\gamma$	$H'+h'-$
I	336,61‴	171,19‴	1‴	331,5‴	331,40‴	506,80‴
II	336,00	178,47	-	-	331,40	513,47
III	335,60	200,44	-	-	331,38	535,00
IV	335,59	202,57	-	-	331,38	537,16
V	337,16	207,01	-	-	331,38	543,17
VI	336,76	210,76	-	-	331,38	546,52
VII	337,31	216,52	-	-	331,37	552,83
VIII	336,35	219,43	-	-	331,37	554,78
IX	336,33	221,79	-	-	331,37	557,12
X	338,73	226,59	-	-	331,37	564,32
XI	335,60	237,37	-	-	331,36	571,97
XII	335,10	289,90	-	-	331,33	624,00
XIII	337,31	394,92	-	-	331,33	631,23
XIV	335,13	303,83	-	-	331,33	637,96
XV	337,23	337,96	-	-	331,30	674,19
XVI	337,23	375,02	-	-	331,28	711,25
XVII	330,68	324,65	-	-	331,28	713,27

2.

$\delta' = 0,00002535$ $\delta'' = 0,000$

XVIII	336,86	166,00	1‴	315,40	315,28	501,86
XIX	337,26	184,19	-	-	315,26	520,45
XX	334,12	190,37	-	-	315,26	523,49
XXI	337,75	193,84	-	-	315,26	530,59
XXII	334,52	237,71	-	-	315,23	571,23

3.

δ und λ w

XXIII	332,88	170,47	1‴	323,37	323,25	502,35
XXIV	334,12	243,65	-	-	323,20	576,77
XXV	337,04	247,71	-	-	323,20	583,77
XXVI	334,22	283,81	-	-	323,18	617,03
XXVII	335,14	345,00	-	-	323,14	679,14
XXVIII	336,22	345,22	-	-	323,13	680,39

e II.

h e.

$\delta''' = 0{,}00003455 \quad \lambda = 0{,}36335$

$\frac{h'-e}{-e-\gamma}$	τ	T	$1+\delta T$	$\frac{H'+h'-e}{H+h-e-\gamma}(1+\delta T)-1$	Θ
927	145,66°	147,39°	1,004461	0,53609	146,27°
918	151,44	153,26	1,004639	0,55636	151,80
446	169,11	171,19	1,005182	0,62282	169,94
098	170,90	173,93	1,005265	0,62951	171,76
911	175,91	177,99	1,005388	0,64794	176,79
923	178,68	181,95	1,005507	0,65831	179,62
831	183,93	186,72	1,005652	0,67773	184,92
420	185,55	188,86	1,005717	0,68377	186,57
126	187,49	190,89	1,005718	0,69097	188,53
299	193,47	195,80	1,005927	0,71308	194,56
613	199,84	203,53	1,006161	0,73676	201,03
332	243,10	249,21	1,008610	0,89953	245,44
517	249,11	255,71	1,008835	0,92200	251,57
545	254,69	263,50	1,009104	0,94298	257,29
498	284,84	293,35	1,010135	1,05560	288,02
397	315,66	327,75	1,011323	1,17128	319,58
307	317,34	330,77	1,011428	1,17767	321,33

e.

$' = 0{,}00003372 \quad \lambda = 0{,}36345$

179	162,83	164,40	1,004840	0,59949	163,57
86	179,07	180,93	1,005326	0,65965	179,98
50	181,73	183,37	1,005398	0,66946	182,66
02	187,93	190,27	1,005601	0,69244	188,93
10	223,44	226,59	1,007640	0,82594	225,36

e.

2. Reihe

06	152,44	154,61	1,004551	0,56113	153,10
55	215,86	220,24	1,007426	0,79781	217,69
22	221,82	226,07	1,007623	0,81998	223,73
24	250,17	256,18	1,008838	0,92573	252,59
69	303,12	312,99	1,010554	1,12387	306,65
62	304,20	314,19	1,010594	1,12792	307,75

T Anscheinende Ausdehnung des Quecksilbers	τ Anscheinende Ausdehnung der Luft	Θ Absolute Ausdehnung der Luft nach dem Verfasser	*Dulong* und *Petit*
100°	100°	100°	100°
150	148,07	148,74	148,70
200	196,34	197,49	197,05
250	242,97	245,39	245,05
300	291,16	294,51	292,70
330	316,94	320,92	
360			350,00

Vergleicht man die von mir erhaltenen Werthe für Θ mit denen der Herren *Dulong* und *Petit*, so findet man eine Uebereinstimmung, die um so viel überraschender ist als, wie schon oben bemerkt, diese Herren noch 0,375 als den richtigen Ausdehnungs-Coëfficienten für atmosphärische Luft zwischen 0° und 100° betrachteten, während für die Berechnung der obigen Zahlen der neue Ausdehnungs-Coëfficient 0,3665 benutzt ist. [**195**] Diese Uebereinstimmung scheint mir nur dadurch erklärlich, dass bei der Berechnung der Resultate der Herren *Dulong* und *Petit* dieser Ausdehnungs-Coëfficient selbst gar nicht in Anwendung gekommen ist, und dies geht auch, wie ich glaube, aus ihren eigenen Angaben hervor. Sie stellten nämlich ihre Versuche auf die Weise an, dass sie ein weites, an dem einen Ende zugeschmolzenes Glasrohr an dem anderen Ende in eine feine Spitze auszogen, dasselbe bis zu einer bestimmten Temperatur erwärmten, dann die Spitze unter Quecksilber tauchten und bis zur Temperatur der umgebenden Luft abkühlten. Sie wogen hierauf die bei dieser Temperatur in das Rohr hineingetretene Menge Quecksilber, bestimmten den Inhalt des Rohrs, und berechneten daraus die Ausdehnung der Luft. Da sie aber die Röhre stets nur bis zur Temperatur der umgebenden Luft und nicht bis zu 0° abgekühlt haben, so erhielten sie auch nur die Ausdehnung von der Temperatur der umgebenden Luft bis zur angewandten Temperatur. Um diese in Graden der hunderttheiligen Skale auszudrücken, mussten sie auch die Ausdehnung bei 100° bestimmen, aber offenbar haben sie diese auch nur von der Temperatur der umgebenden Luft bis 100° bestimmt, und hieraus das Verhältniss dieser Ausdehnung zu den übrigen berechnet. — Wiewohl dadurch auch die Ausdehnung der Luft für Einen Grad oder für 100° gegeben war, so ist es doch wahrscheinlich, dass sie diese letztere an dieser Stelle zu berechnen unterlassen haben, sonst hätte es ihnen nicht entgehen können, dass der Coëfficient 0,375 zu gross, und 0,3665 der richtige Ausdehnungs-Coëfficient sei.

Uebrigens kann ich nicht unterlassen meine Freude darüber auszusprechen, dass durch diese Arbeit die Zahlen der Herren *Dulong* und *Petit* bestätigt werden; so dass man sieht, dass diese Herren genauer und zuverlässiger gearbeitet haben, als man sich aus ihrer Angabe, dass sie den Ausdehnungs-Coëfficienten zwischen 0° und [**196**] 100° ebenso gross als Herr *Gay-Lussac* gefunden hätten, zu schliessen berechtigt glaubte.

Während der Zeit, dass ich mich mit dieser Untersuchung beschäftigte, hat auch Herr *Regnault* über denselben Gegenstand gearbeitet, seine Abhandlung*) gelangte hierher, als ich meine Arbeit schon als beendet betrachtete. Ich war erstaunt zu sehen, dass die Resultate dieses so genauen und umsichtigen Physikers ganz abweichend waren von den meinigen. Während bei den letzteren die anscheinende Ausdehnung des Quecksilbers von 100° aufwärts stets bedeutender ist als die absolute Ausdehnung der Luft und zwar schon bei der Temperatur von 150° um 1,3° C. und bei der Temperatur von 330° um 10° C.; so hat Herr *Regnault* gefunden, dass die Luft und das Quecksilber sich beide ganz gleichmässig ausdehnen, bis zur Temperatur von 200°, dass bei 250° das Quecksilber sich nur um 0,3° mehr ausdehne als die Luft, und dass selbst bei 350° dieser Unterschied nur 3,3° betrage.

Dies veranlasste mich meine Versuche sogleich noch einmal zu wiederholen und einer sorgfältigen Prüfung zu unterwerfen. Es schien dies um so nöthiger, als Herr *Regnault* einen besonderen Nachdruck darauf legt, dass die Thermometer bei dieser Untersuchung von demselben Glase sein müssen wie die Röhre, welche die Luft enthält.

Derselbe hat nämlich eine Vergleichung zwischen verschiedenen Thermometern vorgenommen und dabei beobachtet, dass, wenn Thermometer, die aus verschiedenen Glassorten gefertigt sind, auch bei 0° und 100° mit einander übereinstimmen, sie doch bei höheren Temperaturen sehr abweichende Anzeigen liefern können, so dass ein Thermometer aus ge-

*) *Annales de chim. et de phys.* Ser. III. T. V. p. 83. (Mai 1842.) — Diese Ausgabe S. 135.

wöhnlichem Glase 333,72° zeigte, während ein ähnliches aus Krystallglas in derselben Temperatur schon 340,07°, also um 6 Grad mehr zeigte. Wiewohl [**197**] nun die Thermometer, welche ich angewandt habe, aus derselben Glassorte gefertigt waren wie die Röhre, welche die Luft enthielt, und ausserdem, wie die Versuche des Herrn *Regnault* zeigen, der Unterschied selbst bei Thermometern von verschiedenen Glassorten nur dann so bedeutend ist, wenn sie aus so verschiedenartigem Glase gefertigt sind wie Krystall- und gewöhnliches Glas, hingegen nur ganz unbedeutend sind bei Thermometern aus weniger verschiedenen Glassorten; so hielt ich es doch für gut, um jedem Einwande zu begegnen, die Thermometer aus derselben Glas*röhre* fertigen zu lassen, von der das Stück abgeschnitten war, in welchem die Ausdehnung der Luft bestimmt wurde.

Die oben als die zweite und dritte Reihe mitgetheilten Versuche sind mit solchen Thermometern angestellt. Ich wandte für dieselben vier Ausfluss-Thermometer gleichzeitig an, während ich früher nur zwei benutzt hatte, gleichfalls um Unregelmässigkeiten, welche durch die Ausdehnung des Glases entstehen könnten, zu vermeiden. Die Resultate dieser Reihen sind aber so übereinstimmend mit denen der ersten, dass es ganz offenbar ist, dass von den Thermometern die Abweichung meiner Resultate von denen des Herrn *Regnault* nicht herrührt. Ich vermuthe, dass diese Abweichung in der Methode zu suchen ist, welche Herr *Regnault* angewendet hat, um die Temperaturen hervorzubringen, bei welchen er die Beobachtungen anstellte.

Er hat hierzu nämlich ein Oelbad benutzt und ganz wie die Herren *Dulong* und *Petit*, dasselbe bis nahe zu der Temperatur erwärmt, welche er hervorbringen wollte, und wie diese das Feuer alsdann vermindert, indem er entweder einen Theil der Kohlen fortnahm, wenn die Temperatur nicht sehr hoch war, oder indem er allmählich die Züge des Ofens verschloss. Es trat hierdurch bald ein Moment ein, wo das Oel eben so viel Wärme empfing, als es in derselben Zeit verlor, die Temperatur [**198**] erreichte hierbei ihr Maximum, und blieb unverändert während einer längeren und kürzeren Zeit, je nach dem Grade derselben. Dieses Maximum lässt sich, wie Herr *Regnault* angiebt, für die Ausdehnung der Luft ganz scharf beobachten, besonders wenn in den letzten Momenten vor demselben die Temperatur nur sehr langsam steigt, indem die Oberfläche des Quecksilbers, so lange es in der Röhre *DE* steigt, eine ganz andere ist als in dem Moment, wo es zu sinken beginnt.

Die Quecksilberthermometer geben ebenfalls ein Maximum, da es Ausfluss-Thermometer sind. Dass aber das Maximum dieser letzteren sich auf dieselbe Temperatur bezieht wie das Maximum des Luftthermometers hat Herr *Regnault* daraus geschlossen, dass es bei beiden zu gleicher Zeit eintritt, wenigstens bis zur Temperatur von 250° und selbst bei höheren Temperaturen nur um wenige Secunden, bei dem Quecksilberthermometer später als bei dem Luftthermometer.

Mir scheint indess ein solcher Schluss nicht zulässig. Denn gesetzt das Quecksilberthermometer bedarf eine etwas längere Zeit, um die Temperatur des dasselbe umgebenden Oels anzunehmen, als das Luftthermometer, so werden bei fortwährend steigender Temperatur des Oels beide Thermometer niemals gleichzeitig dieselbe Temperatur wie das Oel haben, und sie wird bei dem Quecksilberthermometer noch später eintreten als bei dem Luftthermometer. Beginnt dann plötzlich eine Abkühlung des Oels, so werden beide Thermometer noch während einer kurzen Zeit fortfahren zu steigen, ohne indess dieselbe Temperatur zu erreichen, die das Oel hatte, und dabei wird das sich langsamer erwärmende Quecksilberthermometer weiter von derselben entfernt bleiben als das Luftthermometer, und wird daher auch nicht dieselbe Temperatur erreichen wie dieses. Nur in dem einzigen Falle werden die Maxima beider Instrumente derselben Temperatur entsprechen, wenn beide die gleiche Zeit erfordern, um dieselbe Temperatur anzunehmen. [199] Es ist indess schon daraus wahrscheinlich, dass dies bei der Untersuchung des Herrn *Regnault* nicht der Fall gewesen ist, weil seine Quecksilberthermometer ausserordentlich gross waren. Und es geht sogar aus dem Umstande, dass in höheren Temperaturen das Maximum bei den Quecksilberthermometern später eintrat als bei dem Luftthermometer, deutlich hervor, dass die Quecksilberthermometer sich wirklich langsamer erwärmten als das Luftthermometer. Sie erreichten daher auch dieselbe Temperatur wie dieses; und deshalb konnte ihre Ausdehnung auch nicht so hoch ausfallen wie sie ausgefallen wäre, wenn sie während längerer Zeit mit dem Luftthermometer in einer constanten Temperatur gewesen wären.

Man sieht daraus, dass die Bestimmung der Ausdehnung für höhere Wärmegrade mit Sicherheit nicht möglich ist, ohne Hervorbringung von constanten, längere Zeit dauernden Temperaturen.

Anmerkungen.

Das Ausdehnungsgesetz der Gase besitzt nicht nur als Ausdruck einer wichtigen und allgemeinen Eigenschaft einer grossen Körperklasse an sich eine erhebliche Bedeutung, sondern es hat durch seine Beziehung zu einem der wichtigsten Begriffe der Thermodynamik, dem der absoluten Temperatur, einen Einfluss gewonnen, welcher weit über seine unmittelbare physikalische Anwendung hinausgeht. Somit heftet sich an die Entdeckung dieses Gesetzes und die Bestimmung der zugehörigen Constanten schon unmittelbar ein erhebliches Interesse.

Dieses Interesse wird noch bedeutend vermehrt durch die seltsamen Umstände, welche bei der Ermittelung des grundlegenden Zahlenwerthes, welcher diesem Gesetze angehört, des Ausdehnungs-Coëfficienten der Gase zu Tage getreten sind. Nachdem gleichzeitig *Gay-Lussac* und *Dalton* diesen Zahlenwerth bestimmt, und ihn scheinbar übereinstimmend gleich 0,375 zwischen dem Gefrier- und dem Siedepunkte des Wassers gefunden hatten, wurde diese Zahl von *Dulong* und *Petit* bestätigt, wobei die Verfasser sich dagegen verwahrten, als hätten sie irgend einen Zweifel in ihre Richtigkeit gehabt; vielmehr sollte die Uebereinstimmung nur die Zuverlässigkeit ihrer eigenen Arbeit beweisen. Dieses fast abergläubische Zutrauen in die Bestimmung von *Gay-Lussac* verhinderte, trotz der sozusagen täglichen Gelegenheit, die fragliche Zahl zu benutzen und zu controliren, fast vierzig Jahre lang die Entdeckung des vorhandenen Fehlers. Es war erst *Rudberg*, welcher im Jahre 1837 bei Gelegenheit anderer Untersuchungen durch einen Widerspruch, den er in seinen Ergebnissen bei der Benutzung der Zahl von *Gay-Lussac* auffand, zu einer Nachprüfung des fraglichen Werthes veranlasst wurde, und einen Fehler von fast 3 Procent an ihm entdeckte.

Es ist lehrreich zu lesen, mit welcher Schüchternheit *Rudberg* seine Ueberzeugung von dem Vorhandensein des Fehlers vorbringt. Auch begnügte sich die Wissenschaft keineswegs mit seinen Zahlen. In Deutschland übernahm *Magnus*, und in Frankreich *Regnault* die Nachprüfung der unerwarteten Entdeckung; das Ergebniss war bei beiden ein gleiches: dass *Rudberg* wesentlich Recht hatte, dass aber seine Constante wieder um ein Geringes zu klein ausgefallen war, 0,365 statt 0,366 bis 0,367. Gleichzeitig fanden die letzteren, dass nicht, wie *Gay-Lussac* und *Dalton* ursprünglich behauptet hatten, alle Gase völlig gleiche Ausdehnung besitzen. Es machen sich vielmehr Abweichungen in dem Sinne geltend, dass die leichter in den flüssigen Zustand übergehenden Gase auch etwas grössere Wärmeausdehnung aufweisen als die »permanenten«.

Indessen war das Auftreten von Fehlern selbst bei einer dieser Controlarbeiten nicht ausgeschlossen: *Regnault* giebt noch in seiner ersten Abhandlung an, dass er bei dem Schwefeldioxyd keine erhebliche Abweichung des Ausdehnungs-Coëfficienten von dem anderer Gase gefunden habe, und verbessert diesen Irrthum, aufmerksam gemacht durch das gegentheilige Ergebniss von *Magnus*, erst in der zweiten Abhandlung, die eine Bestätigung der Beobachtung von *Magnus* bringt.

Wie aus dieser historischen Skizze ersichtlich ist, bietet die Angelegenheit, abgesehen von ihrer specialwissenschaftlichen Bedeutung, noch ein ganz besonders lehrreiches Material für das Studium der allgemeinen Entwicklungsgeschichte der Wissenschaft. Es wird ersichtlich, wie die endgültige Feststellung einer wichtigen und beständig benutzten Constanten, deren Messung gegenwärtig als Uebungsaufgabe von Anfängern ausgeführt zu werden pflegt, wobei ohne Schwierigkeit eine Genauigkeit innerhalb eines Procents erreicht wird, der wiederholten Anstrengung der hervorragendsten Experimentatoren ihrer Zeit bedurft hat, bevor ein definitives Resultat erlangt wurde. Noch auffälliger ist die Thatsache, dass *Gay-Lussac* und *Dalton* in demselben Fehler, der ungenügenden Trocknung ihrer Gefässe und Gase, stecken geblieben waren, dessen Nichtberücksichtigung sie an ihren Vorgängern rügten, und dessen Bedeutung sie ganz richtig erkannt hatten. So gross sind die Schwierigkeiten, welche der Kunst des wissenschaftlichen Messens entgegenstehen, und — wenn das geschieht am grünen Holze, was soll dann am dürren werden!

In der That haben sich nicht alle Zeitgenossen ohne weiteres mit dem Nachweis jenes Fehlers in den älteren Bestimmungen zufrieden gegeben, und es liegt von dem namhaften Mathematiker *G. Lamé* ein Versuch*) vor, den Unterschied zwischen *Gay-Lussac* und *Rudberg* physikalisch zu erklären, der eines gewissen, wenigstens psychologischen Interesses nicht entbehrt. Unter dem einladenden Titel: Mémoire sur un principe général de la Physique setzt er zunächst den Erfolg auseinander, welchen die Hypothese des Lichtäthers in letzter Zeit gehabt habe, deutet weitere Folgerungen aus dieser Hypothese an und fährt dann fort: »Eine dieser Folgerungen ist das Dasein eines Druckes, welchen der Aether auf sich selbst, auf alle Körper und im Inneren aller wägbaren Stoffe ausübt. Dass sich dieser Druck nicht kund giebt, entspringt daraus, dass es keinen Körper ohne Aether giebt, und dass alle Theile dieser Flüssigkeit mit einander durch die Schichten verbunden sind, welche die sich nirgends berührenden wägbaren Atome von einander trennen .... Wenn man aber auch noch kein Barometer absehen kann, welches diesen Druck kennen lehrte, so giebt es doch Mittel, seine Veränderungen nachzuweisen, und ein solches ist unter anderen die Messung des Ausdehnungs-Coëfficienten der Gase.«

»Wenn der Druck des Aethers gegenwärtig grösser ist, als zur Zeit, da *Gay-Lussac* zum ersten Male die Ausdehnung der Gase genau maass, so müssen die beiden festen Punkte des Thermometers einander näher gekommen sein, und dies erklärt auf eine sehr einfache Weise die Nichtübereinstimmung der zu beiden Zeiten gemessenen Ausdehnungs-Coëfficienten.«

Selbst der sonst so nüchterne *Poggendorff* kann sich nicht enthalten, die Uebersetzung des vom Autor gefertigten Auszuges aus seiner ausführlichen Abhandlung, welche den Herren *Gay-Lussac*, *Cauchy*, *Regnault* und *Duhamel* zur Begutachtung übergeben worden war, mit der ironischen Bemerkung zu begleiten: Wir wollen hoffen, dass das Gutachten der Commission recht bald ans Licht trete! — Es ist mir nicht gelungen, dieses Gutachten in den nächstfolgenden Bänden

*) Comptes rendus **14**, 35. 1835.

der Comptes rendus ausfindig zu machen; *Lamé* wurde übrigens im folgenden Jahre zum Mitgliede der Akademie ernannt.

Die zu diesem lehrreichen Kapitel der Wissenschaftsgeschichte gehörigen Documente sind in dem vorliegenden Heftchen zusammengestellt. Ueber die Bibliographie der einzelnen Abhandlungen ist folgendes zu erwähnen.

Die Abhandlung von *Gay-Lussac*, Recherches sur la dilatation des gaz et des vapeurs par le cit. *Gay-Lussac*, Elève-ingénieur de l'École nationale des Ponts et Chaussées. Article premier, ist dem Institut national am 11. pluviôse, an X (31. Jan. 1802) vorgelegt, und in den Annales de Chimie, t. 46, p. 137—175 abgedruckt worden. Sie ist als erste Abhandlung bezeichnet; eine zweite ist aber nicht erschienen, wiewohl, wie sich aus dem Inhalte der weiteren, in diesem Bändchen abgedruckten Arbeiten ergiebt, *Gay-Lussac* noch weitere Untersuchungen über den Gegenstand ausgeführt hat.

Die Uebersetzung rührt von *Gilbert* her, welcher sie in seinen Annalen der Physik **12**, S. 257—291. 1802, mitgetheilt und mit werthvollen Erläuterungen (ib. 395—398) begleitet hat. Sie ist vom Herausgeber durchgesehen und wo erforderlich mit dem Original in bessere Uebereinstimmung gebracht worden. Die in eckigen Klammern angegebenen Seitenzahlen beziehen sich auf den ursprünglichen Abdruck in den Annales de Chimie.

Die zweite von *John Dalton* geschriebene Abhandlung bildet ein Kapitel jener grundlegenden Arbeit über die Theorie der Gase, in welcher das Princip der gegenseitigen Einflusslosigkeit der Bestandtheile eines Gasgemisches, oder wie wir uns heute ausdrücken würden, das Gesetz von der additiven Beschaffenheit der Eigenschaften von Gasgemischen aufgestellt und durchgeführt worden ist. Die Arbeit ist in den Memoirs of the Literary and Philosophical Society of Manchester, Vol. 5, P. 2, p. 595—602. 1802, mitgetheilt worden. Die Uebersetzung rührt theilweise vom Herausgeber, theilweise von *Gilbert* her, in dessen Annalen (Bd. **12**, S. 310—318. 1802) ein Auszug der Arbeit abgedruckt worden ist. Die Bezifferung bezieht sich wie immer auf das Original.

Die folgende Abhandlung von *Dulong* und *Petit* ist aus den Annales de chimie et de physique, **2**, 240—254. 1815, vom Herausgeber übersetzt worden.

Die beiden Arbeiten von *Rudberg* sind in *Poggendorff's*

Annalen, Bd. **41**, S. 271—293; ib. S. 558—559. 1837, und in derselben Zeitschrift, Bd. **44**, S. 119—123. 1838, erschienen; sie sind wörtlich abgedruckt.

Das Gleiche gilt für die folgende Arbeit von *G. Magnus*, *Poggendorff*'s Annalen **55**, S. 1—27. 1842.

Die nächsten beiden Arbeiten von *V. Regnault* sind in den Annales de chimie et de physique, III Sér., t. **4**, p. 5 bis 67. 1842, und ib. t. **5**, p. 53—104. 1842, erschienen, auf welche Quellen sich die eingeschalteten Seitenzahlen beziehen. Die Uebersetzung folgt dem in *Poggendorff*'s Annalen, Bd. **55**, S. 391—415 und 557—584 sowie Bd. **57**, S. 199—218 gegebenen deutschen Text, welcher zweifellos von *Poggendorff* herrührt, wiewohl ein Uebersetzer nicht genannt worden ist. Der Herausgeber hat nur sehr wenig daran zu ändern gefunden.

Die letzte Abhandlung endlich rührt von *G. Magnus* her und ist aus *Poggendorff*'s Annalen, Bd. **57**, S. 177—218, 1842, abgedruckt.

Durch diese Arbeiten ist die Hauptfrage nach dem Ausdehnungs-Coëfficienten der Gase zu einem gewissen Abschluss gebracht worden. Zwar haben sich naturgemäss weitere Untersuchungen, welche das Gebiet unserer Kenntnisse mannigfach erweiterten, an diese grundlegenden Arbeiten geknüpft, doch haben die Methoden keine wesentlichen Aenderungen erfahren, und es ist auch keine typisch neue Erscheinung in diesem Gebiete weiter beobachtet worden.

Von der Ausarbeitung fortlaufender Anmerkungen hat der Herausgeber in diesem Falle um so eher Abstand nehmen können, als die zu den älteren Arbeiten erforderlichen Erläuterungen in den späteren Abhandlungen enthalten sind, so dass auch in dieser Hinsicht die mitgetheilten Schriften ein einigermaassen abgerundetes Ganze bilden.

Zum Schluss mögen noch die nachfolgenden biographischen Notizen hier Platz finden:

Gay-Lussac, Louis Joseph, geb. 8. Dec. 1778, gest. am 9. Mai 1850, war Professor der Chemie an der École polytechnique und Professor der Physik an der Sorbonne, später Professor der allgemeinen Chemie am Jardin des plantes, Mitglied der Ak. d. Wiss. zu Paris seit 1806.

Dalton, John, geb. 5. Sept. 1766, gest. 27. Juli 1844, war Lehrer der Mathematik und Physik am New-College zu Manchester.

Dulong, Pierre Louis, geb. 12. Febr. 1785, gest. 19. Juli 1838, Professor der Chemie zu Alfort, später Prof. d. Physik an der École polytechnique, zugleich Studiendirector ebenda.

Petit, Alexis Thérèse, geb. 2. October 1792, gest. 21. Juni 1820, Prof. an der École polytechn. zu Paris, seit 1810 auch Professor am Lycée Bonaparte.

Rudberg, Fredrik, geb. 30. Aug. 1800, gest. 14. Juni 1839, Professor der Physik in Upsala, Mitgl. d. Ak. d. Wiss. zu Stockholm seit 1827.

Magnus, Heinrich Gustav, geb. 2. Mai 1802, gest. 4. April 1870, war Professor der Physik und Technologie an der Universität zu Berlin, Mitgl. d. Ak. d. Wiss. zu Berlin seit 1840.

Regnault, Henri Victor, geb. 21. Juli 1810, gest. 10. Jan. 1878, war Prof. der Chemie an der École polytechnique und Professor der Physik am Collège de France, Mitgl. d. Ak. d. Wiss. zu Paris seit 1840.

Leipzig, October 1893.

W. Ostwald.

Sonderband

L. Dunsch · H. Müller

Ein Fundament zum Gebäude der Wissenschaften 100 Jahre Ostwalds Klassiker

In diesem Band sind die vollständigen Angaben zu allen Bänden von Band 1 bis Band 275 enthalten, sowie ein geschlossener Überblick der Geschichte der Reihe.

Band 1

H. von Helmholtz

Über die Erhaltung der Kraft/Über Wirbelbewegungen/ Über discontinuirliche Flüssigkeitsbewegungen/Theorie der Luftschwingungen in Röhren mit offenen Enden

▸Reprint der Einzelbände 1, 79 und 80

Hrsg.: A. Wangerin

Band 3

J. Dalton · W.H. Wollaston

A. Avogadro · A. Ampère

Die Grundlagen der Atom- und Molekulartheorie/Versuch einer Methode, die Massen der Elementarmolekeln der Stoffe und die Verhältnisse, nach welchen sie in Verbindungen eintreten, zu bestimmen/Brief des Herrn Ampère an den Herrn Grafen Berthollet

▸Reprint der Einzelbände 3 und 8

Hrsg.: W. Ostwald

Band 8

A. Avogadro · A. Ampère

Versuch einer Methode, die Massen der Elementarmolekeln der Stoffe und die Verhältnisse, nach welchen sie in Verbindungen eintreten, zu bestimmen.

Jetzt enthalten in Band 3

Band 11

G. Galilei

Unterredungen und mathematische Demonstrationen über zwei neue Wissenszweige, die Mechanik und die Fallgesetze betreffend (Erster bis sechster Tag)

▸Reprint der Einzelbände 11, 24 und 25

Übers. und Hrsg.: A.J. v. Oettingen

Band 20

Ch. Huygens

Abhandlung über das Licht

Worin die Ursachen der Vorgänge bei seiner Zurückwerfung und Brechung und besonders bei der eigentümlichen Brechung des isländischen Spathes dargelegt sind.

Hrsg.: A. J. v. Oettingen

Band 21

J.W. Hittorf

Über die Wanderungen der Ionen während der Elektrolyse (Erster und zweiter Teil)

Abhandlungen. 1853 - 1859

▸Reprint der Einzelbände 21 und 23

Hrsg.: W. Ostwald

Band 23

J.W. Hittorf

Über die Wanderungen der Ionen während der Elektrolyse. Zweiter Teil

Jetzt enthalten in Band 21

Band 24

G. Galilei

Unterredungen und mathematische Demonstrationen über zwei neue Wissenszweige, die Mechanik und die Fallgesetze betreffend. (Dritter und vierter Tag)

Jetzt enthalten in Band 11

Band 25

G. Galilei

Unterredungen und mathematische Demonstrationen über zwei neue Wissenszweige, die Mechanik und die Fallgesetze betreffend. (Fünfter und sechster Tag)

Jetzt enthalten in Band 11

Band 35

J. Berzelius

Versuch, die bestimmten und einfachen Verhältnisse aufzufinden, nach welchen die Bestandteile der unorganischen Natur miteinander verbunden sind.

Hrsg.: W. Ostwald

Band 37

S. Carnot

Betrachtungen über die bewegende Kraft des Feuers und die zur Entwicklung dieser Kraft geeigneten Maschinen

Übers. und Hrsg.: W. Ostwald

Band 44

L. Gay-Lussac · J. Dalton · P. Dulong u.a.

Das Ausdehnungsgesetz der Gase

Abhandlungen 1802-1842

Hrsg.: W. Ostwald

Band 45

H. Davy

Elektrochemische Untersuchungen

Vorgelesen in der königlichen Sozietät zu London als Bakerian Lecture am 20. November 1806 und am 19. November 1807

Hrsg.: W. Ostwald

Band 52

A. Galvani · A. Volta

Abhandlung über die Kräfte der Electricität bei der Muskelbewegung/Untersuchungen über den Galvanismus

▸Reprint der Einzelbände 52 und 118

Hrsg.: A.J. v. Oettingen

Band 59

O. v. Guericke

Neue „Magdeburgische Versuche" über den leeren Raum

Hrsg., Übers. und Anm.: F. Dannemann

Band 66

J.W. Doebereiner · M. Pettendorf

Die Anfänge des natürlichen Systemes der chemischen Elemente

Nebst einer geschichtlichen Übersicht der Weiterentwicklung der Lehre von den Triaden der Elemente

Hrsg.: L. Meyer

Band 68
L. Meyer · D. Mendelejeff
Das natürliche System der chemischen Elemente.
Abhandlungen.
Hrsg.: K. Seubert

Band 69
J.C. Maxwell
Über Faradays Kraftlinien/ Über physikalische Kraftlinien
▶Reprint der Einzelbände 69 und 102
Hrsg.: L. Boltzmann

Band 72
G. Kirchhoff · R. Bunsen
Chemische Analyse durch Spectralbeobachtungen/ Abhandlungen über Emission und Absorption
▶Reprint der Einzelbände 72* und 100**
*Hrsg.: W. Ostwald ** Hrsg.: M. Planck

Band. 79
H. von Helmholtz
Zwei hydrodynamische Abhandlungen
Jetzt enthalten in Band 1

Band 80
H. von Helmholtz
Theorie der Luftschwingungen
Jetzt enthalten in Band 1

Band 81
M. Faraday
Experimentaluntersuchungen über Elektrizität
I. und II. Reihe
Hrsg.: A.J. v. Oettingen

Band 84
C. F. Wolff
Theoria GenerationisÜber die Entwicklung der Pflanzen und Thiere

Band 86
M. Faraday
Experimentaluntersuchungen über Elektrizität
III. bis V. Reihe
Hrsg.: A.J. v. Oettingen

Band 87
M. Faraday
Experimentaluntersuchungen über Elektrizität
VI. bis VIII. Reihe
Hrsg.: A.J. v. Oettingen

Band 96
Sir I. Newton
Optik oder Abhandlung über Spiegelungen, Brechungen, Beugungen und Farben des Lichts
(Erstes bis drittes Buch)
▶Reprint der Einzelbände 96 und 97
Übers. und Hrsg.: W. Abendroth

Band 97
Sir I. Newton
Optik oder Abhandlung über Spiegelungen, Brechungen, Beugungen und Farben des Lichts
(Zweites und drittes Buch)
Jetzt enthalten in Band 96

Band 99
R. Clausius
Über die bewegende Kraft der Wärme und die Gesetze, welche sich daraus für die Wärmelehre selbst ableiten lassen
Hrsg.: M. Planck

Band 100
G. Kirchhoff
Abhandlung über Emission und Absorption
I. Über die Fraunhoferschen Linien
II. Über den Zusammenhang zwischen Emission und Absorption von Licht und Wärme
III. Über das Verhältnis zwischen dem Emissionsvermögen und dem Absorptionsvermögen der Körper für Wärme und Licht
Jetzt enthalten in Band 72

Band 102
J.C. Maxwell
Über physikalische Kraftlinien
Jetzt enthalten in Band 69

Band 106
J. D' Alembert
Abhandlung über Dynamik,
Übers. und Hrsg.: A. Korn

Band 110
J. van't Hoff
Die Gesetze des chemischen Gleichgewichtes
für den verdünnten, gasförmigen oder gelösten Zustand
Übers. und Hrsg.: G. Bredig

Band 118
A. Volta
Untersuchungen über den Galvanismus
Jetzt enthalten in Band 52

Band 121
G. Mendel
Versuche über Pflanzenhybriden
Zwei Abhandlungen 1866 und 1870
Hrsg.: E. v. Tschermak - Seysenegg

Band 126
M. Faraday
Experimentaluntersuchungen über Elektrizität
IX. bis XI. Reihe (1835)
Hrsg.: A.J. v. Oettingen

Band 128
M. Faraday
Experimentaluntersuchungen über Elektrizität
XII. und XIII. Reihe (1838)
Hrsg.: A.J. v. Oettingen

Band 131
M. Faraday
Experimentaluntersuchungen über Elektrizität
XIV. bis XIX. Reihe
Hrsg.: A.J. v. Oettingen
▶Reprint der Einzelbände 131, 134 und 136

Band 134
M. Faraday
Experimentaluntersuchungen über Elektrizität
XVI. und XVII. Reihe
Jetzt enthalten in Band 131

Band 136
M. Faraday
Experimentaluntersuchungen über Elektrizität
XVIII. und XIX. Reihe
Jetzt enthalten in Band 131

Band 140
M. Faraday
Experimentaluntersuchungen über Elektrizität
XX. bis XXIII. Reihe
Hrsg.: A.J. v. Oettingen

Band 144
J. Kepler
Dioptrik
oder Schilderung der Folgen, die sich aus der unlängst gemachten Erfindung der Fernrohre für das Sehen und die sichtbaren Gegenstände ergeben.
Übers. und Hrsg.: F. Plehn

Band 160
S. Arrhenius
Untersuchungen über die galvanische Leitfähigkeit der Elektrolyte
Übers.: A. Hamburger, Hrsg.: O. Sackur

Band 162
G.W. Leibniz · Sir I. Newton
Über die Analysis des Unendlichen/ Abhandlung über die Quadratur der Kurven
▶Reprint der Einzelbände 162 und 164
Übers. und Hrsg.: G. Kowalewski

Band 164
Sir I. Newton
Abhandlung über die Quadratur der Kurven
Jetzt enthalten in Band 162

Band 180
R. Mayer
Die Mechanik der Wärme
Zwei Abhandlungen
Hrsg.: A.J. v. Oettingen

Band 199
A. Einstein · M. v. Smoluchowski
Brownsche Bewegung
▶Reprint der Einzelbände 199 und 207

Band 201
Archimedes
Abhandlungen
Über Spiralen
Reprint der Einzelbände 201, 202, 203, 210 und 213
Übers., Anm. u. Anh.: A. Czwalina-Allenstein

Band 202
Archimedes
Kugel und Zylinder
Jetzt enthalten in Band 201

Band 203
Archimedes
Die Quadratur der Parabel/ Über das Gleichgewicht ebener Flächen
Jetzt enthalten in Band 201

Band 206
M. Planck
Die Ableitung des Strahlungsgesetzes
Sieben Abhandlungen aus dem Gebiete der elektromagnetischen Strahlungstheorie
Anm.: F. Reiche

Band 210
Archimedes
Über Paraboloide, Hyperboloide und Ellipsoide
Jetzt enthalten in Band 201

Band 213
Archimedes
Über schwimmende Körper /Die Sandzahl
Jetzt enthalten in Band 201

Band 228
W. Wien · O. Lummer
Das Wiensche Verschiebungsgesetz/Die Verwirklichung des schwarzen Körpers
Hrsg.: M. v. Laue

Band 233
P.S. de Laplace
Philosophischer Versuch über die Wahrscheinlichkeit
Hrsg.: R.v. Mises

Band 235
Euklid
Die Elemente
Bücher I bis XIII
▶Reprint der Einzelbände 235, 236, 240, 241, 243
Hrsg. und Übers.: C. Thaer

Band 236
Euklid
Die Elemente
Buch IV bis VI
Jetzt enthalten in Band 235

Band 240
Euklid
Die Elemente
Buch VII bis IX
Jetzt enthalten in Band 235

Band 241
Euklid
Die Elemente
Buch X
Jetzt enthalten in Band 235

Band 243
Euklid
Die Elemente
Buch XI bis XIII
Jetzt enthalten in Band 235

Band 244
G.S. Ohm · G.T. Fechner
Das Grundgesetz des elektrischen Stromes
Drei Abhandlungen
Hrsg.: C. Piel

Band 251
H. Hertz
Über sehr schnelle elektrische Schwingungen
Vier Arbeiten.
Einl. und Anm.: G. Hertz

Band 252
D. Hilbert
Die Hilbertschen Probleme
Vortrag „Mathematische Probleme" von D. Hilbert, gehalten auf dem 2. Int. Mathematikerkongreß Paris 1900.
Erläuterungen: P.S. Alexandrov u.a.

Band 253
F. Klein
Das Erlanger Programm
Vergleichende Betrachtungen über neuere geometrische Forschungen
Einl. und Anm.: H. Wußing

Band 254
F. Crick · R. Holley · J. Watson · u.a.
Molekulargenetik
Beiträge zu ihrer Entwicklung.
Ausw., Einl. und Komm.: E. Geißler

Band 255
E. Hertzsprung
Zur Strahlung der Sterne
Drei Arbeiten
Einl. und Anm. : D.B. Herrmann

Band 256
C.F. Gauß
Mathematisches Tagebuch 1796 - 1814
Einf.: K.-R. Biermann Übers.: E. Schuhmann
Anm.: H. Wußing

Band 257
W. Ostwald
Gedanken zur Biosphäre
Sechs Essays
Einl. und Anm.: H. Berg

Band 258
E.F.F. Chladni
Über den kosmischen Ursprung der Meteorite und Feuerkugeln

Band 259
C. Schorlemmer
Der Ursprung und die Entwicklung der organischen Chemie
Einl. und Anm.: Chr. Duschek, G. Fuchs

Band 260
G. Harig
Physik und Renaissance
Zwei Arbeiten zum Entstehen der klassischen Naturwissenschaften in Europa
Einf.: H. Wußing

Band 261
L. Euler
Zur Theorie komplexer Funktionen
Übers.: W. Purkert, H. Maser, H. Müller, R. Thiele, O. Neumann, A. Wangerin, E. Schuhmann.
Einl. und Anm.: A.P. Juschkewitsch

Band 262
M. Volmer
Zur Kinetik der Phasenbildung und der Elektrodenreaktionen
Acht Arbeiten
Einl. und Anm.: L. Dunsch

Band 263
H. Hertz
Die Prinzipien der Mechanik in neuem Zusammenhange dargestellt
Vorw.: H. von Helmholtz, Vorb.: P. Lenard,
Einl. und Anm.: J. Kuczera

Band 264
M. von Ardenne
Arbeiten zur Elektronik
Erl.: H. Berg und S. Reball

Band 265
J.H. van´t Hoff
Studien zur chemischen Dynamik
Übers., Einl. und Anm.: L. Dunsch

Band 266
J. Heyrovsky
Polarographie
Übers.: W. Wanek.
Einl. und Anm.: J. Koryta und H. Berg

Band 267
W. Ostwald
Zur Geschichte der Wissenschaft
Vier Manuskripte aus dem Nachlaß
Einf. und Anm.: R. Zott

Band 268
K. A. Möbius
Zum Biozönose - Begriff
Einl. und Anm.: G. Leps

Band 269
P.S. Pallas
Über die Beschaffenheit der Gebirge und die Veränderungen der Erdkugel
Erl.: F. Wendland

Band 270
C.R. Fresenius, J. Marsh, M. Orfila, u.a.
Dokumente zur Entwicklung der Toxikologie im 19. Jahrhundert
Hrsg.: R. K. Müller

Band 271
J.W. Ritter
Entdeckungen zur Elektrochemie, Bioelektrochemie und Photochemie
Ausw., Einl. und Erl.: H. Berg und K. Richter

Band 272
F. Runge · R. Liesegang · B. Belousov
A. Zhabotinsky
Selbstorganisation chemischer Strukturen
Ausw., Einl., Komm.: L. Kuhnert und U. Niedersen

Band 274
H. Sachse · E. Mohr
Zur Konformation des Cyclohexans
Zwei Arbeiten von Hermann Sachse und Drei Arbeiten von Ernst Mohr
Einl. und Anm: H. Remane

Band 275
M. Schleiden · T. Schwann · M. Schultze
Klassische Schriften der Zellenlehre
Einl. und Bearb.: I. Jahn

Band 276
E. Abbe
Briefwechsel mit Adolf Ferdinand Weinhold

Band 277
J.-P. de Lamarck
Zoologische Philosophie. Teil 1

Band 278
J.-P. de Lamarck
Zoologische Philosophie. Teil 2

Band 279
J.-P. de Lamarck
Zoologische Philosophie. Teil 3

Band 280
P. Brosche
Astronomie der Goethezeit
Textsammlung aus Zeitschriften und Briefen Franz Xaver von Zachs

Band 281
M. Eigen
Die „unmeßbar" schnellen Reaktionen
Frühe Arbeiten
Vorwort und Einf.: R. Winkler-Oswatitsch

Band 282
E. Haeckel
Entwicklungslehre
Gemeinverständliche Vorträge und Abhandlungen
Einführung: E. Krauße

Band 283
J. von Gerlach
Histologische Färbungen und Mikrophotographie
Bearb.: D. Gerlach